Transistor
Gijutsu
Special
for Freshers

トランジスタ技術 SPECIAL for フレッシャーズ
No.100

徹底図解
道具からこだわるプロの試作技法
電子回路の工作テクニック

- 電子部品＆デバイス
- ノイズ対策
- マイコン
- ロジック回路
- アナログ回路

トランジスタ技術SPECIAL forフレッシャーズは，
企業の即戦力となるためにマスタするべき
基礎知識と設計技術をわかりやすく解説します．

forフレッシャーズの世界

電源&パワー
センサ&計測
シミュレーション技術
測定
高周波&ワイヤレス
プリント基板

The World of **for Freshers**

Illustration by Maho Mizuno

Transistor Gijutsu Special for Freshers

トランジスタ技術 SPECIAL for フレッシャーズ
No.100

CONTENTS

徹底図解
道具からこだわるプロの試作技法
電子回路の工作テクニック

[基礎編]

第1章 そろえておくと便利なもの
工具の選び方 … 8

1-1 きっとコツがあるに違いない！
スムーズな電子工作って何から始めれば良いの？ … 8

1-2 用途に適したはんだごてを選ぶ
はんだごての種類と使い分け … 9
1 こてのサイズを選ぶ
2 こて先の加熱方法
3 はんだごて選定のヒント

1-3 安全に，そして確実にはんだを付けるために
熱したこての扱い方 … 12

1-4 固まったはんだを再度溶かして除去する
はんだ付けの修正に使う道具 … 13
1 専用の道具を使って吸い取る
2 安価で入手しやすい竹串ではんだを除去する

1-5 部品や線材をつかむ/切断する
機械的な加工に使う道具 … 17
1 線材の切断や皮むきに使う工具
2 部品や線材をつかむ工具

1-6 ねじやボルトの締まりぐあいを調整する工具
部品や基板の固定に使う道具 … 21

1-7 手がもう1本あれば…を解消する
手と目をサポートする道具 … 23

コラム 電気が要らない携帯用はんだごて … 10
こて先は用途によって使い分ける … 11
はんだの動きを滑らかにするフラックス … 15
電子部品に優しい竹の工具 … 16
線材同士を接続したり，切断する圧着工具 … 19
ピンセットではつかみにくい部品をつかむ … 20

はじめに

　はんだ付けのテクニックやコツは，できる人にとっては何でもないことです．しかし，できない人にとっては知識がないために上達しがたいということもあります．あらかじめ基本的な作法に基づけば上達は速いはずです．「私は不器用だから上達は難しいかも…」と思われている人もいるかもしれません．しかし，これはまったくの間違いで，名人ほど不器用なものです．「大工の世界では不器用なほうが上手になる」という説もあるようです．悪い言い方になりますが，器用な人ほど小手先でなんとかできてしまうので技術として身には付かないことが多く，逆に不器用な人ほど同じことを何回も繰り返しやるので，その仕事を極めてしまうということでしょうか．

　最近ははんだ付けをする機会が減少しているらしく，新入社員に聞くと，半数以上の人がほとんど経験がないと答えます．本書では，このような立場の新入社員を想定しています．少しでも電子回路工作に役立てられるよう，工具の種類と用途，はんだ付けの作法，部品の取り外し方，実際の回路の実験・開発例などを紹介していきます．

島田義人

第2章 はんだから試作専用基板まで
部材の選び方　25

2-1 部品と配線をつなぐ溶けやすく固まりやすい金属
糸はんだの種類と使い分け　25
1. 配合で決まるはんだの特性と適材適所
2. はんだに含まれるフラックスの悪影響を軽減する

2-2 電子回路の土台となる試作専用の基板
ユニバーサル基板の種類と加工方法　28
1. ユニバーサル基板の種類と選び方
2. ユニバーサル基板を切断する方法

2-3 ユニバーサル基板に端子ピッチが合わない部品を簡単実装
ピッチ変換用シールの使い方　31

2-4 ユニバーサル基板上で部品間を電気的につなぐ
配線に使う線材の選び方と使い方　34
1. 線材の種類と特徴
2. 電源ラインに使う線材は十分な太さが必要
3. 線材の太さとその特性

2-5 基板とケースの固定や基板のスタンドに使う
基板を支えるスペーサ　37

2-6 オシロスコープやテスタなどの測定器を簡単に接続
試作基板上の信号を観測しやすくする道具　38

2-7 はんだ付け不要！らくらく実験
ソルダレス・ブレッドボードの使い方　41

2-8 被覆電線を1本も使わずに検討済みの回路を素早くきれいに！
銅はくを削って配線するユニバーサル基板　43
1. 準備するもの
2. ストリップボードを使用した製作

2-9 身近にある家電品で狭ピッチの変換基板も作れる！
ホット・プレートを使ったプリント基板製作に挑戦　46
1. 製作した基板
2. 基板製作の流れ
3. 製作に使う材料を選択するポイント
4. より良い基板を作るためのヒント

2-10 フリーウェアと市販の感光基板を使ってプリント基板を作ろう！
プリント基板CAD "PCBE" の使い方とプリント基板の作り方　52
1. PCBEを使ったプリント基板の設計
2. プリント基板の製作

コラム
- 用途に適した太さのはんだ線を選ぶ　27
- 表面実装部品をユニバーサル基板にはんだ付けする際の救世主…ピッチ変換基板　29
- はんだごてから部品に伝わる熱を緩和する道具　37
- 測定や接続に便利な端子　39
- 部品ライブラリの編集　57

第3章 ベテランのはんだ付けテクニックを盗もう
部品をはんだ付けする技　61

3-1 線材，部品はどのようにはんだでくっついているのか
はんだ付けのしくみ　61
1. はんだによる接合のプロセス
2. はんだ付けのイメージ

3-2 熱伝導性を良くし酸化を抑止する
こて先の予備はんだ　63

3-3 芯線のからげ方がポイント
穴のあいた端子にビニル線をはんだ付けする技　64

3-4 芯線にはんだをめっきしておくことが肝要
金属板とビニル線をはんだ付けする技　66

3-5 はんだ付け前の予熱が肝要
基板に挿入した部品をはんだ付けする技　68

3-6 部品の固定と余剰なはんだ付けで乗り切る
チップ部品や狭ピッチの多ピンICをはんだ付けする技　70
1. チップ部品のはんだ付け
2. 0.65mmピッチの多ピンICのはんだ付け

3-7 形状や輝きからわかるはんだ付けの良し悪し
はんだ付けの状態を見極める　75

コラム
- 部品のリード線で配線すると取り外しが大変　63
- こて先の構造と寿命　65
- コネクタのソルダ・カップにビニル線をはんだ付けする方法　67
- 背の低い部品からはんだ付けする　69
- チップ部品をつまんで外せるホット・ピンセット　70
- 1005サイズ・クラスの極小部品は竹串ピンセットで　71
- フローとリフロ　72

Transistor Gijutsu Special for Freshers

トランジスタ技術 SPECIAL for フレッシャーズ No.100

第4章		はんだ付けした部品のスムーズな交換に欠かせない	
		部品を取り外す技	78
4-1		ソケットや基板から多ピンのICを取り外す	
		DIP部品を取り外す技	78
	1	ICソケットに装着されたDIP部品を取り外す	
	2	はんだ付けされたDIP部品を取り外す	
4-2		はんだを追加する	
		チップ部品／SOP部品を取り外す技	81
コラム		DIPは試作が簡単	80
		SOP部品を取り外す技	82

第5章		試作基板を収納するケースを自作する	
		アクリル加工の方法	83
5-1		美しい溝の入れ方がポイント	
		アクリル板を切る	83
	1	材料や工具の準備	
	2	アクリル板の切り方	
5-2		熱しすぎず冷ましすぎずがポイント	
		アクリル板を曲げる	87
5-3		ドリル／ルータ／やすりの使いこなしがポイント	
		穴をあける	90
	1	穴あけ加工に必要な工具	
	2	穴あけの実際と掘り込みの方法	
5-4		溶剤の使い方がポイント	
		アクリル板を接着する	95
	1	材料や工具の準備	
	2	アクリル板の接着加工	
5-5		加工が簡単なお湯でやわらかくなるプラスチック	
		自由樹脂を使う	98
コラム		シールド効果が得られるアルミのケース	84
		アルミのケース作りは大変	91
		少量生産品や特注品に役立つ	92
		貼り付け銘板の簡単レシピ	

［実践編］

第6章		ユニバーサル基板を使った試作の基本	
		マイコン応用回路の試作術	100
6-1		リードもなくピン・ピッチも合わないICへの対応	
		試作ターゲットのあらまし	100

表紙・扉・目次デザイン＝千村勝紀
表紙・目次イラストレーション＝水野真帆
本文イラストレーション＝神崎真理子
表紙撮影＝矢野 渉

6-2	穴あけからジャンパ配線までの7ステップ **ユニバーサル基板を使った 試作基板製作の手順**	103
コラム	初めて試作する場合に陥りやすい失敗 DIPパッケージのマイコンを使った 試作基板製作のアドバイス	107 108

第6章 Appendix
はんだ付け不要の試作専用基板で前検討
リード・タイプの部品を使った
実験回路の試作手順 110

6-A	部品点数が少なくて目で見て動作を確認できる回路を例に **試作ターゲットのあらまし**	110
6-B	部品を抜き差ししながら回路動作をパパッと確認 **STEP1 ソルダレス・ブレッドボードで 回路を前検討**	112
6-C	ソルダレス・ブレッドボードを使って動作確認した回路をはんだ付け **STEP2 検討済みの回路を ユニバーサル基板に組む**	114
コラム	発光ダイオード（LED） いろいろな光で発光するLEDのしくみ	113 114

第7章 大電流による配線の影響と部品の発熱に対処する
パワー回路の試作術 115

7-1	出力電力が250Wと大きい電源回路を例に **試作ターゲットのあらまし**	115
7-2	試作前に用意するもの **パワー部品のはんだ付けに 使う道具と材料**	117
7-3	大電流と発熱を考慮した試作基板の作り方 **パワー回路試作のための手引き** 1 パワー回路部の試作 2 制御回路部の試作	118
コラム	銅はく面を使って部品交換を簡単に	119

第8章 配線パターンと部品配置が特性を左右する
高周波回路の試作術 121

8-1	基板の素材が信号の伝わり方や損失に影響する **試作用の基板を選ぶ**	121
8-2	配線が部品と同様に機能をもつ **高周波回路の試作の流れと パターン作成**	122
8-3	生基板を使ってすぐに検討 **試作基板を手作りする方法**	125
8-4	静電気に弱い表面実装部品を扱うために **高周波用の部品を はんだ付けする道具**	127
8-5	基板上の回路を専用のケーブルを使って変更する **配線の変更**	129
コラム	1GHzにもなると同じ配線上でも 位置によって信号のようすが違う 試作発注回数を減らすための知恵	123 128

第9章 数十μA以下を扱う電流増幅器の製作を通して理解する
微小信号を扱う
計測回路の試作術 130

9-1	センサの微小な出力電流を電圧に変換して増幅 **試作ターゲットのあらまし**	130
9-2	絶縁を確保する専用端子や雑音を遮蔽するケースを使う **試作基板に使う部品と 工作テクニック**	135
コラム	2種類の電流入力アンプ プリント基板の絶縁性	134 140

索引 142

徹底図解★電子回路の工作テクニック

第**1**章
そろえておくと便利なもの

工具の選び方

1-1 きっとコツがあるに違いない！
スムーズな電子工作って何から始めれば良いの？

写真1 A君と先輩が同じ回路を試作しました…

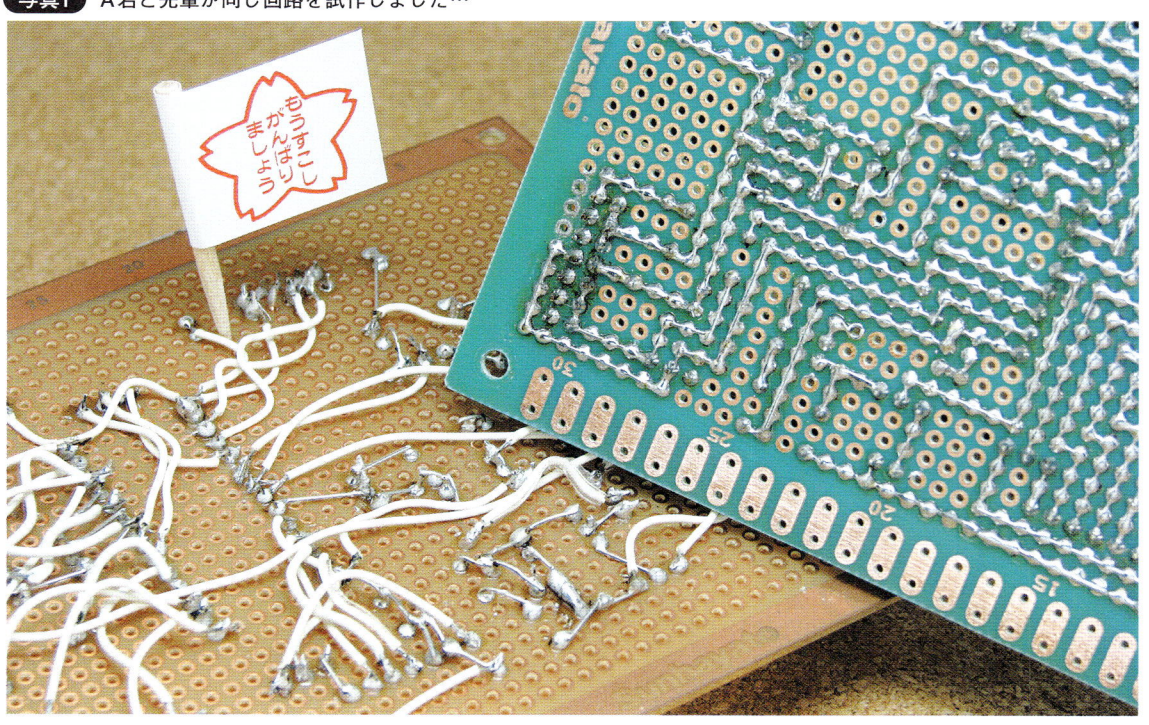

　A君は、○△□株式会社の電子回路設計部の新人．ある日、回路図と部品表を先輩から手渡され、基板に電子回路を組み立てておくように依頼されました．電子部品は何とか調達できたのですが、何から手を付ければよいのかわかりません．
先輩：「君ははんだごてを握ったことがあるのかい？」
A君：「いいえ初めてです．」

　A君は電子回路の理論については一通り学校で教育を受けましたし、オシロスコープなどの測定器は使ったことがありました．しかし、これまで電子回路を組んだ経験がありません．先輩はA君に1枚のユニバーサル基板を手渡しました．
先輩：「この基板を使ってはんだ付けの練習をしようか．まずは私がお手本を見せるから．」

　先輩はそう言うや否や、さっと見事なはんだ付けを見せました．A君がやると隣りの配線にもはんだがくっついてしまいます．
先輩：「はんだが多すぎたようだね．こんなときははんだ吸い取り器を使うと良いよ．」

　本書では、このような立場の新入社員に役立つ電子回路工作のテクニックを紹介します．
〈島田　義人〉

1-2 はんだごての種類と使い分け

用途に適したはんだごてを選ぶ

1 こてのサイズを選ぶ

写真2 はんだごては電力によって使い分ける

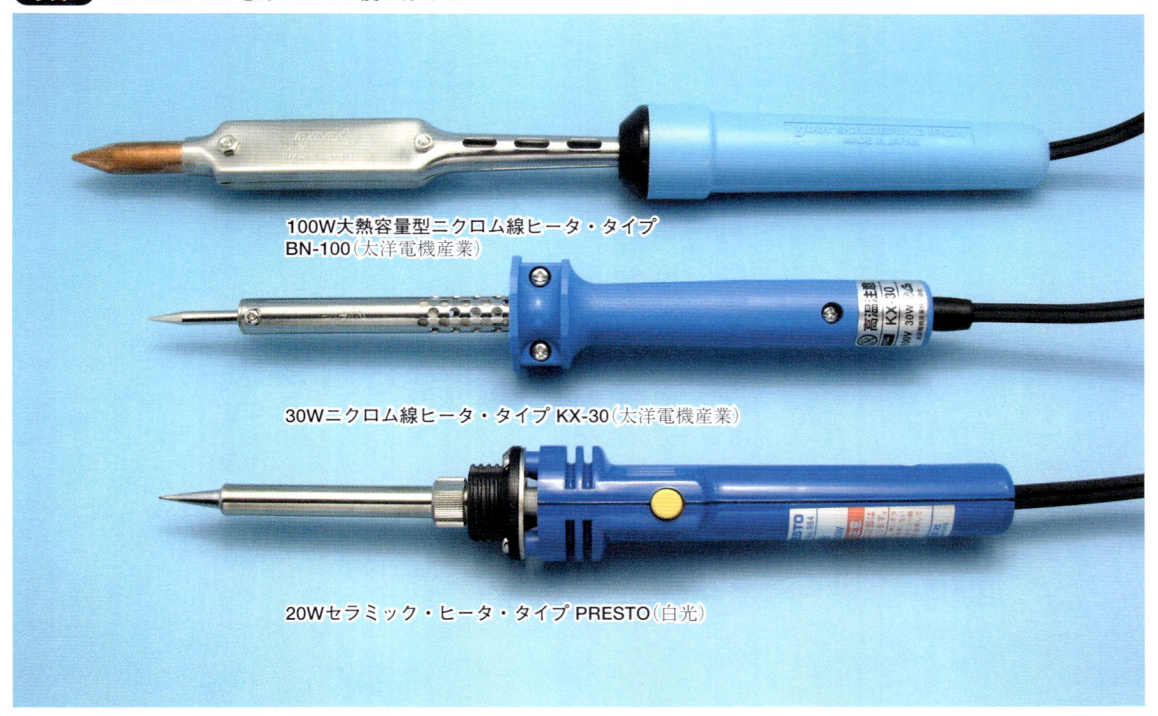

100W大熱容量型ニクロム線ヒータ・タイプ BN-100（太洋電機産業）

30Wニクロム線ヒータ・タイプ KX-30（太洋電機産業）

20Wセラミック・ヒータ・タイプ PRESTO（白光）

　はんだごては，基板，部品の端子，リード線などの母材と糸はんだを，240～250℃の温度まで上げる役割をもっています．母材やはんだの温度上昇は，こてのワット数やこて先の形状，また母材の大きさや形状によって違ってきます．電子工作用には熱容量（電力）の小さいはんだごてを選びます．

　写真2に見るように，一般的には小さい母材には熱容量の小さいこてを使い，大きい母材には熱容量の大きいこてを使います．

　通常は15～30Wのはんだごてを使用します．大物部品のはんだ付けをすることもあるでしょうから，60～100Wをそろえ

写真3 熱容量切り替えの押しボタンが付いているセラミック・ヒータ・タイプのはんだごて PRESTO（白光）

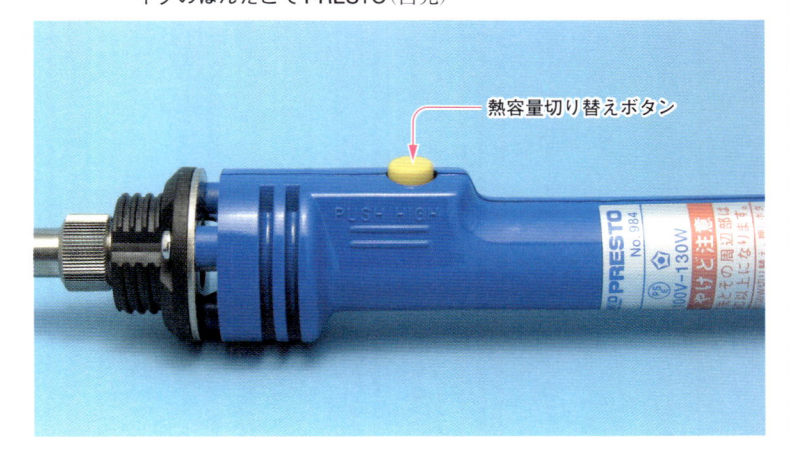

熱容量切り替えボタン

れば完璧です．

　写真3に見るように，熱容量切り替えの押しボタンが付いているはんだごてもあります．通常は20Wですが，ボタンを押すと130Wになります．熱量が不足するような場合にちょっと押すだけで高容量になり，新規購入にはお勧めです．

〈島田　義人〉

2 こて先の加熱方法

図1 はんだごてのこて先を熱する構造

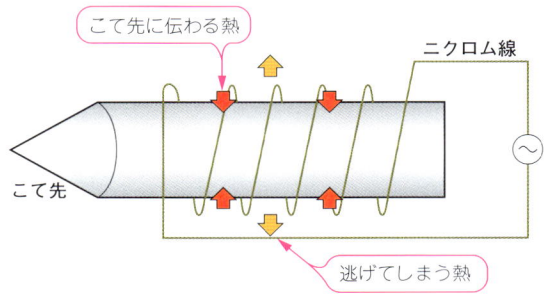

(a) ニクロム線ヒータ・タイプのはんだごて

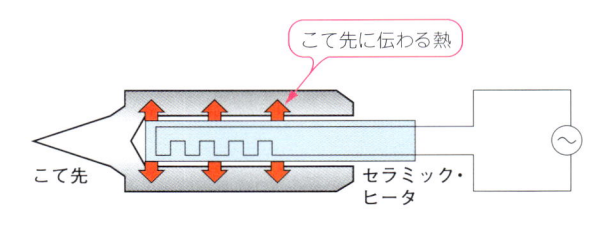

(b) セラミック・ヒータ・タイプのはんだごて

はんだごてのヒータには，大別してニクロム線ヒータ・タイプとセラミック・ヒータ・タイプがあります．電子工作での基板などのはんだ付けではセラミック・ヒータ・タイプがお勧めです．

ニクロム線ヒータ・タイプは，一般的に図1(a)に示すように，こて先の周囲にニクロム線が巻かれており，外側からこて先を加熱します．

セラミック・ヒータ・タイプは，図1(b)に示すように，タングステンで作ったヒータをセラミックで包んだ形になっています．ニクロム線ヒータと比較すると，ほとんどの熱がこて先に伝わり，こて先を効率良く温めることができます．何よりも一番の長所は，温度が低いときのヒータの電気抵抗が小さいことです．たくさん電流が流せるため，こて先を急速に加熱することができ，比較的オーバーヒートしにくいのが特徴です．20Wのセラミック・ヒータの場合，電源を入れた瞬間には60～70Wぐらいになっています．

また，ニクロム線ヒータに比べて絶縁抵抗が高いので，静電気に弱いCMOS ICやMOSFETのはんだ付けも直接できます．

価格はニクロム線ヒータ・タイプで約1,500円～，セラミック・ヒータ・タイプで約2,500円～です． 〈島田 義人〉

電気が要らない携帯用はんだごて   column

通常のはんだごては電気を使ったヒータの熱によりこて先を熱しますが，ガス・バーナのように火でこて先を熱するタイプもあります．コードレスなので携帯に便利です．

電気式はんだごては，スイッチを入れてからこて先が温まるまで約5～6分も要しますが，ガス式はんだごては着火後わずか約30秒で作業を開始できます．1回のガスの充填で1時間以上使用できます．

発熱量も15W相当から60W相当まで広く調節できるため，はんだ付けの作業効率が上がります．リーク電流がゼロのため，静電気に弱いCMOS ICやMOSFETのはんだ付けも直接できます．

用途は異なりますが，こて先をホット・ブロー用に交換すると熱風器として利用できます．

値段は約3,500円～です． 〈島田 義人〉

写真A ガス触媒タイプのはんだごて KoteLyzer AUTO mini（中島銅工）

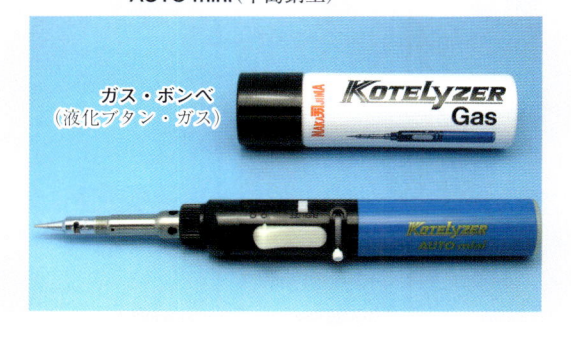

3 はんだごて選定のヒント

写真4 セラミック・ヒータ・タイプのはんだごての内部（アンテックス社製）

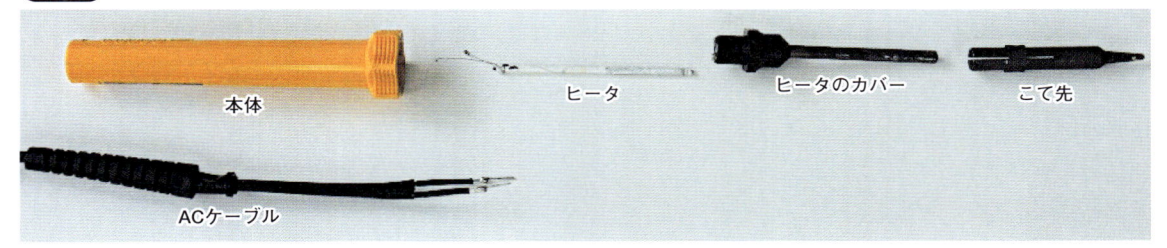

本体　　ヒータ　　ヒータのカバー　　こて先
ACケーブル

はんだごてを選定する目安として，熱容量以外に次のような項目があります．

① リーク電流の程度…大きいと部品を壊す
② 温度，安定性…熱くなりすぎるものがある
③ 熱を奪われた後の温度回復時間…短いほど良い

温度調整機能付きの高級品もありますが，選ぶのは簡単ではありません．ちょっと乱暴ですが，最初は一流メーカの少し高価なタイプを選べば失敗はないでしょう．

私は，アンテックス社のG型が好みで，20年来愛用しています．すぐに温まり，小型の部品から少し大きなものまで，一定の温度を保ってくれて，きれいにはんだ付けができます．アンテックス社の別の型のはんだごてを分解してみたので参考に **写真4** に示します．中央のヒータにセラミックを使っているものはリーク電流が小さいようです．

〈樋口 輝幸〉

こて先は用途によって使い分ける　　column

こて先の選定は重要です．いろいろなこて先が市販されていて，状況によって使い分けられます．こて先は特殊なめっきなどの加工がしてあり，寿命も長くなっています．昔のはんだごては特殊な加工がされていなかったので，はんだ付けするたびに銅製のこて先が合金化し，へこんでいくのでやすりで削っていました．

やすりでこて先を削って，なんと0.5 mmピッチのはんだ付けをもこなす職人さんがいました．めっきが施された永久こて先なるものが出てきても，削るこて先を愛用していました．削りながら満足げにこて先を眺める職人さんの姿を思い出します．

表面実装部品などの細い足のはんだ付けには，先端部が尖っているこて先が便利です．通常のユニバーサル基板を使った製作などには，熱が伝わりやすくはんだを乗せやすい **写真B** の一番右側のようなこて先が使いやすいでしょう．とがったこて先は，機械的強度が弱いものがあるので，はんだがうまく乗らないからといって不用意に力を加えないように気を付けましょう．

〈樋口 輝幸〉

写真B こて先は用途によって使い分ける

- ICの足など小さいランドへのはんだ付けに使う…曲がりやすいので丁寧に扱う
- ほとんどの製作作業はこのタイプを使う

1-2 はんだごての種類と使い分け

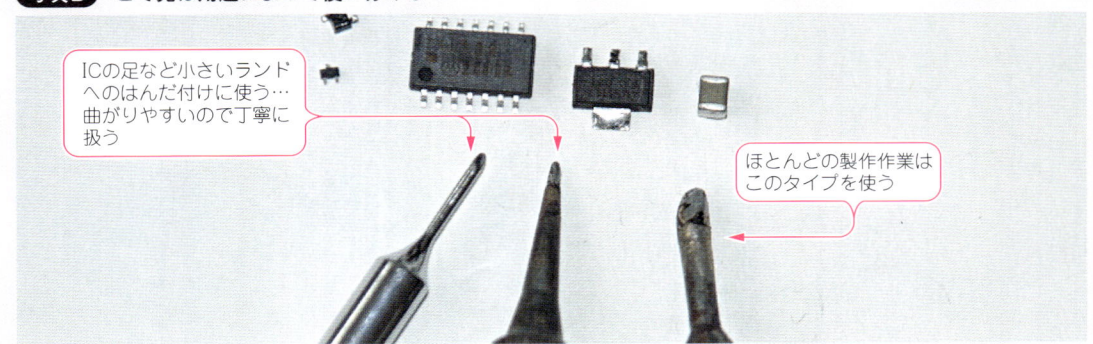

1-3 熱したこての扱い方

安全に，そして確実にはんだを付けるために

● こて置き台

こて先は300℃以上と熱くなるので，写真5に見るようにはんだごてを安全かつ安定に置くための台が必要になります．

価格は500円ほどです．

電子工作を行っていると，ついつい部品やプリント基板などに気を取られて，はんだごての存在を忘れてしまうことがあります．こて置き台は一見軽んじられますが，気が付いたら机が焦げていたなんて，洒落になりません．

瀬戸物の灰皿でも代用できますが，本格的にはんだ付けを実践するのなら，安全のためにも専用の置き台を用意しましょう．

こて先は，やにが付いたり酸化して汚れるので，これをふき取るクリーナが必要です．放っておくと汚れが邪魔をして，正常なはんだ付けができません．

写真5 熱したはんだごてを安定させるこて置き台

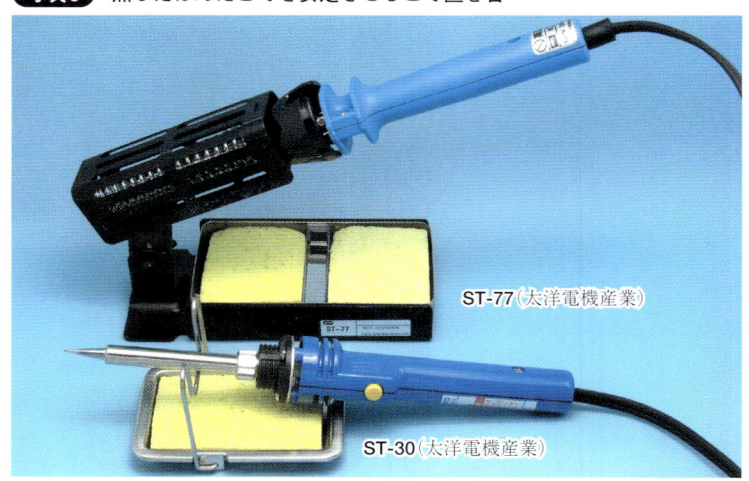

ST-77（太洋電機産業）
ST-30（太洋電機産業）

写真6 スチール・ウール状のこて先クリーナの使い方

- 表面をこすりつけるように動かすとはんだが飛び散る
- 突き差すように動かす

● こて先クリーナ

こて先クリーナにはスポンジ・タイプとスチール・ウール・タイプがあります．写真5は，こて台にクリーナが付いたものです．スポンジに水を含ませてこて先をふき取ります．

図2に示すように，スポンジ・タイプは水を含ませ，軽く絞った状態で使います．ひたひたに水を含ませる人がいますが，こて先は360℃近くまで温度が上がっているため，水に漬けていきなり温度を下げることを繰り返すと，ヒート・ショックでこて先が早く消耗します．また，こて先温度が回復するのに時間が掛かるため，作業性が悪くなります．

写真6のスチール・ウール・タイプには，フラックスがコーティングしてあります．水を使用しないので，こて先の温度低下が少ないのも利点です．こて先の汚れを除去するときには，こて先をスチール・ウール中に突き差して，こするように動かします．スチール・ウールの表面をこすりつけるように動かすと，溶けたはんだが飛び散る場合があり危険です．

〈島田 義人〉

図2 スポンジ・タイプのこて先クリーナの使い方

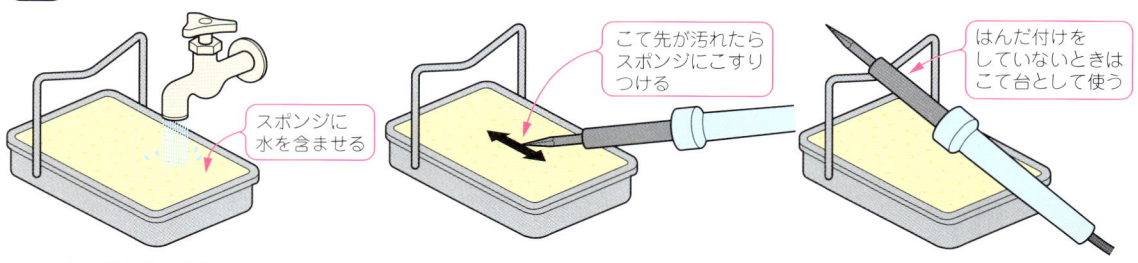

- スポンジに水を含ませる
- こて先が汚れたらスポンジにこすりつける
- はんだ付けをしていないときはこて台として使う

（a）使う前の準備　　（b）はんだ付け作業時　　（c）はんだ付け作業の合間

1-4 はんだ付けの修正に使う道具

固まったはんだを再度溶かして除去する

1 専用の道具を使って吸い取る

溶かし付けたはんだが多すぎて隣のピンとショートさせてしまったり，はんだ付けした部品を取り換えるときなどに，はんだを除去する必要があります．冷えて固まったはんだをきれいに取り除く道具を紹介します．

● **はんだ吸い取り線**

はんだ吸い取り線を**写真7**に示します．銅の網線にフラックスを染み込ませたものです．

図3に示すように，はんだごてと一緒に取り除きたいはんだにあてがいます．すると毛細管現象により，布に水が吸い込むように，はんだが銅の網線に吸い込まれていきます．

はんだの量が少なければ1回の操作でほぼ完全に取り除くことができます．はんだの量が多い場合は，はんだと吸い取り線があたる位置をずらさないと取り切れません．濡れきった雑巾が水を吸わないのと同じ現象です．余分に付きすぎたはんだを減らすのにも便利です．はんだを吸い取った部分の吸い取り線はもう使えません．切り取って捨てます．何種類かの太さがあり，値段は400円くらいです．

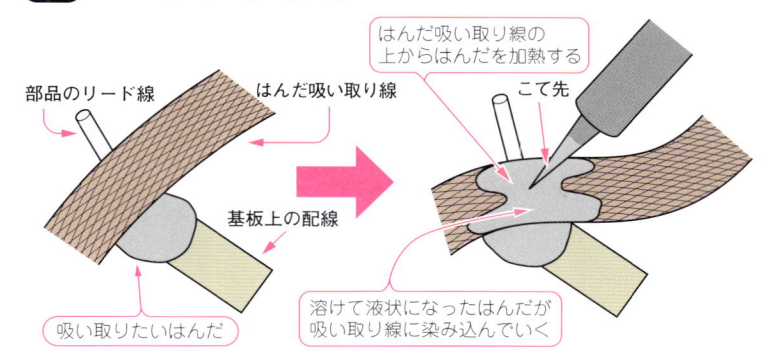

● **はんだ吸い取り器**

はんだ吸い取り器を**写真8**に示します．内蔵されたばねの反発力によるピストンの原理で，溶けたはんだを吸い取る道具です．次の手順で使います．

① 吸い取り器の上部のノブをばねの力に逆らってロックするまで押し下げる．
② はんだごてではんだを溶かす．
③ 溶けたはんだの上にはんだ吸い取り器のノズルをあてがい，吸い取り器のロック解除ボタンを押す．ばねの力で吸い取り器の内部が一瞬真空状態になり，溶けてやわらかくなったはんだを吸い込む．

*

はんだ吸い取り器は，吸い取り線では取り除くことができないスルー・ホール中のはんだを吸い取るのに有効です．いくつかのサイズがあります．値段は1,500～2,500円くらいです．

〈島田 義人〉

図3 はんだ吸い取り線の使い方

写真7 はんだ吸い取り線

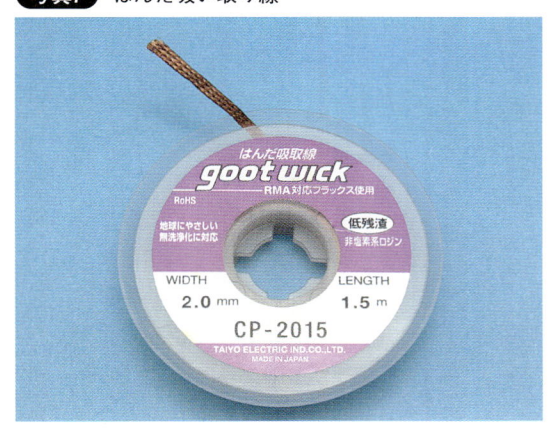

写真8 はんだ吸い取り器

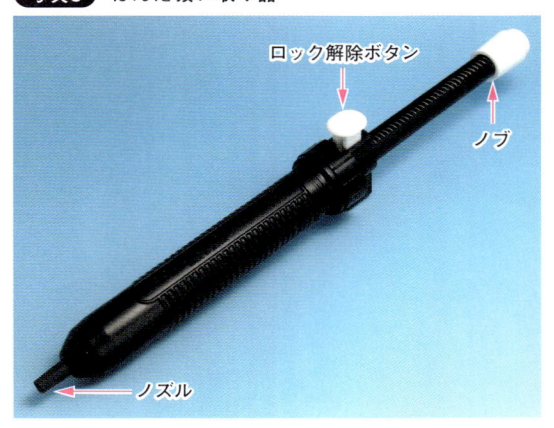

2　安価で入手しやすい竹串ではんだを除去する

写真9　表面実装時代にこそ重宝する工具「竹串」

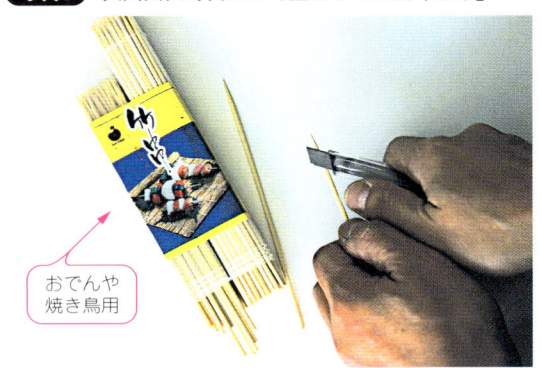

（a）先端を尖らせる　　おでんや焼き鳥用

カッタや100番くらいのサンド・ペーパで先端を適当に整える

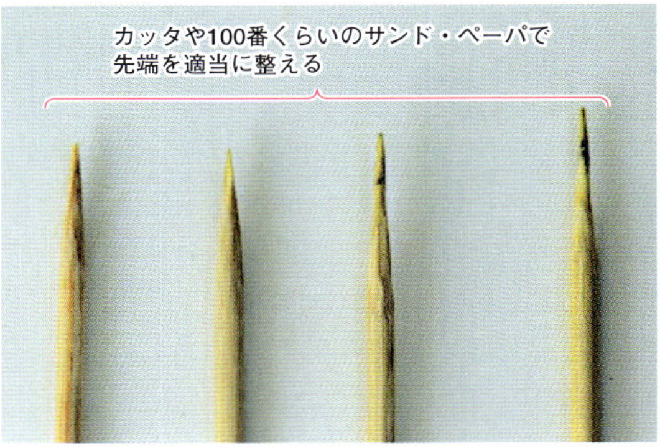

（b）整えた先端のようす

　入社したての若かりし頃，実験室で作業をしていると主任に聞かれました．「スルー・ホールのはんだを除去するには，どうするね？」

　私は答えました．「はんだ吸い取り器を使います」

　すると主任は，「僕は，竹串を削ってはんだごてを当てながら，すっとスルー・ホールに通すね．これが一番だよ」．竹串をつまんだしぐさをして，じっと自分の手を見つめる彼の満足げな顔を今でも思い出します．

　工具は，ものづくりの大切な手段であり，つねにくふうして使いやすいようにしていく必要があります．あるときは自分で作り出す場合もあるでしょう．

● スルー・ホールのはんだを除去してみよう

　竹は木より耐熱性があり，はんだの熱くらいではなかなか傷みません．傷んだとしても，安いので気軽に交換できますし，加工も容易です．つまようじも使ってみたことがありますが，木でできているのですぐに焦げてぼろぼろになってしまいます．そういえばエジソンは，発明した電球のフィラメントにいろいろな素材を試して，長持ちさせるために日本の竹を取り寄せたという逸話を聞いたことがあります．

　料理に使う竹串を台所から拝

写真10　竹串でスルー・ホールのはんだを除去する

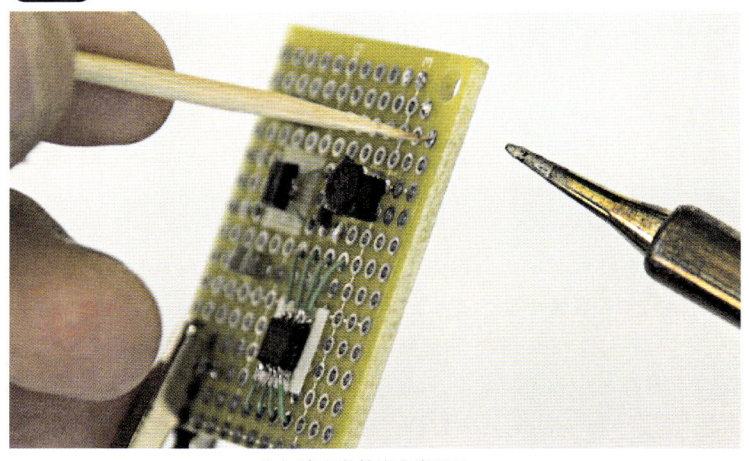

（a）裏から竹串を当てる

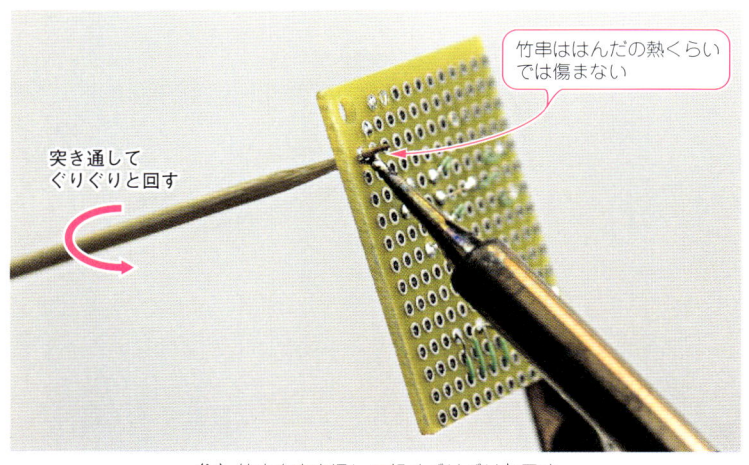

突き通してぐりぐりと回す

竹串ははんだの熱くらいでは傷まない

（b）竹串を突き通して軽くぐりぐりと回す

14　第1章　工具の選び方

借してくるか，100円ショップなどで購入してきましょう．必要に応じて，**写真9**のように先端をカッタで削って鋭くして使います．スルー・ホールの穴あけに使う場合は，ユニバーサル基板のスルー・ホールに竹串を通しながらうまく通るように先端を丸く削ります．後述するはんだブリッジの除去などには，少し平たく削ったほうが使いやすいでしょう．

100番くらいのサンドペーパで磨くと，でこぼこがなくなってきれいな先端に仕上がります．

実験などで，スルー・ホールがはんだで埋まってしまい，除去しなければならない場面が多々あります．吸引式のはんだ吸い取り器やはんだ吸い取り線などではうまく除去できず，そのうちスルー・ホールを傷めてランドごと取れてしまい泣くこともあります．そんなとき，竹串を使うとあっさりと穴が開きます．

写真10のように，はんだごてを当てて，裏から竹串を通します．はんだを溶かして竹串を通したあと，**はんだごてを離しながら串をぐりぐりと回すと，きれいに穴が開きます**．スルー・ホール上にはんだが少し盛

写真11 竹串ではんだブリッジを除去する

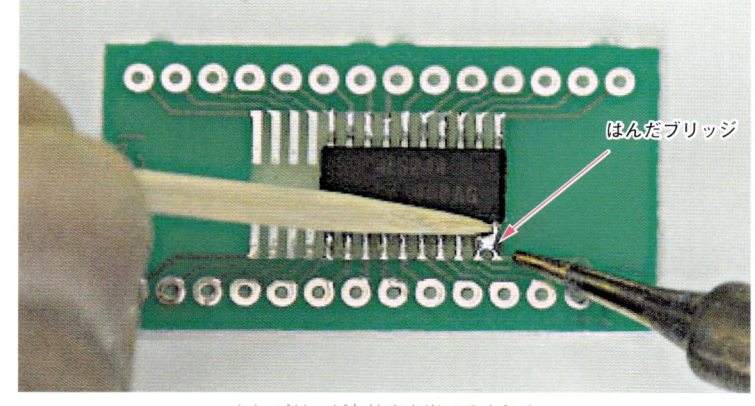

（a）ブリッジと竹串を当てるようす

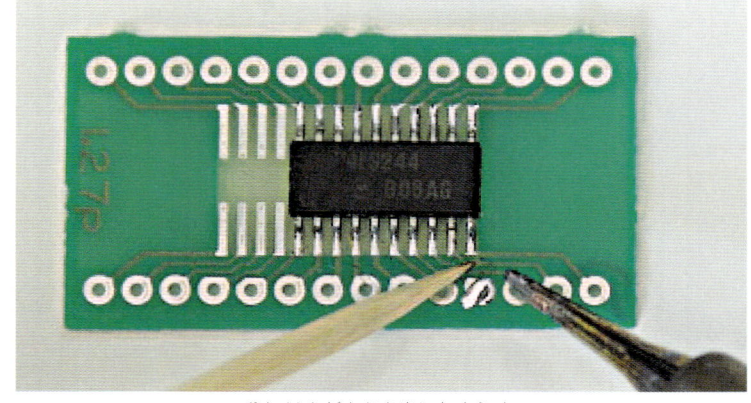

はんだブリッジ

（b）はんだをかき出したようす

り上がったり，ちらかったりすることもありますが，そのあとではんだ付けすればきれいになるので気にしません．

穴の開いた状態の仕上がりを美しくしたい場合は，ビン入りフラックスを塗って，はんだ吸い取り線で，ちらかったはんだを吸い取ります．再びふさがっ

て元のもくあみにならないように注意しましょう．

● はんだブリッジを取り除いてみよう

フラットICなどを実装していると，足の間にはんだブリッジができてショートしてしまうことがたびたびあります．これは前項で紹介したはんだ吸い取

はんだの動きを滑らかにするフラックス

column

写真Cに示すのは，瓶入りフラックスです．

はんだ吸い取り線にしみ込ませてあるフラックスだけではどうしても能力不足で，特に表面実装部品を扱うようになると，うまくいかない場面に多く出くわします．

そこで瓶入りフラックスの登場です．このフラックスを塗ることによって，はんだが驚くほどスムーズに動いてくれます．　　　　　　〈樋口　輝幸〉

写真C
瓶入りフラックス

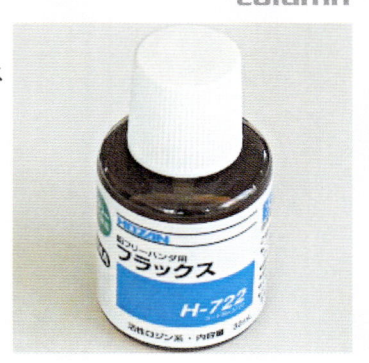

1-4 はんだ付けの修正に使う道具　15

り線などで除去できますが，べったり付いてなかなか取れない場合も出てきます．そんなときも 写真11 のように竹串を使うことで簡単に取り除ける場合があります．

ここで紹介した竹串による余分なはんだの除去方法は，竹串によって直接力を加えて強制的にはんだを取り除くので，はんだ吸い取り線などより意外と効果的な場合があります．はんだ吸い取り線よりローコストで手軽なのもうれしいですね．

〈樋口 輝幸〉

電子部品に優しい竹の工具

column

写真D は，工具店で見つけた竹製のピンセットと「竹プローブ」という名前の先が尖った丈夫な竹の棒です．

● 竹製のピンセットの使いどころ

竹ピンセットは絶縁性に優れ，磁性もなく，静電気も帯びにくいという竹の特質を生かして，電子部品にやさしいピンセットになります．通電中に部品をつかむこともできます．また，しなやかなので部品を傷つけにくいという特徴もあります．

購入したものは，先端を修正できるようにサンドペーパが付属していました．これで先を適当に尖らせて，自分で使いやすいようにします．

● 竹プローブの活用

竹プローブは，説明書には「リードの矯正，余分なはんだの除去，フラットICの未はんだの確認…」などに使えると書いてあります．しかし，余分なはんだの除去には，傷んでもかまわない安い竹串を使ったほうがよさそうです．

竹プローブは細い側と太い側がありますが，細い側は竹串より丈夫なので，フラットICの端子がランドとはんだ付けされていないてんぷらはんだの確認に便利です．ピンセットでは傷が付きやすいのですが，これなら安心です．写真E のように，ざっとリードをなめていって，動かないかどうか確かめます．

太い側は，曲がってしまったフラットICのリードの矯正に便利です．写真F のように，基板にICを載せて，リードに竹プローブを当てて押さえます．竹の柔らかさとしなやかさによって余分な力がかからず，傷を付けずに矯正できます．

竹プローブにも修正用のサンドペーパが付いてきました．

〈樋口 輝幸〉

写真D 竹プローブと竹ピンセット

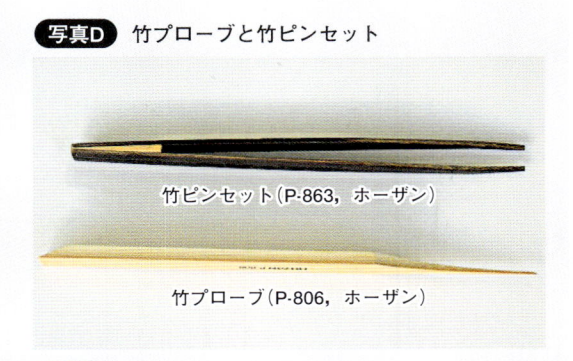

竹ピンセット(P-863, ホーザン)
竹プローブ(P-806, ホーザン)

写真E てんぷらはんだの確認

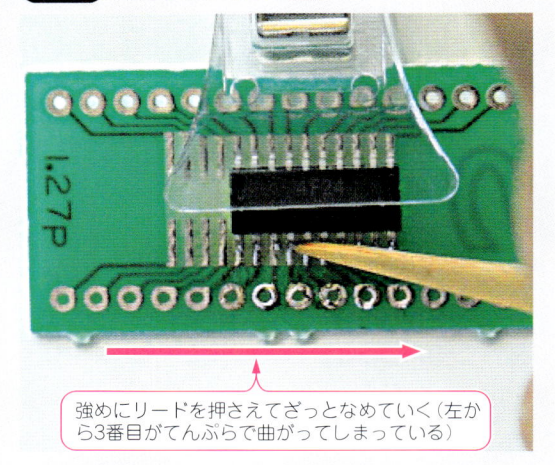

強めにリードを押さえてざっとなめていく（左から3番目がてんぷらで曲がってしまっている）

写真F 曲がったフラットICのリードの矯正

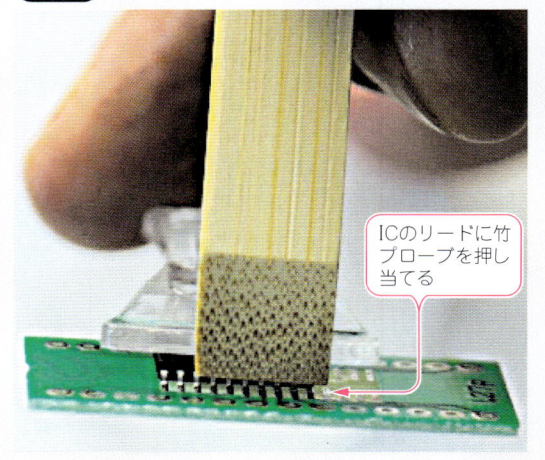

ICのリードに竹プローブを押し当てる

1-5 機械的な加工に使う道具

部品や線材をつかむ/切断する

1 線材の切断や皮むきに使う工具

写真12 筆者が愛用しているニッパ

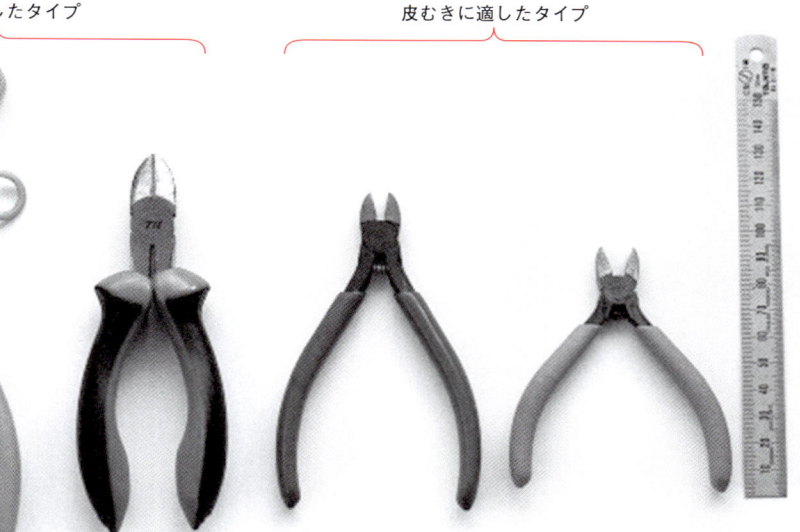

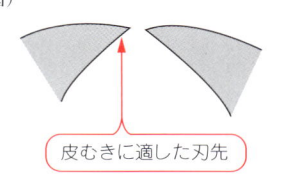

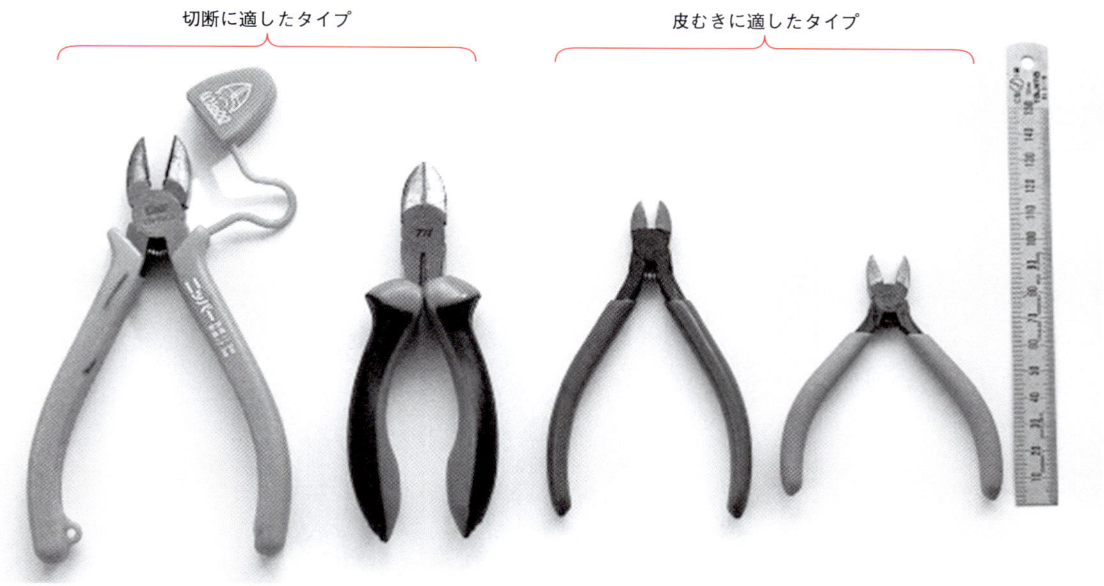

切断に適したタイプ　　　皮むきに適したタイプ

手作り回路では線材による配線をする場合が多いので，はんだ付けのまえに線材の切断や折り曲げ，被覆電線の皮むきなどが作業の大きな要素を占めます．

そのときの必需品が電子工作に必要な工具の基本中の基本，ニッパとラジオ・ペンチです．

● ニッパの刃先に込められた秘密

写真12のニッパの左側の2本は太めの線材などの切断に適したもので，右側の2本が被覆電線などの皮むきや細めの線材に適した電子工作用のニッパです．大きさ以外に刃先の形状に違いがあります．

図4のように切断向きのものは刃先が対称になっており，電線に均等に力が加わって太い線材でも切りやすくなっています．電子工作用のものは刃先が上を向いており，先端がとがっていて細い線材をつかみやすく，プリント基板に沿っている電線の切断も可能です（**写真13**）．

刃先が上を向いている効能として，被覆電線の皮むきのやりやすさもあります．**図5**のように被覆に傷を入れたあと，刃が向いている方向に線材を引っ張ることにより楽に皮むきがで

写真13 電子工作向きのニッパを使った基板上でのリード切断のようす

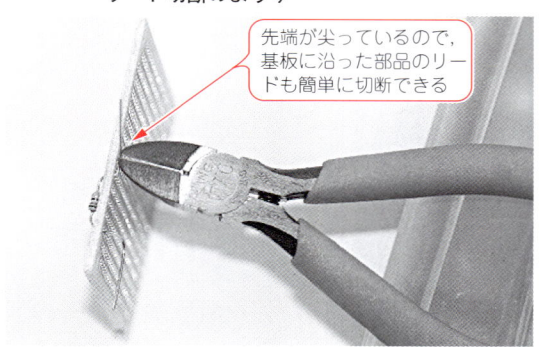

先端が尖っているので，基板に沿った部品のリードも簡単に切断できる

図4 ニッパの刃先（断面図）

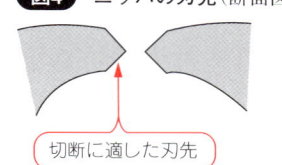

切断に適した刃先　　　皮むきに適した刃先

（a）切断に適したタイプ　　（b）皮むきに適したタイプ

写真14 やってはいけない皮むきの方法

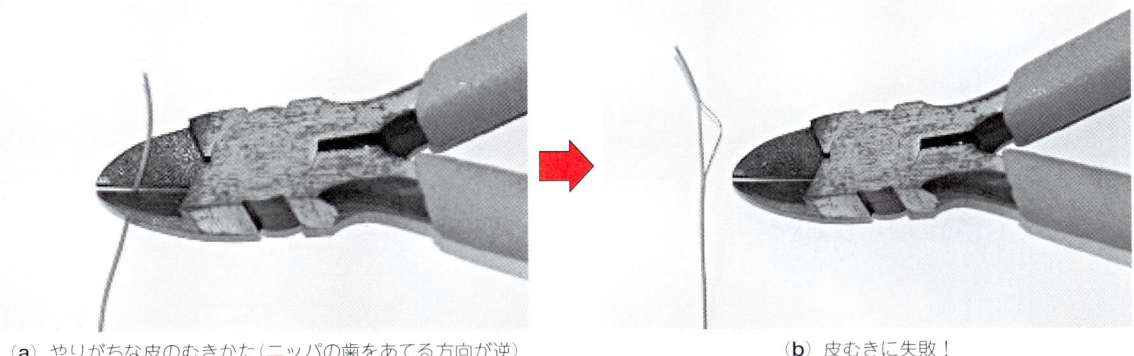

（a）やりがちな皮のむきかた（ニッパの歯をあてる方向が逆）　　（b）皮むきに失敗！

きます．りんごの皮むきを想像してください．刃先を立てる方向に皮をむきますよね．あれと同じです．

写真14のように逆に引っ張ると，皮が伸びてむけきれず，失敗が多くなります．

● ワイヤ・ラッパ

ニッパの使いかたを極めても，やはり線材の皮むきには専用工具をそろえておくと作業が楽で確実に行えます．

いろいろな線材に対応したものや，半自動的に皮を引っ張ってむいてくれるものなどがありますが，回路基板の作成に使うのでしたら**写真15**のようなシンプルなものが良いでしょう．

左側は先輩に「これはいいぞ」と薦められて購入した単線用のワイヤ・ラッパです．東京アイデアル社の「T型ストリッパー」で，20年近く愛用していますが，いまだに切れ味は変わりません．右側は最近同じものを店頭で見かけ，感動して買い足したものです．刃の穴のわきの数字が線材の適合番線です．

ただ，このT型ストリッパーは30番線までしか対応していないので，表面実装部品に使いたい直径0.2 mmの32番線（2-4参照）の皮をむくのには困ってしまいます．

そこで私は，**写真16**のように先の勘合部分をやすりでちょっと削って調整しています．ちょっとずつ削っていきながら試しむきをして，楽に皮がむけるようにします．試される方は自己責任で，削り過ぎないように十分に注意してください．

〈樋口　輝幸〉

図5 皮をむくときのニッパの刃先と移動する向き

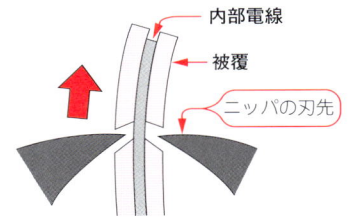

- 内部電線
- 被覆
- ニッパの刃先

写真15 筆者が愛用しているワイヤ・ラッパ

- 皮をむく線材の適合番線が彫り込まれてある
- 20年近く愛用
- 現在でも販売中

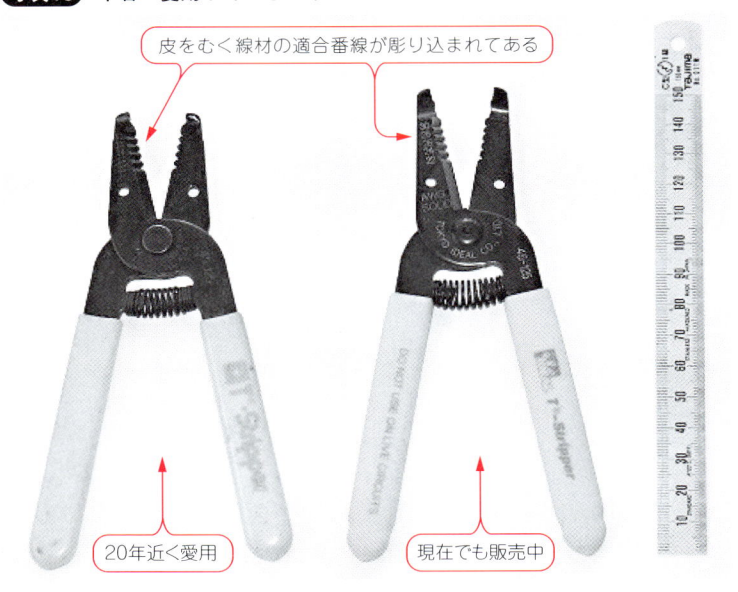

写真16 32番線対応への改造のポイント

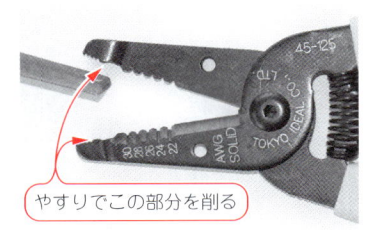

- やすりでこの部分を削る

2 部品や線材をつかむ工具

● ラジオ・ペンチ

写真17にラジオ・ペンチの外観を示します．写真18の一般的なペンチと比べて先が細いペンチをラジオ・ペンチと呼んでいます．細かい作業が多い電子工作には便利です．写真19に示すように，部品のリード線やジャンパ線を曲げたり，ねじ留めするときにナットを固定したりするときなどに使います．

写真20に示すように，先の

写真17 ラジオ・ペンチ

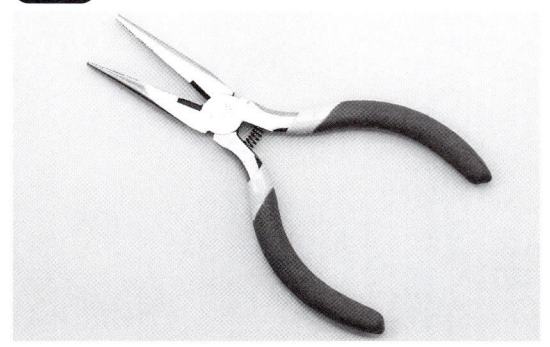

写真18 一般的なペンチ

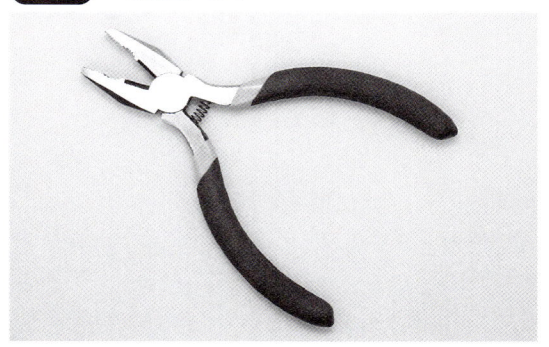

写真19 ラジオ・ペンチの主な用途
- リード線を曲げる
- ナットを固定する

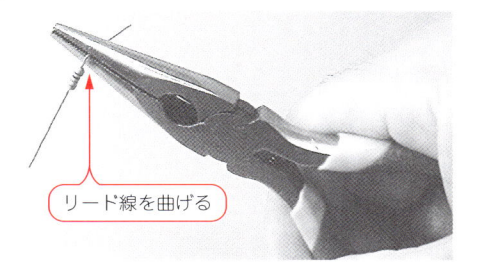

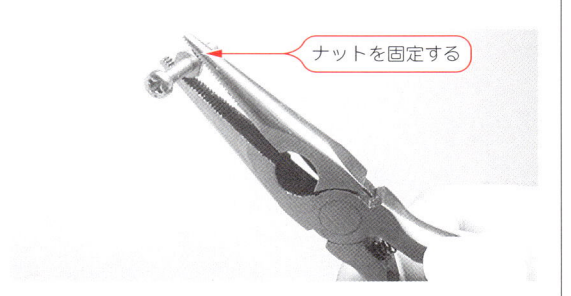

線材同士を接続したり，切断する圧着工具　column

写真Gに示すように，圧着工具は，主に圧着端子と線材を接続する工具です．ギボシ端子や丸端子などの圧着作業に加え，ニッパと同じようにワイヤの切断や，コードの被覆をむくときにも使えます．圧着端子は，使用する線材の太さ，端子の穴の大きさなどにより，いろいろな種類があります．

〈島田　義人〉

写真G 圧着端子と線材の接続などに使う圧着工具
- ギボシ端子を圧着する
- 丸端子を圧着する
- ワイヤを切断する
- ねじを切断する
- ワイヤの被覆をむく

1-5　機械的な加工に使う道具　19

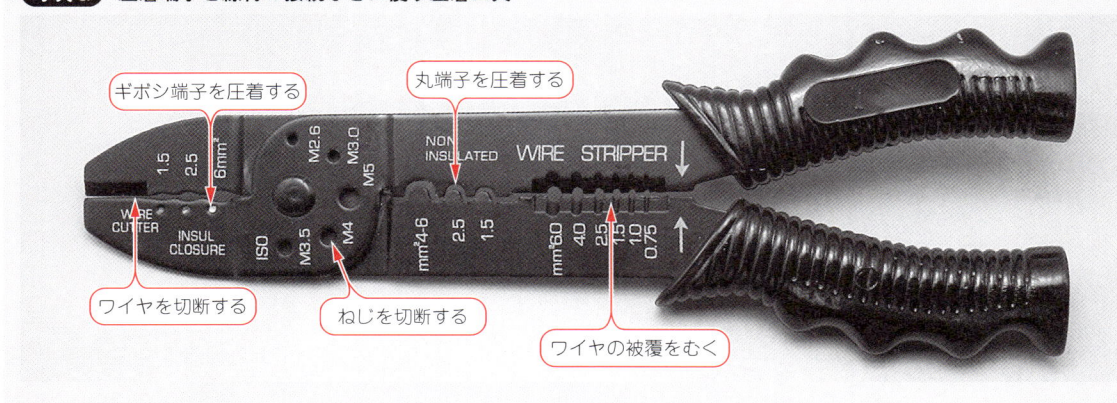

写真20 部品が密集しているときに便利な先の曲がったラジオ・ペンチ

写真21 ピンセット

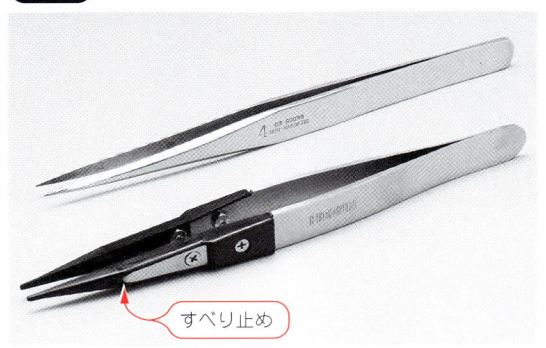

すべり止め

曲がったタイプのラジオ・ペンチもあります．周囲に部品が密集したところで使用する場合，先が曲がっているほうが対象物をつかみやすい場合があります．

● ピンセット

ピンセットは，医療関係から工業関係，趣味に至るまで，いろいろな場面で使われています．電子工作では**写真21**に示す先端の細いピンセットが使われています．先端にすべり止めがついているピンセットもあり，すべりやすい物をつかむときに非常に便利です．つかむものを傷つけることもありません．

〈島田 義人〉

ピンセットではつかみにくい部品をつかむ column

ピンセットではつかみにくい形状の部品は，**写真H**のような道具を使うと便利です．

● バキューム・ピック

吸盤になっている穴のあいた先端を注射器のような本体からバネの力で空気を吸い込んで，**写真I**のように，フラットICなどを吸盤にくっつけるものです．ピンセットなどでつかむとうっかりフラットICの足を曲げてしまったりしますが，その心配が軽減されます．

● ピックアップ・ツール

4本のワイヤが出てきて部品をつかんでくれるツールです．**写真J**のように，ピンセットでつかみにくい円筒形や丸い部品をしっかりつかんで固定するのに便利です．

〈樋口 輝幸〉

写真H バキューム・ピックとピックアップ・ツール

大中小3種類の吸盤が付いてくる（P-830，ホーザン）

開いて閉じる4個のつめでしっかりつかむ（TP-31，㈱エンジニア）

写真I バキューム・ピックでつかんだフラットIC

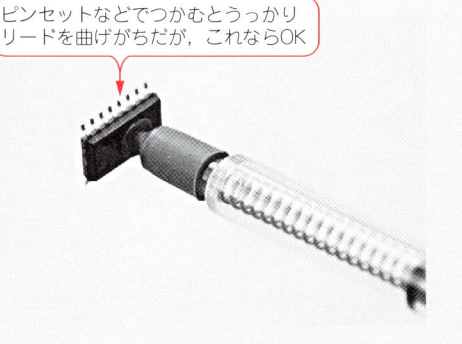

ピンセットなどでつかむとうっかりリードを曲げがちだが，これならOK

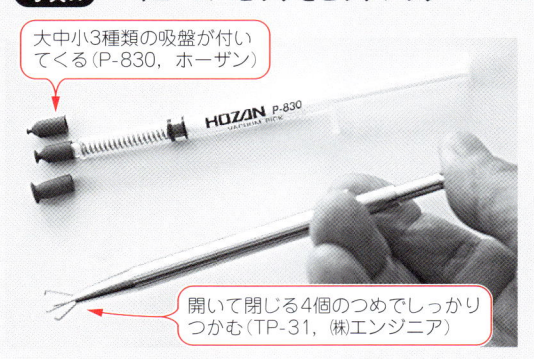

写真J ピックアップ・ツールでつかんだ丸ピン・ソケット

ピンセットでつかみにくい形状の部品もしっかりつかんでくれる

1-6 部品や基板の固定に使う道具
ねじやボルトの締まりぐあいを調整する工具

● ドライバ

部品のねじ留めに使う道具です．JIS規格では，マイナス・ドライバのことを単に「ねじ回し」，プラス・ドライバを「十字ねじ回し」と呼んでいます．

ドライバにはいろいろなサイズのものがあります．特にプラスねじを回す場合は，ねじのサイズに合ったドライバを使わないと，ねじの頭の溝を壊してしまうことがあります．

マイナス・ドライバのサイズは，刃幅で表示されます．たとえば5×80のように表示されている場合は，5mmの刃幅で80mmの軸長であることを意味します．

一方，プラス・ドライバは，No.もしくは#で表示されます．No.0または#0が1.4〜2.6mm，No.1または#1が2〜2.7mm，No.2または#2が3〜5mm用のねじに相当します．たとえば#1×60のように表示されていたら，No.1（2〜2.7mm用）で60mmの軸長であることを意味します．

最初は写真22に示すような，3mmと5mmのマイナス・ドライバと，写真23に示すような，No.0かNo.1とNo.2のプラス・ドライバがあればよいでしょう．

● 精密ドライバ　写真24

時計ドライバともいい，微小なねじを回すことに用いられます．

柄の端に空回りする円盤状の支えが設けられていて，手のひらで押すことでドライバをねじに対して垂直に保つことができます．これにより指は「つかむ」「押す」という動作から開放され，回す動作に専念でき，回転力を微妙に加減できます．

図6に示すように，人差し指でドライバ後端を押さえ，親指と中指で回す使い方もあります．

写真22 マイナス・ドライバ
5×80
軸長80mm
刃軸5mm
3×60

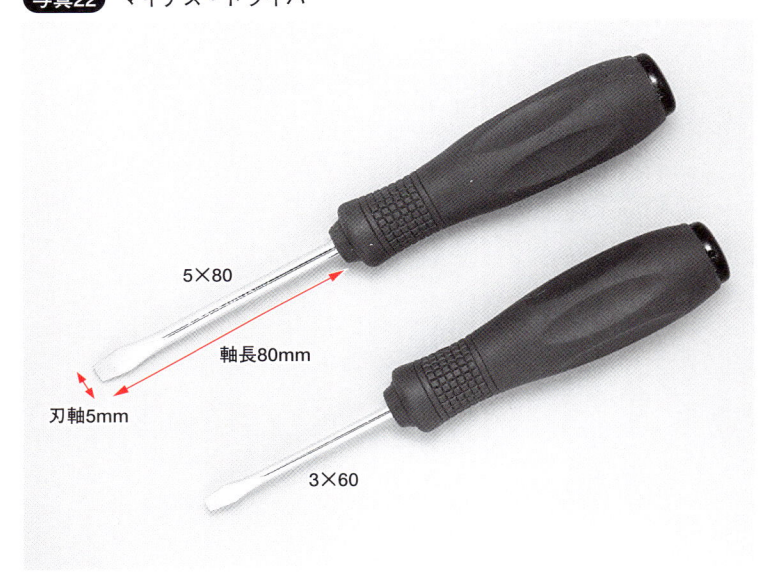

写真23 プラス・ドライバ
#2×80
軸長80mm
先端 No.2
#1×60

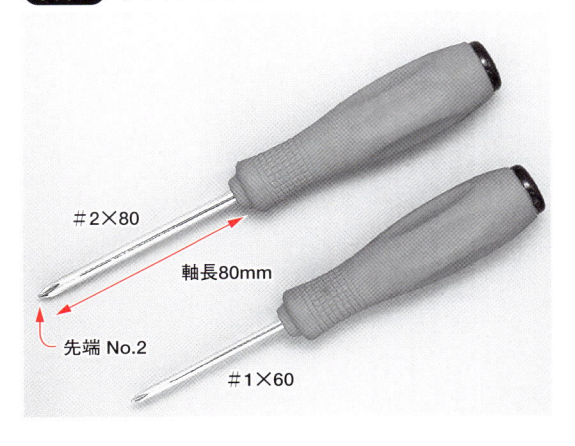

写真24 精密ドライバ
円盤状の支え

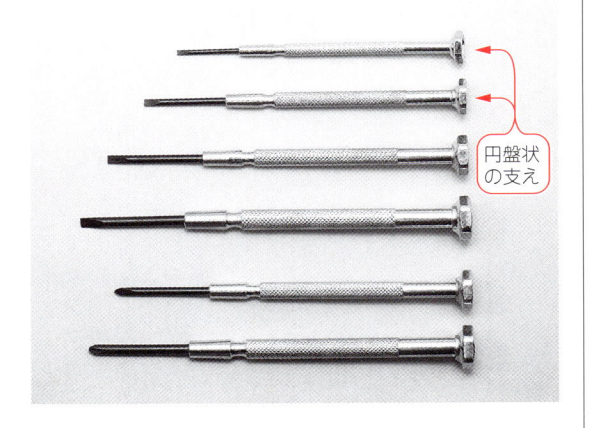

図6 精密ドライバの持ち方例

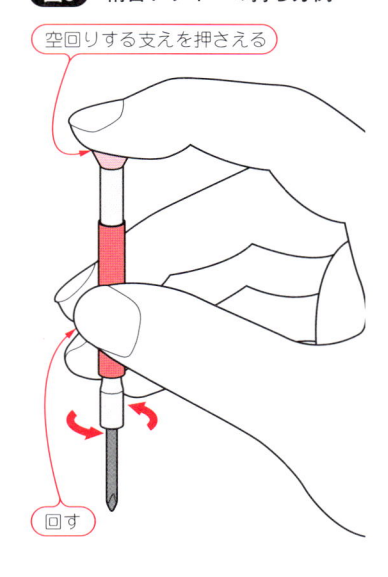

空回りする支えを押さえる

回す

写真25 六角レンチ

写真26 ボックス・レンチ

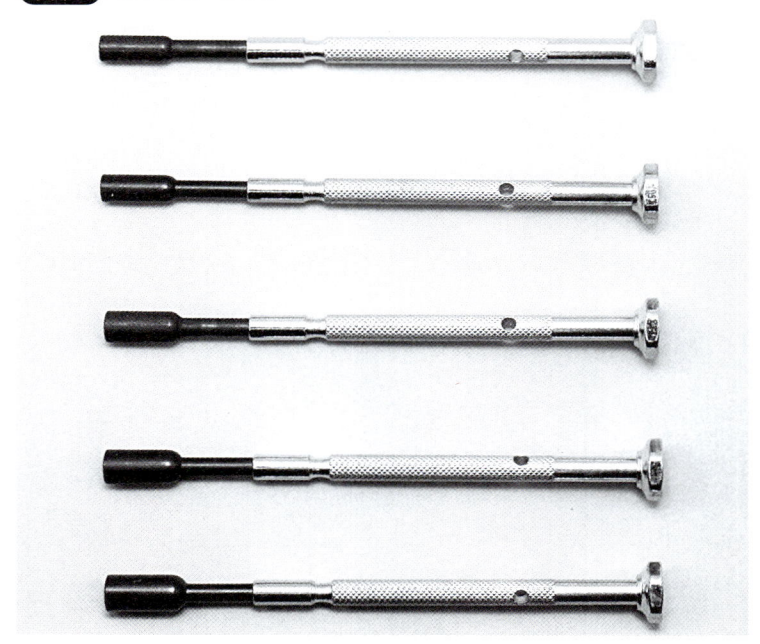

● **六角レンチ** 写真25

多くのねじは，回す部分にプラスかマイナスの溝があります．それ以外には六角形の穴を開けたねじもあります．六角棒がL型になったレンチを，六角レンチ，または六角棒レンチといいます．

六角穴付きボルトや六角穴付き留めねじなどの六角形の穴に入れて，締めたり緩めたりするのに使います．六角穴の対角幅でサイズが決められていて，ミリ・サイズとインチ・サイズがあります．

● **ボックス・レンチ** 写真26

ボルト・ヘッドを完全に包み込んで保持する円筒状のボックス（ソケット）に，柄がついたタイプのレンチです．柄の形状によってL型ボックス・レンチ，T型ボックス・レンチと区別されます．ボックスの口形状は，12角口や6角口があります．

T型ボックス・レンチはボルト軸と完全に一致した方向にトルクをかけられるため，高いトルクを加えるのに最も適するレンチとされています．また，軸に片手を沿え，ハンドル部を回すことで早回しすることができます．ボックス部を分離式にしたものをソケット・レンチと呼びます．

〈島田 義人〉

1-7 手と目をサポートする道具

手がもう1本あれば…を解消する

基礎編 / 実践編

● 100円ショップでそろう手のサポート道具

最近，あちらこちらで100円ショップを見かけます．日用品だけでなく，工具が充実しているお店もあります．いろいろなものがあり，見て歩くだけでも楽しい100円ショップですが，電子工作に使えるものを探すのも楽しみの一つです．

写真27は，文具のコーナで見つけた吸盤付きのジョイント・クリップです．ジョイントは自由に動き，取りはずして長くしたり短くしたりできます．小さい基板をサポートさせたり，フラットICなどを固定するのに便利です．

せんたくばさみに代表されるクリップ類も**写真28**のように充実しています．先がいろいろな形のものを探して用意しておくと，ちょっとしたものの固定に便利です．手が足りないときにはんだ線を支えたり，小さな基板が逃げないように手軽に固定できます．工具コーナには，力の強いクリップもありました．先が常に平行になるようになっており，実験時にリードを基板に仮固定するときなどに威力を発揮しそうです．

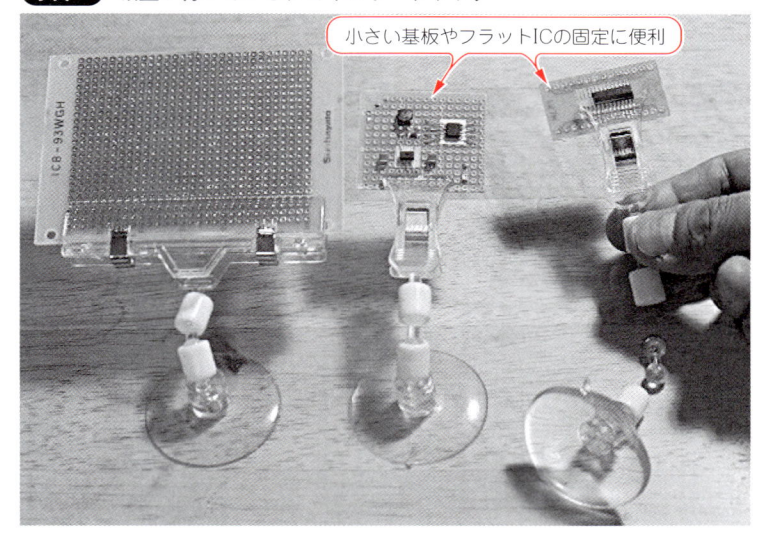

● 利便性の高い固定にはヘルピング・ハンドを使う

もっとしっかり基板などを固定したいときには，ヘルピング・ハンドが便利です．**写真29**は，608-391AG（Pro'sKit）で，工具店などで入手できます．重い台座に**写真30**のような関節でクリップや拡大鏡が付けられ，自由に動かして固定できます．前述の100円のジョイント・クリップがちょうど同じ関節の構造をしており，取り付けることができました．

● 強固な固定にはミニ・バイスを使う

基板にちょっとやすりをかける，穴をあける，大きめの部品をはんだ付けするなど，がっしり固定したいときがあります．バイス（万力）があるとよいのですが，そこまでしなくてもという場合は，**写真31**のプラスチック製のミニ・バイスST-80（太陽電機産業）が手軽で重宝するので愛用しています．

軽いのですが，底が吸盤になっており，平らな机の上であれば，レバーの操作でちょっとや

写真27 吸盤が付いているジョイント・クリップ
（小さい基板やフラットICの固定に便利）

写真28 100円ショップで見つけたいろいろなクリップ
- せんたくばさみ
- コード・クリップ（大きなものがつかめる）
- 工具コーナのクリップ（力が強い）

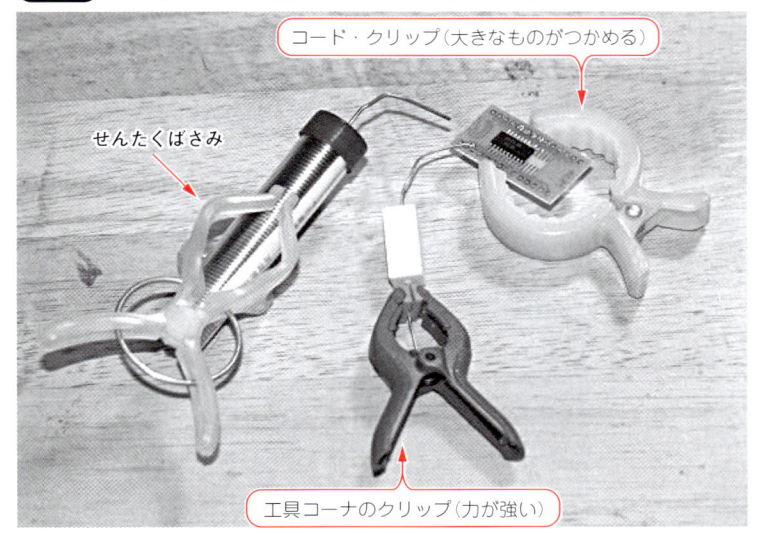

そっとの力では外れないほどがっちり固定できます．ですが，机に凹凸があるときなどは吸盤がしっかり付きません．

そんなとき，私はキャビネットのガラス・ドアを利用しています．はんだで机を焦がすのを防止する副次効果もあります．

● 目のサポート道具

老眼を気にする歳になったからというわけではなく，極小部品のはんだ付けにルーペ（拡大鏡）は必需品です．写真32は長年愛用している二つです．

左側は折りたためる台が付いており，基板の上に乗せてはんだ付けするときによく使います．中央の穴の下に部品を置いて，上からはんだごてを当てることができます．

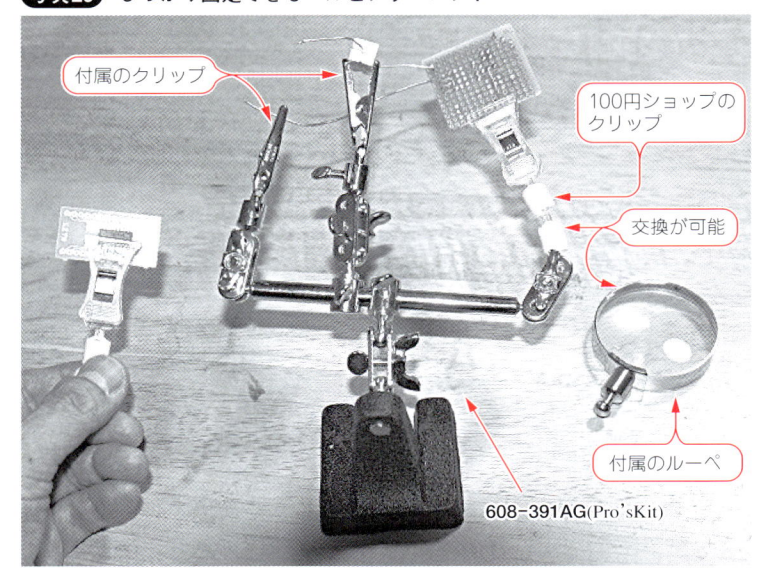

右側はスケール付きで，はんだ付けの確認のほかに，部品の大きさやフラットICなどのピンのピッチなどの確認にも便利です．カメラ販売店や大きな文具店などで手に入ります．

TVドラマなどで外科医が手術に使っている双眼ルーペを見て憧れたことがありましたが，調べると非常に高価なので入手はあきらめました．〈樋口　輝幸〉

写真29 しっかり固定できるヘルピング・ハンド
608-391AG（Pro'sKit）

写真30 自由に動かせるヘルピング・ハンドの腕

写真31 基板をしっかり固定するミニ・バイス（ST-80, 太陽電機産業）

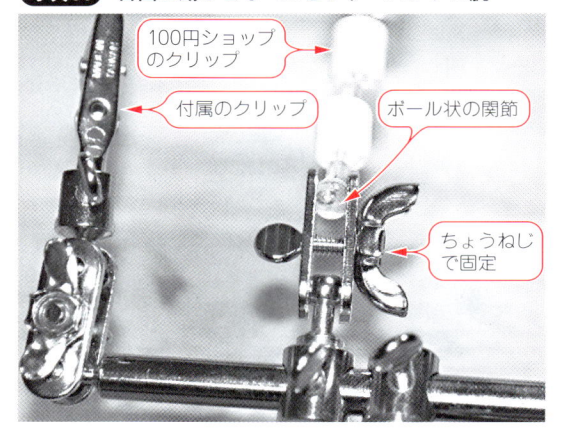

写真32 筆者が愛用しているルーペ

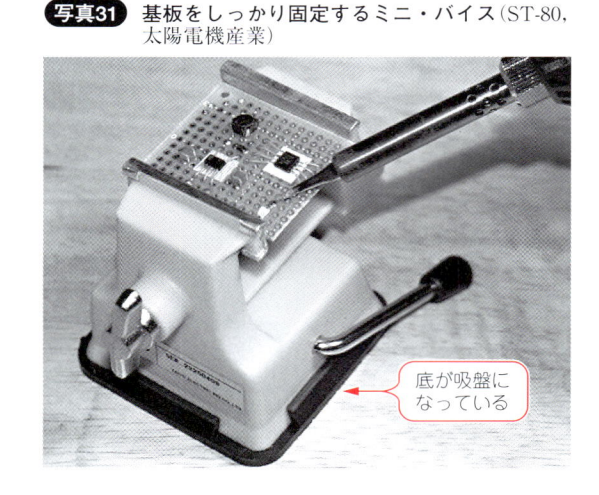

台付きではんだ付け時に重宝
スケール付きでピッチの測定にも便利
0.1mmの目盛りつき

徹底図解★電子回路の工作テクニック

第2章
はんだから試作専用基板まで

部材の選び方

2-1 糸はんだの種類と使い分け
部品と配線をつなぐ溶けやすく固まりやすい金属

1 配合で決まるはんだの特性と適材適所

はんだは，錫（Sn）と鉛（Pb）の合金材で，古代から金属同士の接合材として利用されてきました．

写真1に糸はんだを示します．比較的入手しやすいのはSnの含有量が50〜63％（重量比）のはんだです．

近年では，環境問題への対策として，鉛を使用しない「鉛フリーはんだ」も使われています．特殊なはんだとして，銅入りや銀入りもあります．

● 低温で溶ける「共晶はんだ」

通常，電子回路にはSn60％，Pb40％のやに入り（活性化ロジン）はんだが使われています．そのなかでも，低温（183℃）で溶けるSn63％の共晶はんだがよく使用されています．

図1にSn-Pbの2元系状態図を示します．Sn100％の場合は232℃で融解し，Pb100％の場合は327℃にならないと溶融しません．ところがSn約63％のPbとの合金はんだは，183℃という低い温度で溶けます．

この二つの金属を使い，一番低い温度で溶ける配合のものを共晶合金と呼んでいます．

Sn-Pb系では，共晶はんだが

写真1 いろいろな種類の糸はんだ（太洋電機産業）

- 共晶はんだ Sn：63％，Pb：37％
- 模型工作用はんだ Sn：50％，Pb：50％
- 銅入りはんだ Sn：60％，Pb：39％，Cu：0.5％
- RMAタイプ無洗浄はんだ Sn：60％，Pb：40％
- 鉛フリーはんだ Sn：96.5％，Ag：3％，Cu：0.5％

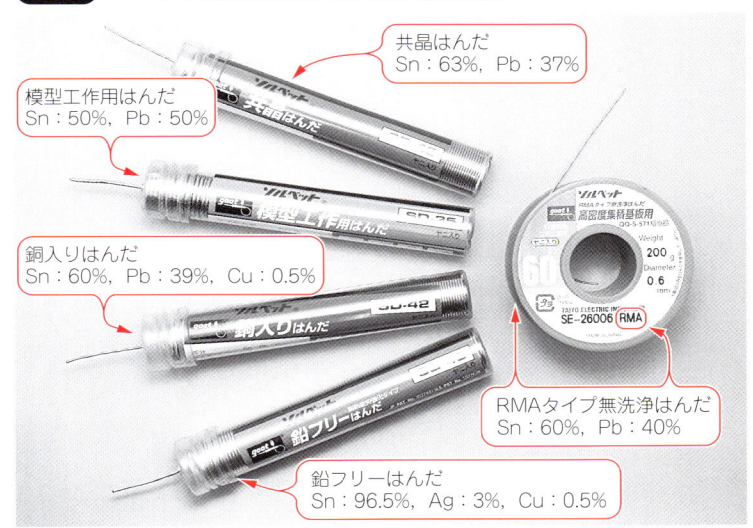

図1 錫（Sn）と鉛（Pb）の2元系状態図

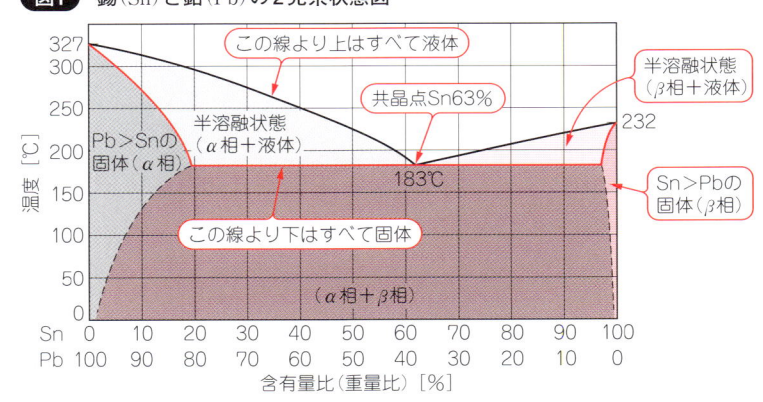

- この線より上はすべて液体
- 共晶点Sn63％
- 半溶融状態（β相＋液体）
- 半溶融状態（α相＋液体）
- Pb＞Snの固体（α相）
- Sn＞Pbの固体（β相）
- この線より下はすべて固体
- (α相＋β相)
- 183℃
- 232
- 327
- 含有量比（重量比）[％]

最も低い温度（183℃）で溶けるため，フレキシブル基板のよう

図2 スルー・ホール基板のはんだ付けには共晶はんだが向く

(a) 215℃で十分に加熱しないとはんだがスルー・ホールに溶け込まない　(b) 183℃と低温で溶けるためはんだがスルー・ホールに溶け込みやすい

に耐熱温度の低い基板や，図2に示すようにスルー・ホール基板などのはんだ付けに適しています．

Sn50％のはんだを使った場合は，十分な加熱（215℃）が必要となるため作業効率が落ちます．最悪の場合には，スルー・ホールにはんだが流れ込まず，不良が発生することがあります．

● **Pb含有量が多いはんだは低温で溶けにくい**

Sn50％，Pb50％のはんだは模型工作や電気器具の配線に使います．図3のように立たせたラグ板に配線する場合は，共晶はんだを使うと流れやすいため，下のほうで固まってしまいます．このような場合は，半溶融状態（シャーベット状態）の温域幅が広い，Sn50％，Pb50％のはんだが適しています．

Pbの含有量が多くなるほど低温では溶けにくく強度も高くなるため，発熱する部品にはPbの多いはんだが適します．

● **銅や銀を混ぜて線材や銅パターンへの侵食を防ぐ**

はんだ付けの際，銅線や銅箔ははんだ中のSnの働きによって，図4のような銅食われと呼ばれる現象（銅電極の腐食）が発生します．銅のこて先がはんだに激しく侵食されるのと同じ

図3 立ラグ板へのはんだ付けにはSn50％のはんだが向く

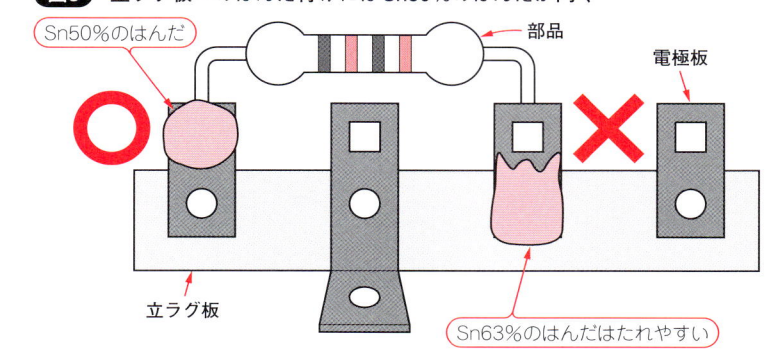

図4 通常のはんだは銅食われと呼ばれる現象が発生して侵食される
（大洋電機産業銅入りはんだ説明書き参照）

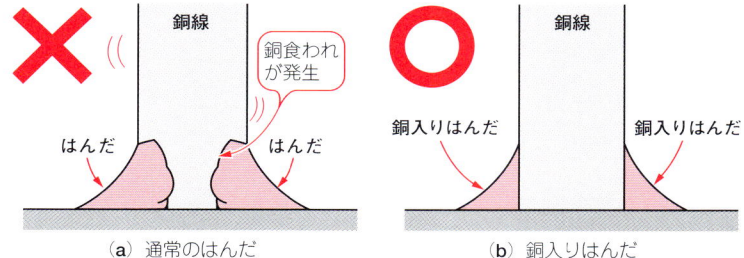

(a) 通常のはんだ　　(b) 銅入りはんだ

です．太い銅電線なら多少の侵食も無視できますが，φ0.1 mm以下の極細線は断線しやすくなります．銅が1～2％入った銅入りはんだを使うと，銅食われの現象が軽減されます．

その他，銀を1～2％含む銀入りはんだもあります．銀入りはんだは，銀の印刷基板や銀電極の部品をはんだ付けする際に使うのが本来の目的です．普通のはんだでは，合金化反応の際，銀の成分がはんだに移行し，同様に銀食われと呼ばれる現象（銀電極の腐食）が発生してしま

います．

● **鉛を含まない鉛フリーはんだ**

鉛フリーはんだは，環境にやさしいはんだとして開発されました．

鉛入りはんだと比較すると，溶ける温度が217～220℃と高めで，はんだ付けで大切な「ぬれ」時間が長いといったデメリットがあります．しかし，電子部品の発熱・冷却の温度変化の繰り返しによるひずみが生じにくいというメリットがあります．

〈島田 義人〉

2　はんだに含まれるフラックスの悪影響を軽減する

● 金属の腐食性が低いフラックスを含むはんだ

回路基板でよく使われる糸はんだに，RH-63AやRH-60Aがあります．このRHというのは「Rejin Handa」の略で，「やに入りはんだ」という意味です．

フラックスは，松やになどの植物性天然樹脂に薬品を加えたもので，はんだのぬれ性の確保に必要なものです．**図5**に示すように，糸はんだには，メーカによって1～3本のフラックス・チューブが入っています．

しかし，はんだ付けが完了した後の残留フラックスは，はんだや周辺の金属を腐食させる性質があってなかなか厄介です．金属を腐食させる塩素の含有量を極力減らした前出の**写真1**のようなRMAタイプ（無洗浄タイプ）のフラックスを使ったはんだも市販されています．

図5　糸はんだの断面の穴にはフラックスが入っている

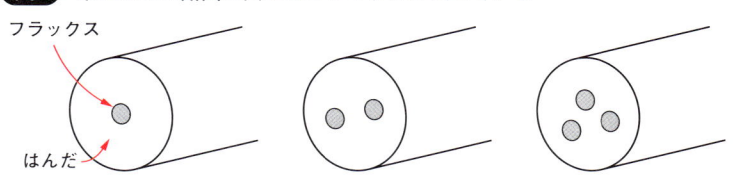

● はんだから溶け出したフラックス汚れを洗浄する薬剤

はんだ付けをすると，端子部分と周辺に茶褐色の膜のようなものが現れます．この汚れは，はんだごての熱で焼け焦げたフラックスです．一般にフラックス残渣と呼んでおり，いわゆる，やにのかすです．今では洗浄を必要としない無洗浄はんだも販売されているので，必ずしも洗浄剤が必要というわけではありません．

以前はフロンやトリクロル・エタンなどが使われていましたが，オゾン層破壊によるフロン規制が始まり，1995年末にフロンとトリクロル・エタンの製造が禁止されています．現在はテルペン系溶剤やアルコール系溶剤などが使われています．

写真2は，スプレー式のはんだやに洗浄剤です．〈島田　義人〉

写真2　フラックスの残渣であるやにの洗浄剤

---

column　用途に適した太さのはんだ線を選ぶ

現在市販のはんだはφ0.5～2.0が一般的です．あまり細いはんだで大きな端子や線をはんだ付けすると，フラックスで周囲が汚れます．

また，小さな部品をはんだ付けするのに太いはんだを使うと，はんだの量が多過ぎたり隣の部品とブリッジしやすくなったりします．

写真Aに見るように，φ0.8以下が細かなプリント基板に適し，φ1.0以上はやや大きめのラグ端子やコネクタの接続に向いています．φ1.6以上になると，大形の同軸コネクタなど用途は限られます．

用途によって太さを選ぶ必要がありますが，φ1.0があればたいていの作業に間に合うでしょう．

〈島田　義人〉

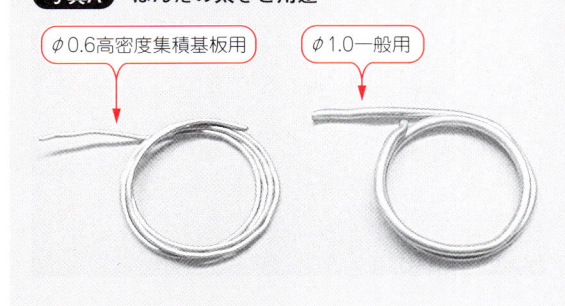

写真A　はんだの太さと用途
（φ0.6高密度集積基板用／φ1.0一般用）

2-2 ユニバーサル基板の種類と加工方法
電子回路の土台となる試作専用の基板

1　ユニバーサル基板の種類と選び方

写真3　紙フェノール基板（サンハヤト）

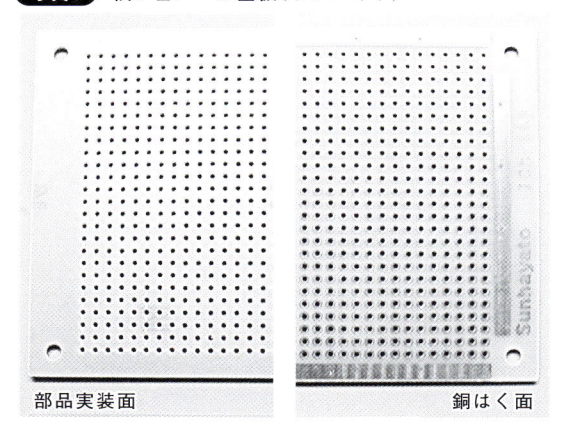

部品実装面　　　銅はく面

写真4　ガラス・エポキシ基板（サンハヤト）

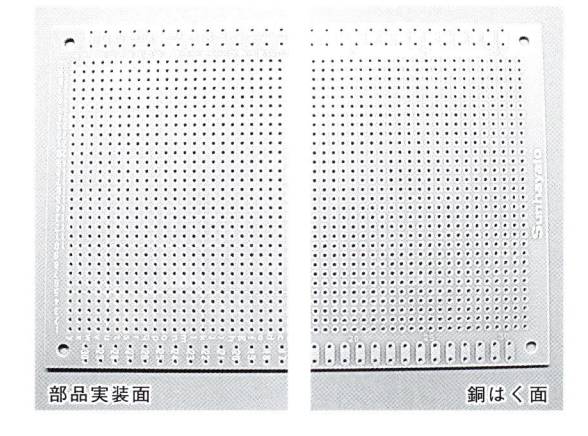

部品実装面　　　銅はく面

写真6　Dサブ・コネクタやDCジャックが実装できるユニバーサル基板（サンハヤト）

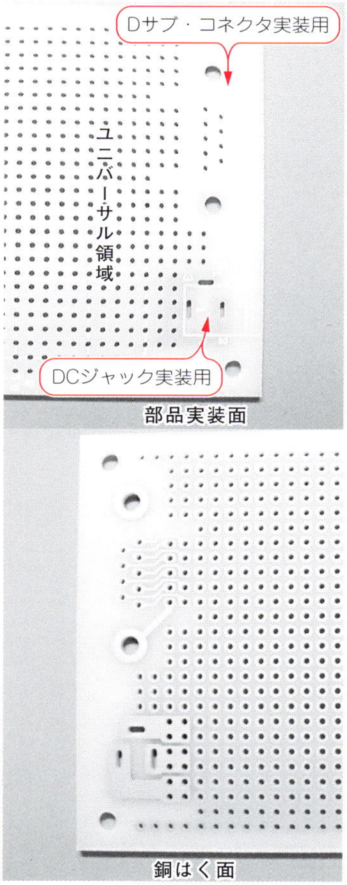

Dサブ・コネクタ実装用
ユニバーサル領域
DCジャック実装用
部品実装面

銅はく面

電子回路を組み立てるには，部品を乗せる板が必要です．

固定の回路から製作されるプリント基板がそれですが，試作のたびに作るとなると，費用も時間もかかります．

そこで，試作にはユニバーサル基板を使います．

● ユニバーサル基板の構造

ユニバーサル基板は，絶縁板（紙フェノール，ガラス・エポキシ，紙エポキシなど）に約1mmくらいの穴を0.1インチ（2.54mm）間隔で四方に開けたものです．基板の裏側には，穴を中心に2mmくらいの銅箔（ランド）がプリントされています．

開いた穴の数によって何種類かの外寸があります．**写真3**は，30×25ホール（基板外寸95×72mm）のユニバーサル基板です．

他にもいろいろな種類がありますので，目的に合わせて選択してください．

● 絶縁板の種類と一長一短

一番目にする機会が多い基板の材質は，紙フェノールとガラス・エポキシの2種類でしょう．

▶ 紙フェノール　**写真3**

クラフト紙にフェノール樹脂を浸透させて積層したもので褐色の基板です．

各種サイズがあり，最も安価で販売されています．

欠点は，吸湿性が高く，寸法が変化しやすいことです．反りも発生しやすいため，サイズの大きな基板にはあまり適していません．

また，重量の大きな部品を実装すると基板が反ってしまい，はんだ付けした箇所で接触不良を起こすこともあります．

▶ ガラス・エポキシ基板　**写真4**

ガラス布にエポキシ樹脂を浸透させたもので，淡い灰色もしくは黄緑色の基板です．

紙フェノール基板より吸湿性

や形状の変化が少なく，絶縁抵抗，耐熱性や強度など多くの点で優れています．

紙フェノールと比較すると少々高価です．

▶ **紙エポキシ基板**

紙にエポキシ樹脂を含浸させたものを紙エポキシ基板といいます．

紙フェノール基板とガラス・エポキシ基板の中間的な存在として位置します．

● **表裏を導通する穴を開けたユニバーサル基板**

スルー・ホールにより両面実装に便利な基板を **写真5** に示します．この基板の穴の側面には，はんだでコーティングした銅箔があり，両面から部品をはんだ付けしやすいようになっています．配線が交差する場合，両面で配線できるため，ジャンパ線の数を減らせます．スルー・ホールは，銅箔がはがれにくいといった利点があります．

しかし，部品の交換時には，スルー・ホールの中にはんだが残ってしまい，はんだ吸い取り器がないと苦労します．

● **特殊な端子の実装用ユニバーサル基板**

DCジャックの端子は平板状，Dサブ・コネクタのピン配置は0.1インチ（2.54 mm）と，ユニバーサル基板の間隔に合っていないため直接には接続できません．

写真5 穴がスルー・ホールになっているガラス・エポキシ基板（タカチ）

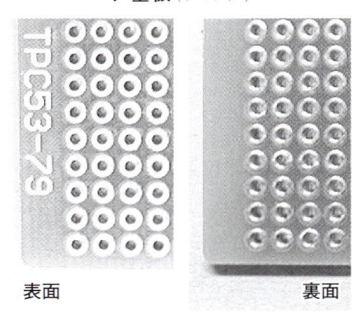

表面　　裏面

写真6 のように，Dサブ・コネクタやDCジャックを直接実装できる領域をもったユニバーサル基板も売られています．

〈島田 義人〉

表面実装部品をユニバーサル基板にはんだ付けする際の救世主…ピッチ変換基板　column

ユニバーサル基板は本来，リード線のついた部品を搭載する目的で作られました．DIPのICやトランジスタ，ダイオード，抵抗やコンデンサ，多くのものが2.54 mmピッチに対応していました．もちろん，今でも入手可能なこれらの部品を使って実験基板を作ることができます．

ところで，増え続ける表面実装部品をユニバーサル基板にどうやって搭載すれば良いでしょうか．ちょうど2.54 mmピッチのICであれば，工夫して乗せることができるでしょう．

しかし，それより細かいピッチのICでは無理です．**写真B** のように，絶縁シートに貼り付けて，手はんだでリード線をつけますか？　いえいえ，便利なものがあります．

便利なものとは，ピッチ変換基板（**写真C**）のことです．いろいろな部品外形に対応しています．シート状になって加工しやすいものもあります．

〈樋口 輝幸〉

写真B ユニバーサル基板への表面実装部品の実装や配線はたいへん

絶縁シート

写真C フラット・パッケージのICを実装できるピッチ変換基板ICB-010（サンハヤト）

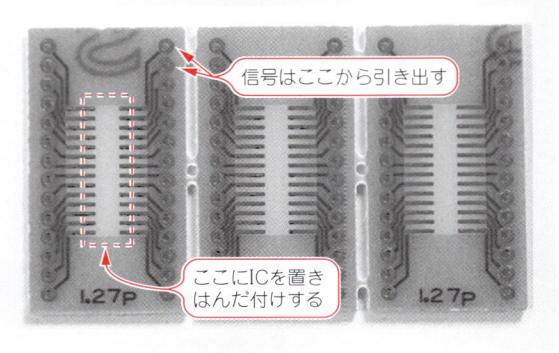

信号はここから引き出す

ここにICを置きはんだ付けする

2 ユニバーサル基板を切断する方法

ユニバーサル基板のランドは，一般的にはんだ付けがしやすい円状です．二重の円を古代より「蛇の目」と呼び，家紋にもあり，和傘の名前にもなっています．ユニバーサル基板（蛇の目基板）には，いろいろな大きさのものが市販されていますが，適当な大きさがないときは切断して使いましょう．

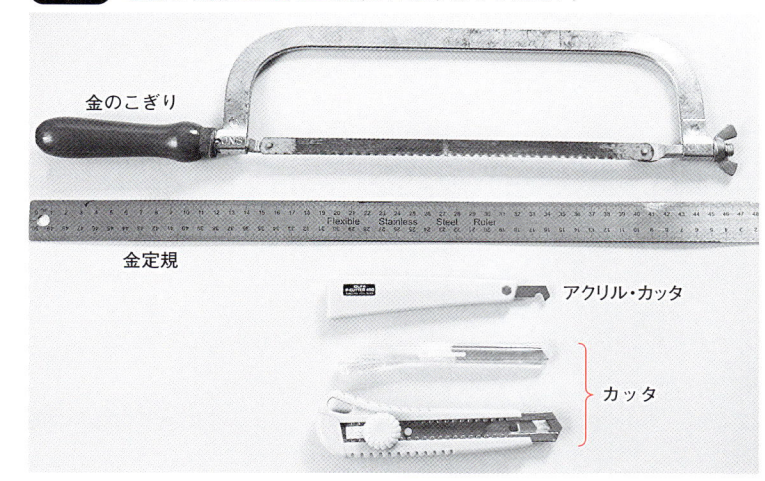

● アクリル・カッタや金のこぎりを使う

切断には，**写真7**のような金のこぎりやアクリル・カッタを使います．アクリル・カッタとは，先が鎌のように鳶（とび）の口状に曲がったカッタです．基板材料であるガラス・エポキシは硬いので金のこぎりを使ったほうが無難ですが，アクリル・カッタでも切断できます．金のこぎりを使う場合は，蛇の目に沿って切断すると楽です．また，けがき線をつけておくと曲がらずに切れます．

● 手順

まず，けがき線としての筋をつけます．アクリル・カッタを金定規を当てて，軽くまっすぐ引きます．いきなり強く引くと，曲がったり斜めに切れてしまいます．どうしても曲がってしまう場合は，**写真8**のようにカッタや千枚通しを使って筋だけつけると良いでしょう．

次に強めに1/3ぐらいの深さまで，硬い場合は無理せずに数回に分けて**写真9(a)**のように溝を入れていきます．欠き始めが切れていない場合は逆方向にも切りましょう．同様に裏面の同じ位置を，**写真9(b)**に示すように正確に切ります．溝をつけ終えたら，**写真10**のようにメリメリと割ります．基板の切断面は，**写真11**の要領でカッタの背で擦ってきれいにしておきましょう．　〈樋口 輝幸〉

写真7 基板の切断に必要な工具（これだけはそろえたい）
- 金のこぎり
- 金定規
- アクリル・カッタ
- カッタ

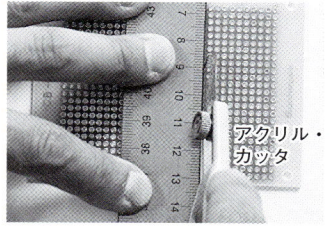

写真9 基板を割りやすくするためにアクリル・カッタで溝を入れる 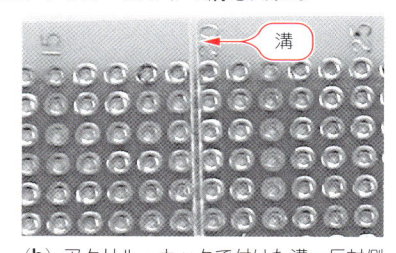
(a) 数回に分け溝を入れる
(b) アクリル・カッタで付けた溝…反対側からも入れると割りやすい

写真8 定規を当ててカッタでけがき線を入れる

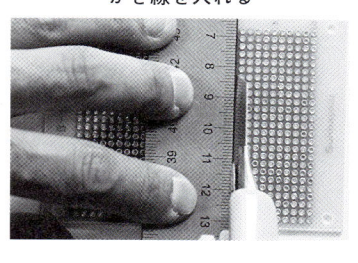

写真10 しっかり溝が入っていれば両手で簡単に割れる

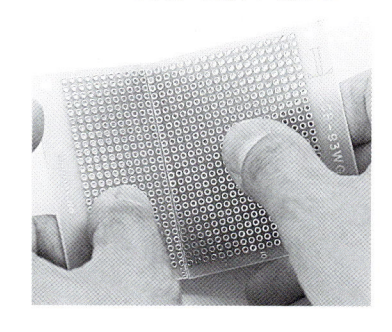

写真11 カッタの背で切断面のバリを取り除く

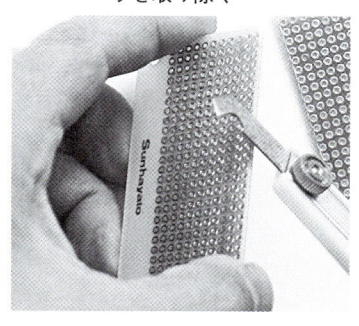

2-3 ピッチ変換用シールの使い方
ユニバーサル基板に端子ピッチが合わない部品を簡単実装

基礎編 / 実践編

写真12 チップ・トランジスタ用のシール基板（サンハヤト）

0.5 mmピッチ用　　0.65 mmピッチ用　　0.95 mmピッチ用

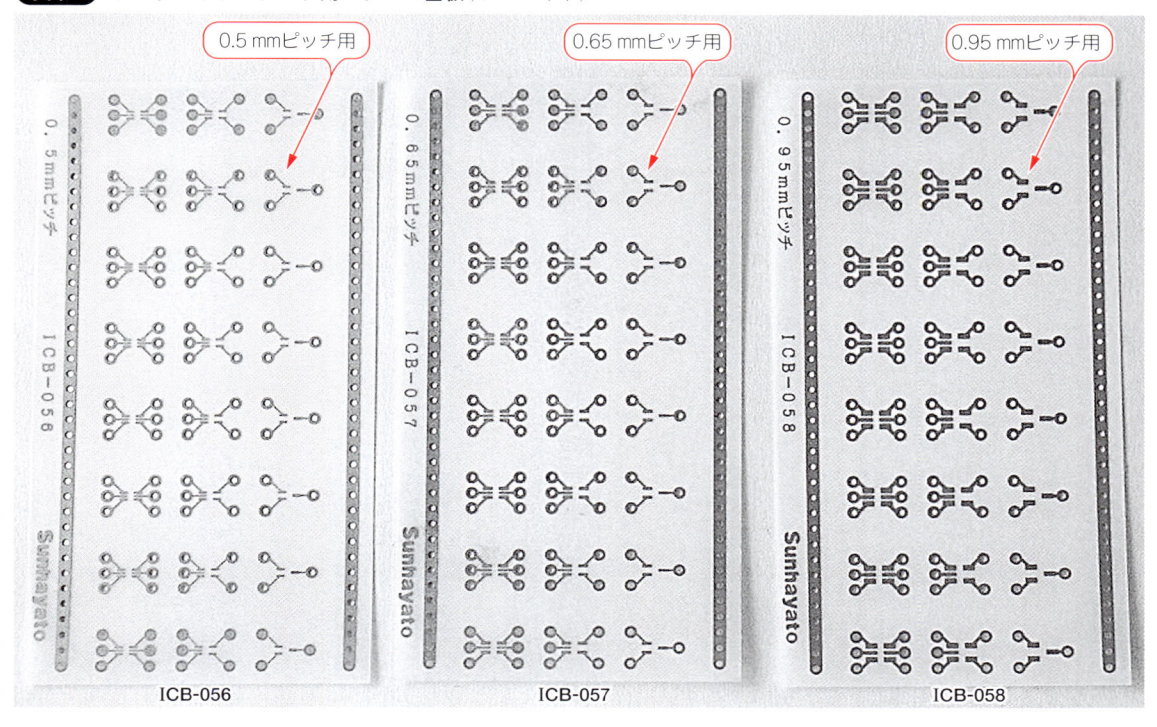

ICB-056　　ICB-057　　ICB-058

写真13 いろいろな部品に対応したシール基板（サンハヤト）

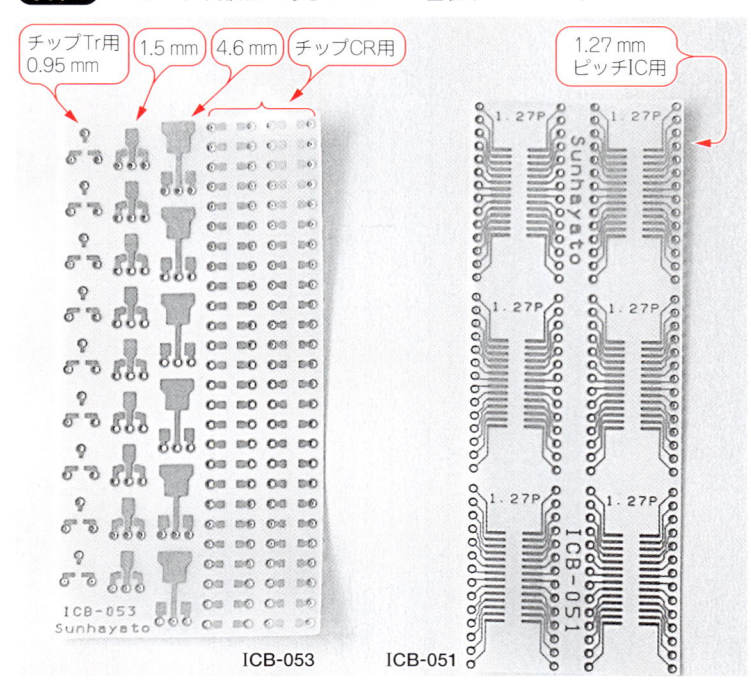

チップTr用 0.95 mm／1.5 mm／4.6 mm／チップCR用／1.27 mmピッチIC用

ICB-053　　ICB-051

表面実装部品を使用した実験基板作りに便利な，ぺたぺた貼って簡単に基板が作れるシール基板を紹介します．

● シール基板って何だろう

シール基板は，表面実装部品のピッチ変換に使います．シート状で，表面実装部品を2.54 mmピッチのユニバーサル基板に載せることができます．さまざまなタイプがあり，チップ抵抗やコンデンサ，トランジスタ，ICなどに対応しています．

厚みが0.1 mmと極薄のガラス・エポキシでできていて，はさみで簡単に切り取って使えます．金めっきが施されているので保存性が良く，うっかり手で触っても酸化しにくいので，加工や実装も楽です．

写真14 シール基板ははさみで簡単に切れる

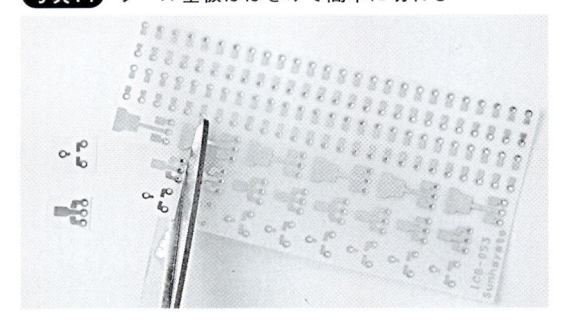

写真15 IC用のシール基板は好きなピン数に加工できる

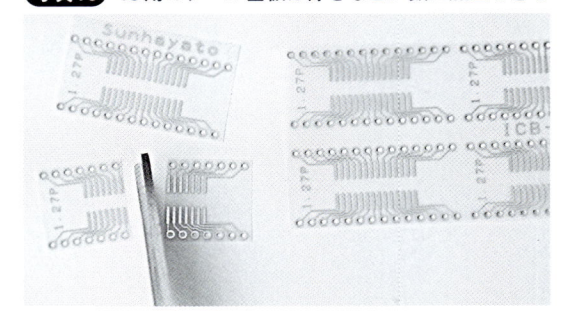

写真16 部品の固定に使う専用接着剤と両面テープ

> 専用接着剤 SB-416は適当な粘性があり硬化が遅いので使いやすい

> 両面テープ．100円ショップなどで購入できる

写真17 専用接着剤の付けかた

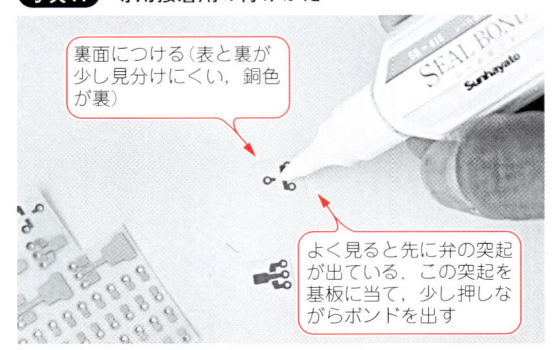

> 裏面につける（表と裏が少し見分けにくい，銅色が裏）

> よく見ると先に弁の突起が出ている．この突起を基板に当て，少し押しながらボンドを出す

写真18 ユニバーサル基板にシール基板を載せる

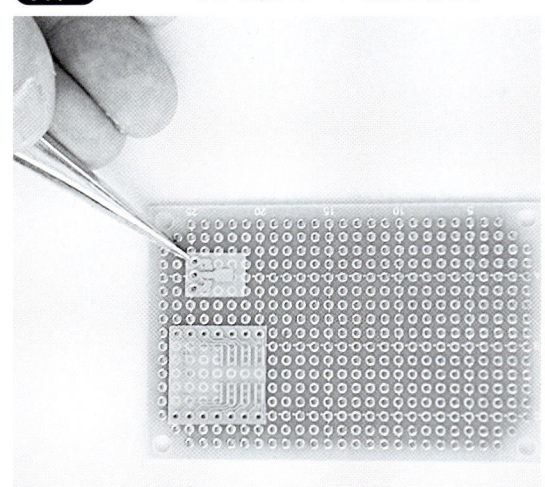

(a) ピンセットでそっと載せる

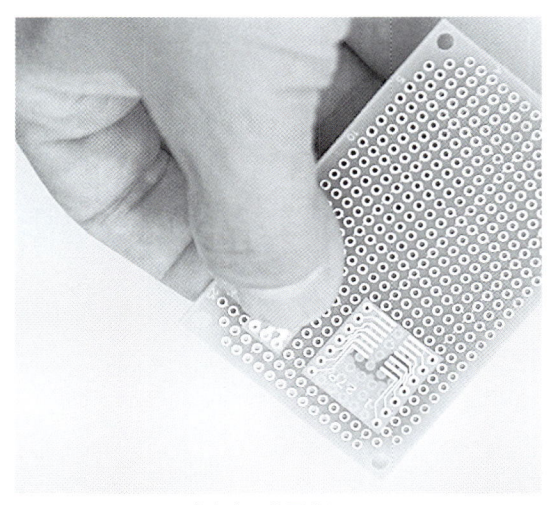

(b) 指で位置合わせ

● いろいろな形状がそろっている

写真12は，ミニモールド・トランジスタ用です．1枚に3，5，6極の3種類のパターンが用意されており，左から0.5 mm，0.65 mm，0.95 mmピッチの変換基板です．

写真13は，左がチップ抵抗やコンデンサ，トランジスタの0.95，1.5，4.6 mmピッチに対応したもので，ミニモールド・パワー・トランジスタが搭載できます．右は1.27 mmピッチの表面実装IC用です．

● はさみで必要なぶんだけ切って使おう

写真14のように，必要な部分をはさみで切り取ります．

写真15のIC用は，1.27 mmピッチの8，16，28ピン用があります．切ったり組み合わせたりして，必要なピン数にします．

● 基板に接着剤で固定する

シールというと，あらかじめ粘着剤が付いていると思われるかもしれません．しかし，シー

ル基板に粘着剤は付いていません．そういう意味では，シート基板と呼んだほうがよいような気もします．ですがシールとは，「ロウを溶かし，封筒の口を接着して封印したりする」ことが本来の意味なので，やはりシール基板という名前のほうが的を射ているようです．言葉の解釈は時代や地域でどんどん変わっていくものですね．

シール基板はユニバーサル基板に両面テープや接着剤で固定します．**写真16**のような適当な接着時間と粘性がある専用接着剤も販売されているので，これを使うと位置合わせが楽にできます．

専用接着剤は容器の先が弁になっており，**写真17**のように容器を指で圧迫しながら先端を押し付けると液が出てきます．部品を固定できればよいので，全面に塗る必要はありません．適当に加減して節約しましょう．

散布して2～3分してからユニバーサル基板に載せると，適当にねばねばして位置調整が容易になります．ねばねばしすぎてピンセットでは動かない場合は**写真18**のように指でぎゅっと押し付けながら移動させます．

● はんだ付けはすばやく

30分ほど経ち，接着剤が固まってきたら，部品をすばやくはんだ付けします．シール基板は，シールという言葉から，樹脂でできているビニル・シールを想像するかもしれませんが，耐熱性のあるガラス・エポキシでできているので，はんだごての熱で基板が溶けてしまうこと

写真19 シール基板への部品のはんだ付けはすばやく行う

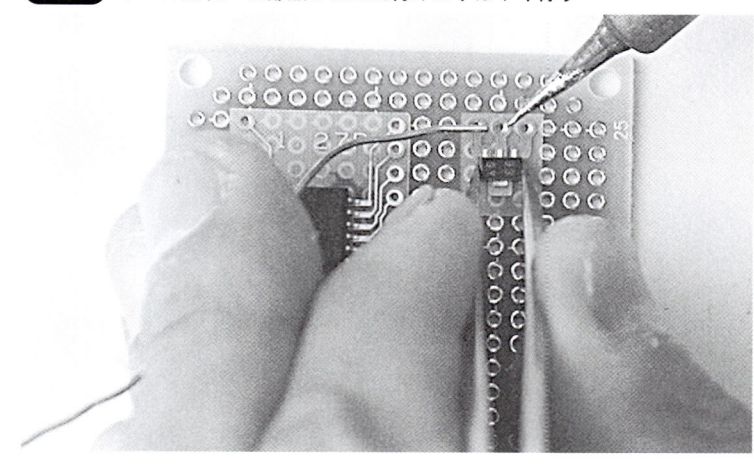

写真20 シール基板はとても柔らかい

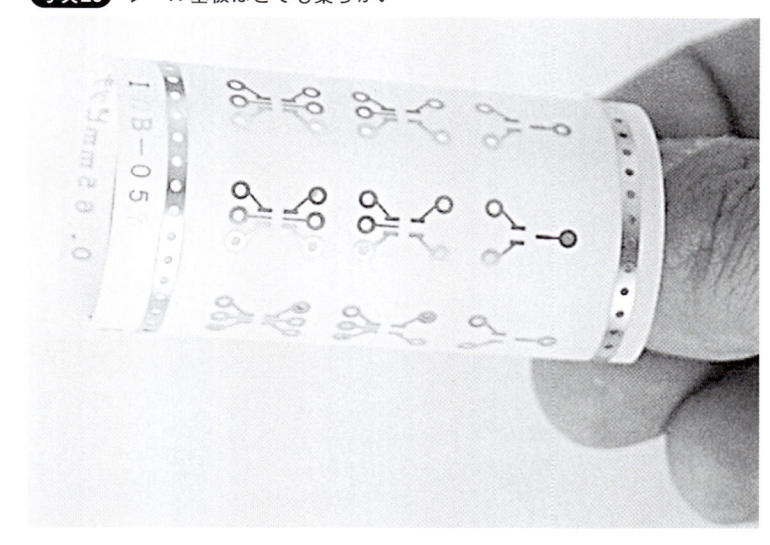

はありません．**写真19**のように普通にはんだ付けができます．

瓶入りフラックスを使う場合は，多く付けすぎるとフラックスがシール基板とユニバーサル基板の間に入り込んで，乾燥に時間がかかってしまいます．

● シール基板の応用はいろいろ

シール基板の薄さと軽さ，柔軟性を応用すれば実験や試作以外にも面白い応用ができます．**写真20**のように丸められるので，部品の実装は平面だけとい

う従来の概念にとらわれない実装ができそうです．身に着ける電子機器を作ってみたくなりませんか？

シール基板の重量は，5枚で6gでした．面積を測って計算してみると，1cm^{2}当たり約0.02gです．手のひらの大きさなら1gに満たない重さです．ラジコンの軽量飛行機などを作るときにはとても重宝するでしょう．

〈樋口 輝幸〉

2-4 配線に使う線材の選び方と使い方
ユニバーサル基板上で部品間を電気的につなぐ

1 線材の種類と特徴

手作り回路では，電子部品をユニバーサル基板に載せたあと，回路図に従って部品をつないでいきます．部品間を線材で配線して，「電子の回る道(路)」つまり電子回路を作っていくわけです．

● 部品のリード線や錫めっき線

抵抗やコンデンサなども，**写真21上**のようなリード付きの部品はまだ健在で，電気街での入手性も良好です．実験や試作などでリード付きの部品を使う場合は，なるべくこのリードを配線材として活用するとよいでしょう．リードだけでは足りなくなるときのために**写真21下**の錫めっき線を用意しておくと便利です．これも，電気街のパーツ店の軒先に直径0.4〜0.8 mm程度のものがぶらさがっています．

● 絶縁が必要な場合は被覆付きの線材を使う

回路がクロスする箇所などは絶縁被覆付きの線材を使用します．**写真22**の単線で中心導体の直径が0.26 mmのワイヤ・ラッピング用が，やはり電気街のパーツ店や電線販売店などで入手できます．

● 表面実装部品には直径0.2 mmの線材が便利

直径0.26 mmという太さは，ユニバーサル基板やピッチ変換基板などの信号の配線に適しています．しかし，表面実装部品の端子から直接リード線を出す場合は少し太すぎると感じます．

少し入手性が悪いのですが，直径0.2 mmを用意しておくと便利です．私の会社では，試作用に**写真23**の潤工社のジュンフロン線を準備していました．

ジュンフロン線は絶縁被覆の耐熱性が高く，はんだ付けに適しています．電気街でもときどきジャンク・パーツとして安く購入できる場合があり，サンハヤトからも市販されています．インターネットで調べると，100 m単位なら入手できそうです．

直径0.2 mmであれば，0.5 mmピッチのICから連続してジャンパ線を引き出すことも可能です．

〈樋口 輝幸〉

写真21 リード部品と錫めっき線
- リード付きの抵抗
- リード付きのコンデンサ
- すずめっき線

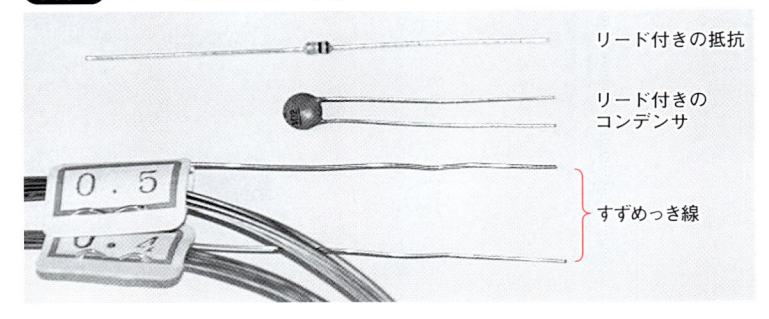

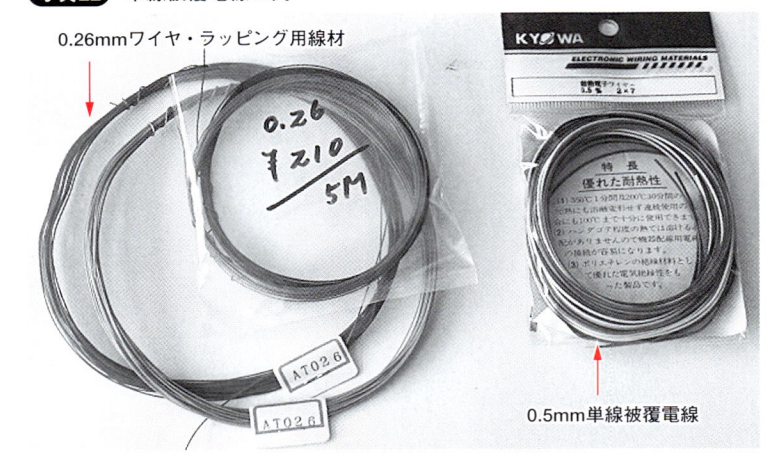

写真22 単線被覆電線の例
- 0.26mmワイヤ・ラッピング用線材
- 0.5mm単線被覆電線

写真23 0.2mmジュンフロン線（使いかけの100mリール）
導体直径0.2mm
絶縁被覆厚さ0.15mm

2 電源ラインに使う線材は十分な太さが必要

電源の引き出し線に直径0.2mmの線材を50cmほど使っている人が，実験がうまくいかずに悩んでいました．「ちょっと電源線が細すぎるのでは？ 太い線に変えてみたら？」とアドバイスしたことがあります．

細い線材に許容値以上の電流を流すと，回路が異常動作するほどの電圧ドロップ（電圧降下）を起こしたり，線材自体が発熱して最悪は発火したりするので，電源ラインに使用する電線は太さを選ぶ必要があります．

私の場合，電流の総計がおよそ1A以下の試作基板には，電源ラインに0.6mmの錫めっき線を使用しています．

▶太さと電圧降下の関係を確かめる

許容電流は，規格やメーカの推奨値があります．それは皆さんに調べていただくとして（p.36参考），実際に細い線に電流を流す実験をしてみました．

直径0.2mmと0.26mmの被覆単線銅線，直径0.5mmの錫めっき線と3種類を長さ50cmにそろえ，電流1Aを流したときの電圧降下を計測しました．結果は写真24のとおりです．

直径0.2mmのジュンフロン線では，なんと0.4V近くもドロップしています．試しに3Aを流すと，発熱もかなりありました．電源には余裕をみて太めの線材を使いましょう．

〈樋口 輝幸〉

写真24 50cmの配線に1A流したときのドロップ電圧

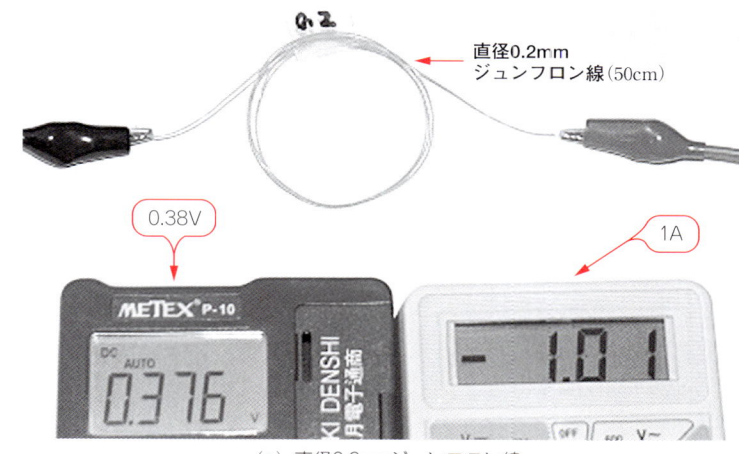

（a）直径0.2mmジュンフロン線

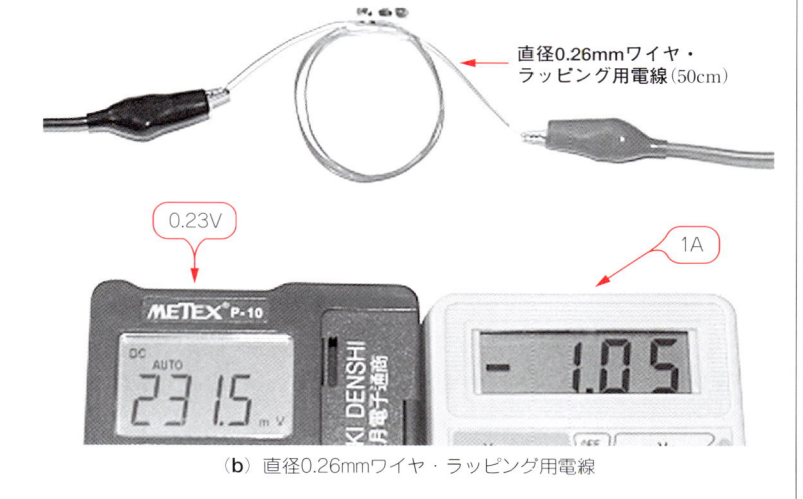

（b）直径0.26mmワイヤ・ラッピング用電線

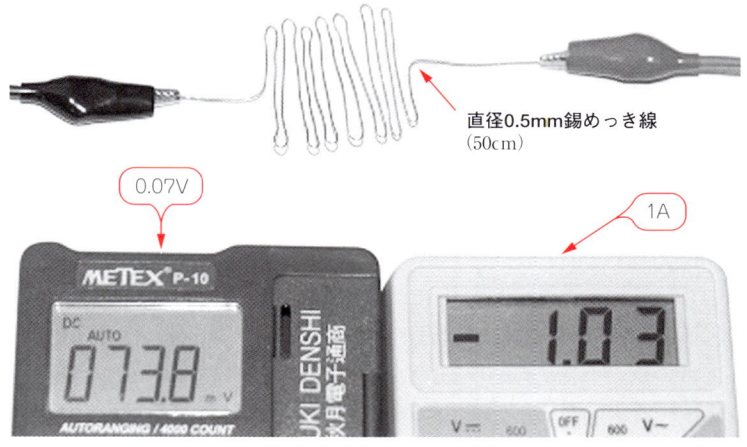

（c）直径0.5mm錫めっき線

3 線材の太さとその特性

線材の太さを表す単位はいろいろあります．私は直径が一番わかりやすいと思うのですが，電線販売店で耳にするのは「××番線」という言葉です．これは，AWG#（えーだぶりゅーじーなんばー：American Wire Gauge・アメリカン・ワイヤ・ゲージ）というものです．

銅線の製造時，ダイスという穴の開いた治具を通して銅線を細くしていきます．このダイスを通した回数を太さの単位にしたものだそうです．回数を増やすほど細くなることから，番号が大きいほど細い線材です．

日本ではsqという断面積で表すほうが一般的と聞きました．sqはsquare（スクエア）の略で，平方ミリ・メートルのことです．スケアとも呼ばれます．

お店で線材を選ぶときに困らないように，よく使う線材のAWG番号は覚えておきましょう．大まかな換算表を表1に示します．直径0.26mmはAWG#30，直径0.2mmはAWG#32に相当します．

〈樋口 輝幸〉

● ケーブルにも流せる最大電流が決まっている

あるケーブルでどれだけ電流を流せるかは，電線の発熱によります．塩化ビニルなどの絶縁材が耐えられる温度以下まで電流を流せます．

1本の場合と何本か束ねられている場合では許容電流が異なります．複数の線が束ねられている場合は熱がこもるので，許容電流は少なくなります．

図6は，耐熱温度90℃，厚さ0.3mmの絶縁材を使った電線の，導体の太さと許容電流の例です．

表1 線材のAWG番号と断面積sqと直径の換算表（概算）

AWG #	sq[mm²]	直径[mm]
32	0.03	0.2
30	0.05	0.25
28	0.08	0.3
26	0.13	0.4
24	0.2	0.5
22	0.3	0.6
20	0.5	0.8
18	0.8	1

図7は複数本数に束ねられた場合の低減率です．

● 電圧降下を引き起こす抵抗値を確認

電線の抵抗による電圧降下が許容範囲に入るようなケーブルを選ぶ必要があります．

抵抗値の目安を表2に示します．電圧降下は，ケーブル往復分の抵抗値で計算します．

〈志田 晟〉

図6 電線の導体の太さと許容電流の関係（耐熱温度90℃品）

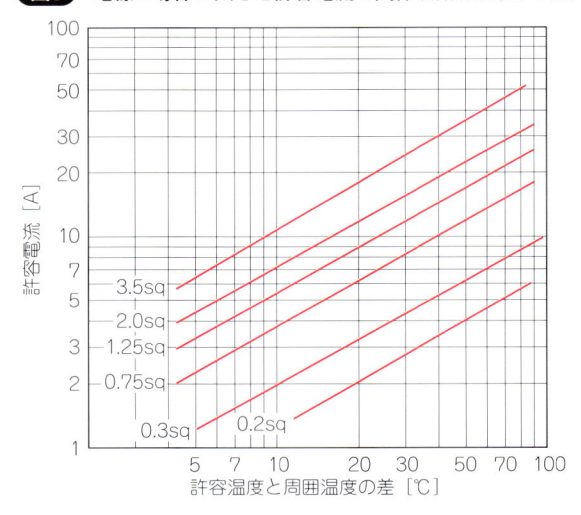

図7 電線を束ねたときの許容電流の低減率

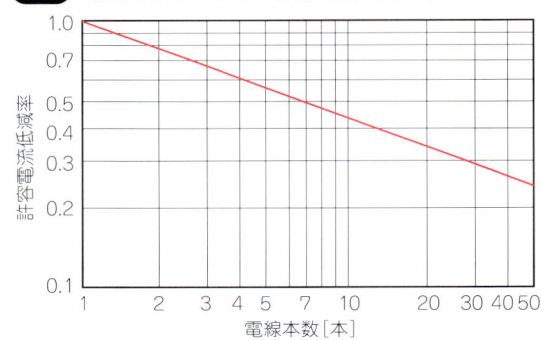

表2 ケーブルの太さと抵抗値の関係

断面積[mm²]	0.18	0.3	0.5	0.75	1.25	2	3.5	5.5	8
1mあたりの抵抗値[mΩ/m]	106	62	40	26	16	10	5.4	3.5	2.5

2-5 基板を支えるスペーサ

基板とケースの固定や基板のスタンドに使う

基板をケースなどに固定する場合，スペーサを使うことで，基板とケースの間の間隔を一定にできます．写真25に示すように，スペーサは基板のスタンドとしても使えます．

写真26に代表的なスペーサの外観を示します．メタル型，ジュラコン型，絶縁型などの種類があり，用途に合わせて使います．

メタル型の材質は黄銅で，ニッケルめっきされています．基板とケースを電気的に導通させてグラウンドを補強します．

ジュラコン型や絶縁型は，基板とケースを電気的に絶縁して固定できます．ジュラコンとは工業用プラスチックの一種で，耐熱性や耐疲労性，耐摩耗性が高く，優れた軽量素材です．歯車やねじ，軸受けなどの機械要素部品を中心に，幅広く使われています．絶縁型スペーサの材質はフェノール樹脂で，耐熱温度は比較的高く，約150℃まで使用可能です． 〈島田 義人〉

写真25 スペーサの使用例

→ 基板のスタンドとしても使える

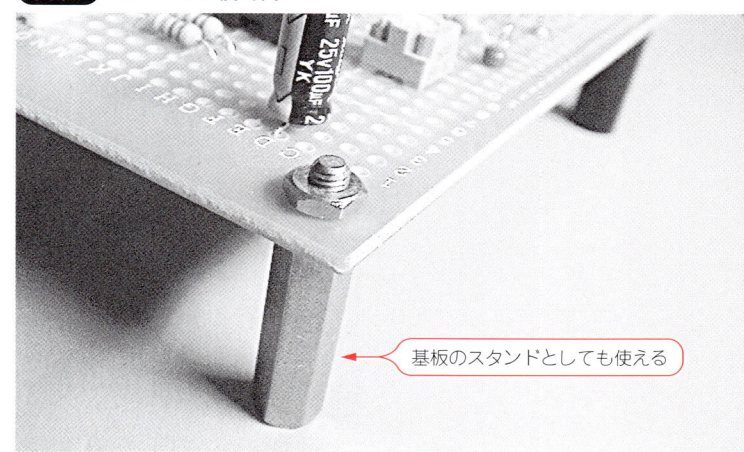

写真26 スペーサの種類

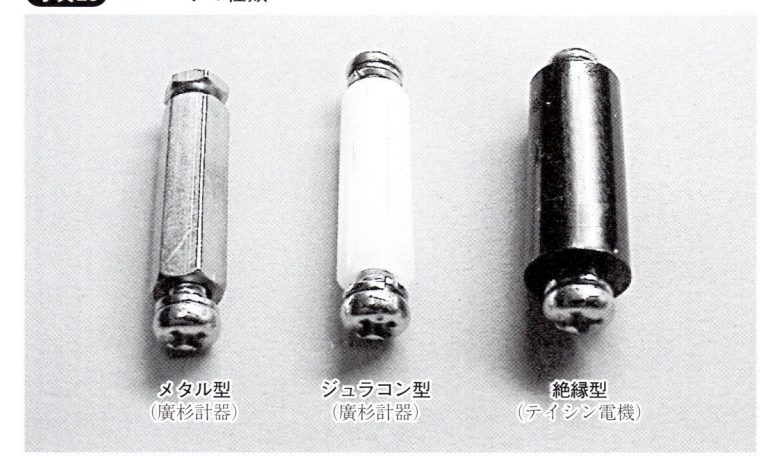

メタル型（廣杉計器）　ジュラコン型（廣杉計器）　絶縁型（テイシン電機）

---

column

はんだごてから部品に伝わる熱を緩和する道具

トランジスタやICなどには，熱に弱く，はんだ付け/はんだ除去する際に破損するものがあります．このような部品にはんだごてを当てなければならない場合は，写真Dに示すようなヒート・クリップが便利です．はんだごてを当てる部品の端子にヒート・クリップを挟み，熱を逃すことで破損を防ぐことができます． 〈島田 義人〉

写真D はんだごてから部品に伝わる熱をヒートクリップで緩和する

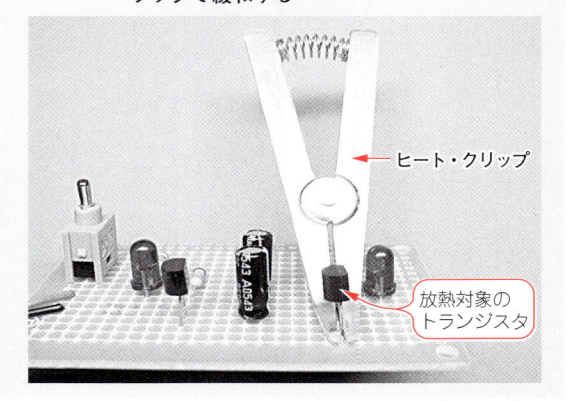

→ ヒート・クリップ
→ 放熱対象のトランジスタ

2-6 試作基板上の信号を観測しやすくする道具

オシロスコープやテスタなどの測定器を簡単に接続

写真27 オシロスコープのプローブを引っかけるタイプのチェック端子

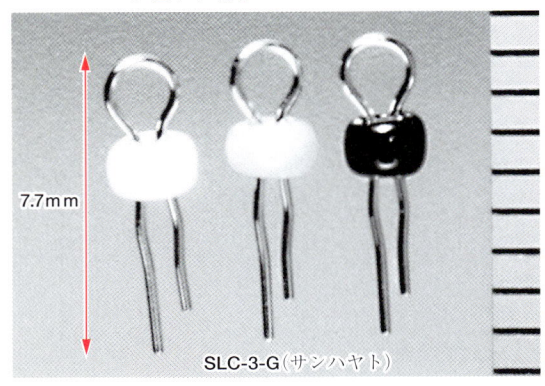

7.7mm

SLC-3-G(サンハヤト)

写真29 わに口クリップでつかみやすいロジック信号用チェック端子

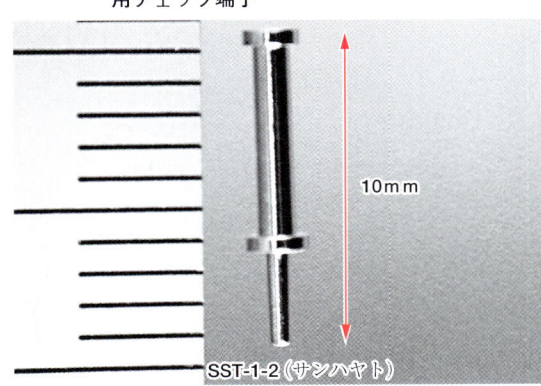

10mm

SST-1-2(サンハヤト)

写真28 チェック端子を設けておくと回路の信号を観測しやすい

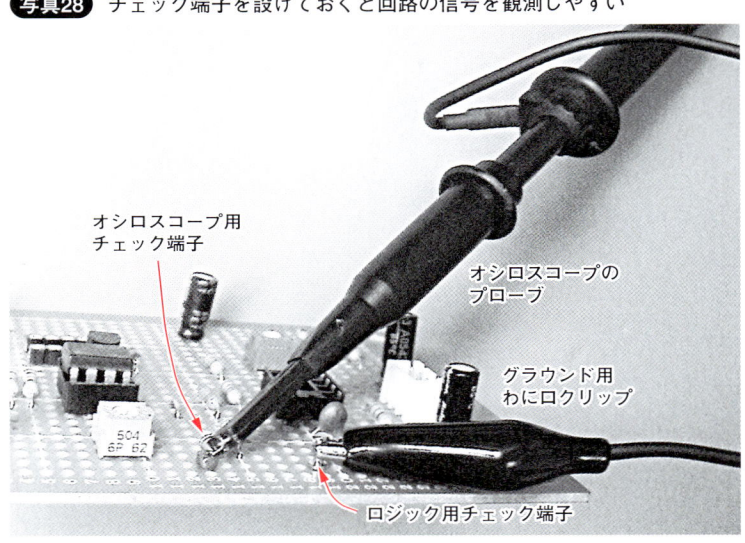

オシロスコープ用チェック端子
オシロスコープのプローブ
グラウンド用わに口クリップ
ロジック用チェック端子

(a) チェック端子を使って回路の信号を確認しているようす

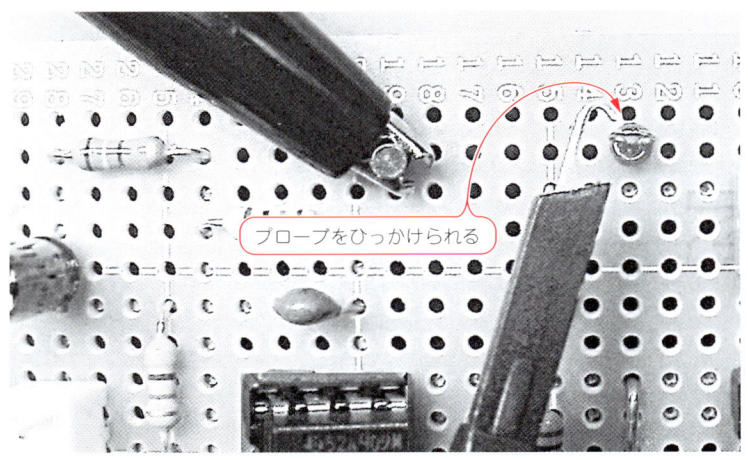

プローブをひっかけられる

(b) プローブの引っ掛け方

● 基板に実装して使うチェック端子

　オシロスコープなどを使って基板配線の信号を観測する際に，チェック端子を使うと便利です．

　写真27に示す構造のチェック端子は，**写真28**のようにオシロスコープのプローブを全方向から引っかけられるようになっています．

　チェック端子についているビーズは多色そろっているので，信号ラインごとの色分けが容易です．

　写真29はロジック回路の信号取り出しに最適なチェック端子です．

　写真28のようにオシロスコープのグラウンド用端子として，わに口クリップも簡単に接続できます．

● DIP ICの電圧を観測しやすくするICテスト・クリップ

　実装されたDIP(Dual Inline Package)ICの各端子の電圧を測定する際に，**写真30**に示すようなICクリップを使うと便

写真30 ICテスト・クリップ

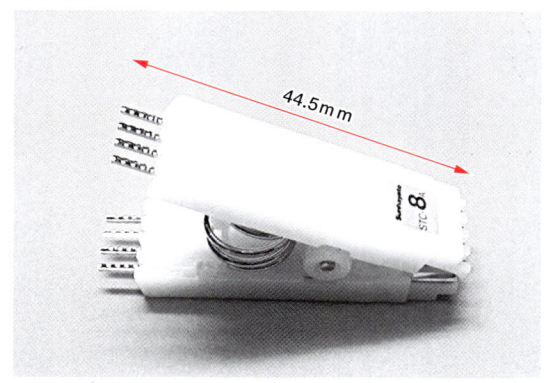

（a）8ピン用

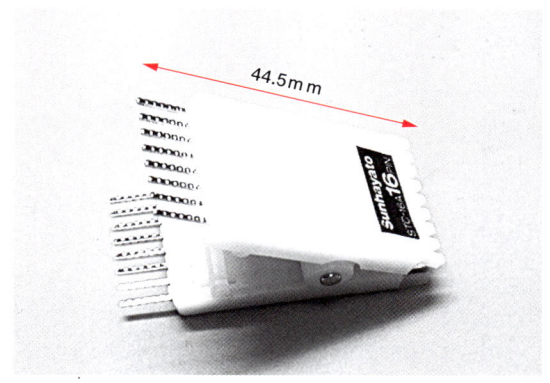

（b）16ピン用

利です．

ICのピン数によって種類がいくつかあります．

使い方は，**写真31**に示すようにDIP ICの端子をICクリップで挟むだけです．端子の電圧を引き出し，測定しやすくします．　　　　　　　〈島田　義人〉

写真31 ICテスト・クリップを使うとDIP ICの端子の電圧をチェックしやすい

測定や接続に便利な端子　column

- ● φ0.8mm以下の線材を基板上にねじで固定できる端子 **写真E**

基板に線材を接続して回路の信号をチェックする場合は，小形の線材取り付け用端子を使うと便利です．

図Aに示すように，チェック端子の穴に挿入する芯線がφ0.8 mm以下であれば，取り付け用のM1ねじで簡単に着脱できます．2.54 mmピッチで実装できるのでスペースも取りません．

上部の芯線を挿入する穴は，オシロスコープのプローブを引っ掛けるのにも使えます．

- ● 複数の線材を巻きつけて電気的に接続できる端子 **写真F**

基板に複数の線材を接続して信号をチェックする場合には，ラッピング用端子を使用すると便利です．

写真E 基板に電線を接続できる小形の電線取り付け用ターミナル

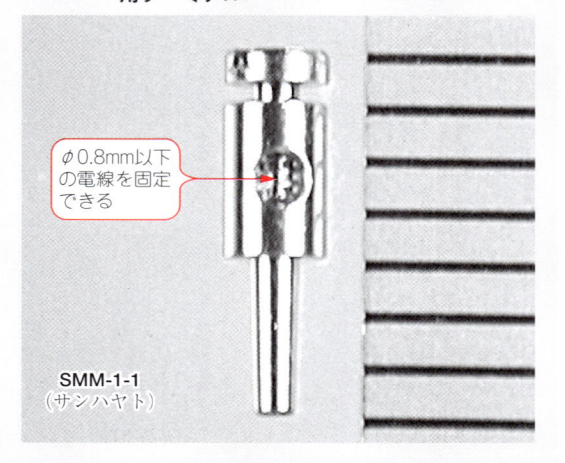

SMM-1-1（サンハヤト）

φ0.8mm以下の電線を固定できる

2-6 試作基板上の信号を観測しやすくする道具

column

ラッピングとは，**図B**に示すようにラッピング・ワイヤ（銅の針金）をラッピング端子（角柱状のピン）に固く巻き付けて電気的接続を行う配線方法のことです．

● チップ抵抗と同一サイズの表面実装用チェック端子 **写真G**

表面実装タイプなので，基板にスルーホールがなくても1608サイズ（3.2×1.6 mm）のチップ抵抗と同じ広さのランドがあれば実装できます．

● 基板の両面側から測定できる端子 **写真H**

両面に配線がある基板の信号をチェックする際には，基板を裏返しにして回路の配線をたどっていくことがあります．両面用チェック端子を使えば，基板の部品面側と銅はく面側の両面で，信号を確認できます．

図Cに実装方法を示します．　　〈島田 義人〉

図A 小形電線取り付け用ターミナル SMM-1-1の使い方[1]

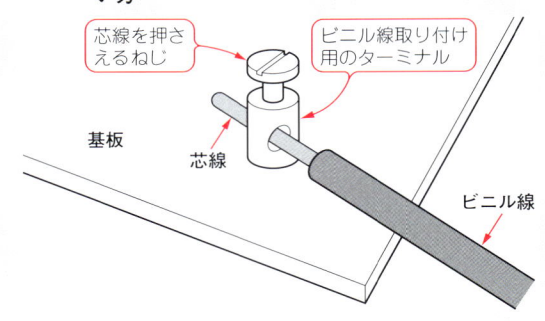

◆参考文献◆
(1) サンハヤト㈱ 製品カタログ，基板用アクセサリー
(2) ㈱マックエイト 製品カタログ，マックエイトのプリント板用端子

写真F 複数のラッピング・ワイヤ（銅の針金）を巻きつけられるラッピング端子
SWK-17（サンハヤト）　17mm

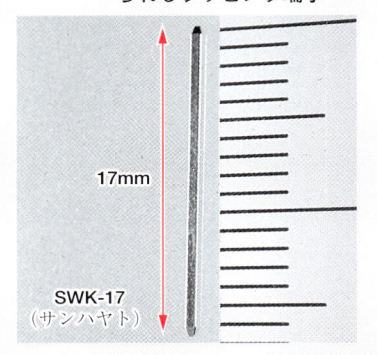

写真G 3.2×1.6 mmのチップ抵抗とランドを共有できる表面実装タイプのチェック端子
SHK-1G（サンハヤト）　3.2×1.6 mmの実装面

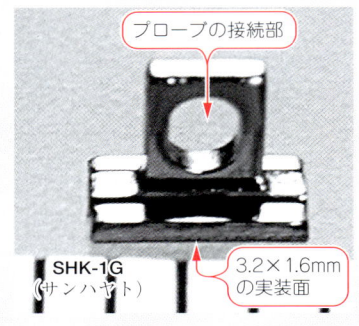

写真H 基板を裏返しても測定できる両面用チェック端子
RX-1-1（マックエイト）　9.6mm

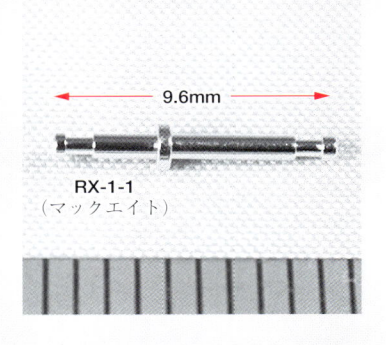

図B ラッピング端子SWK-17の使い方[1]

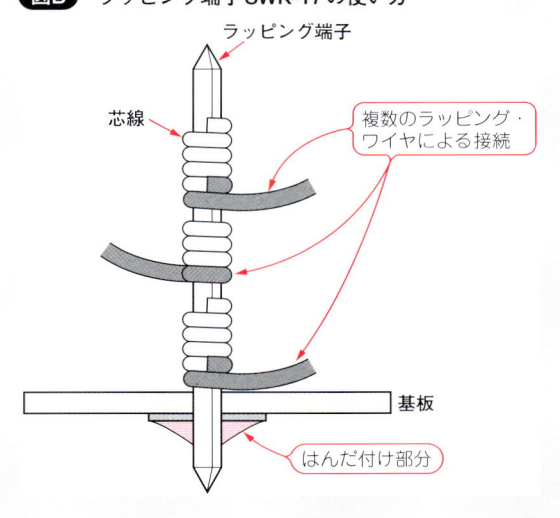

図C 両面用チェック端子RX-1-1の実装方法[2]

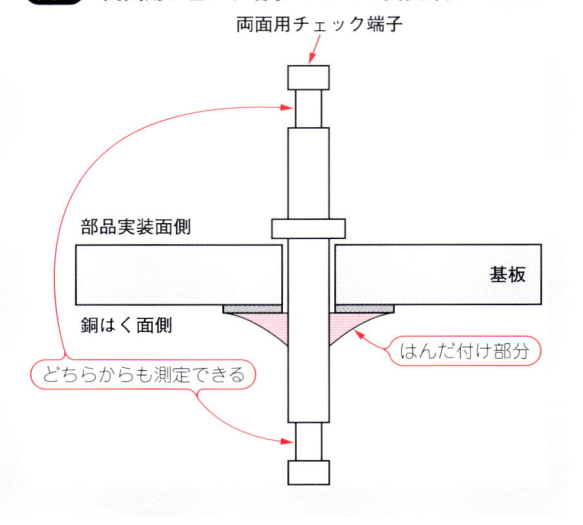

2-7 ソルダレス・ブレッドボードの使い方
はんだ付け不要！らくらく実験

電子工作キットであれば，使う部品や，抵抗などの定数が最初から決まっています．しかし，自分で設計した回路をユニバーサル基板に試作したり，すでにある基板から回路や部品を変更したりする場合は，回路が正しく動作しないときがあります．

この場合，回路を正しく動作させるために，抵抗やコンデンサの定数や部品を変更したり，線材を付け替えて結線の位置を変更したりするなどの作業が必要になります．たとえユニバーサル基板でも，一度はんだ付けした部品の付け替えは，作業が大変で時間もかかります．

電子回路を試作検討する場合は，**写真32**のような**ソルダレス・ブレッドボードを使って回路動作を確認すれば，検討時間を短縮できる場合があります．**はんだ付けせずに組み立てられるため，ちょっとした電子回路

写真32 ソルダレス・ブレッドボード
（ターミナル／電源配線／2.54mmピッチ／電源配線ブロック／部品配線ブロック）

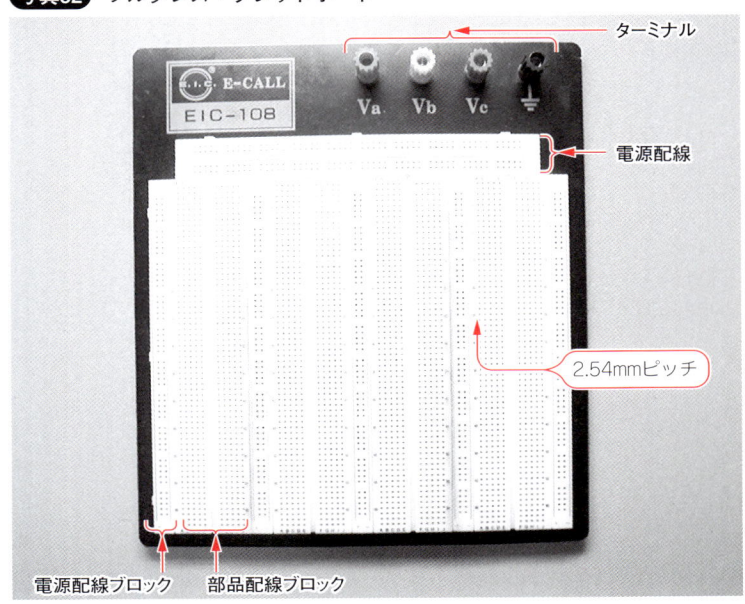

のアイデアを，すぐに実験することもできます．

10 MHz以上の高周波回路では接触抵抗や寄生容量などが無視できなくなるため使えない場合もありますが，ディジタル回路や音響などの低周波回路の試作には便利でしょう．

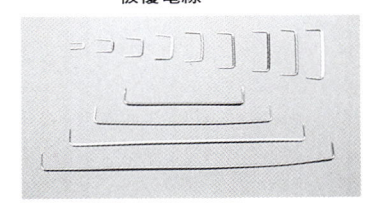

● ソルダレス・ブレッドボードの構成ブロック

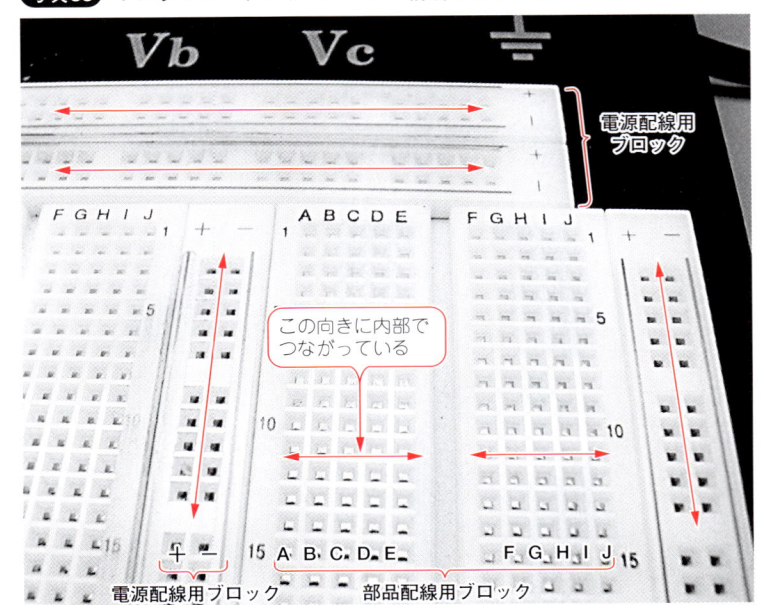

写真33に示すように，ソルダレス・ブレッドボードには，大きく分けて部品配線用と電源配線用のブロックがあります．「＋－」と記載されたブロックが電源配線用ブロックで，「ABCDE」，「FGHIJ」と記載されたブロックが部品配線ブロックです．

内部でつながっている箇所の方向を矢印で示します．電源配線ブロックは，赤い［＋］のラ

写真33 ソルダレス・ブレッドボードの構成ブロック例
（電源配線用ブロック／この向きに内部でつながっている／電源配線用ブロック／部品配線用ブロック）

写真34 端子間を接続するビニル被覆電線

写真35 ターミナルとの接続例

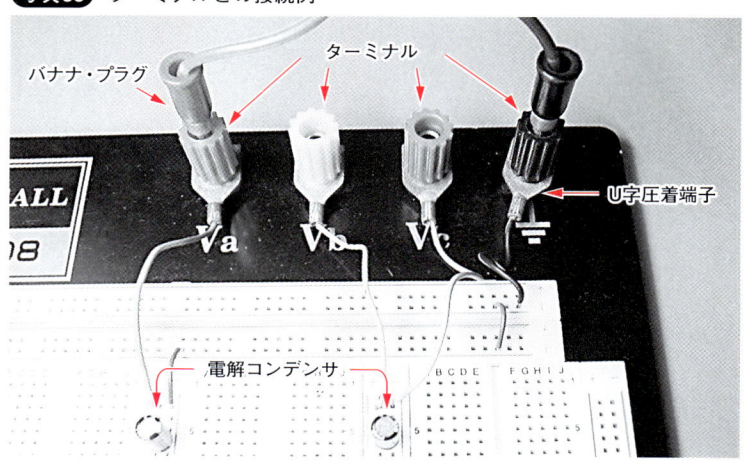

バナナ・プラグ / ターミナル / U字圧着端子 / 電解コンデンサ

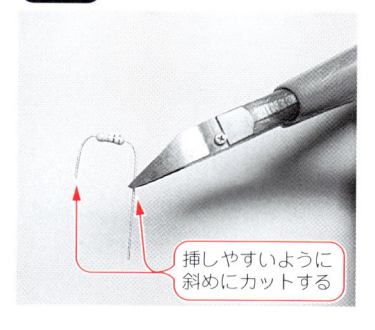

写真36 ソルダレス・ブレッドボードに部品を挿した例

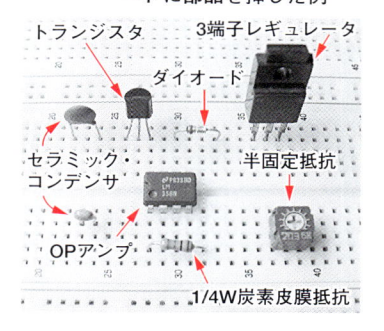

トランジスタ / 3端子レギュレータ / ダイオード / セラミック・コンデンサ / 半固定抵抗 / OPアンプ / 1/4W炭素皮膜抵抗

インに沿った穴同士，青い［－］のラインに沿った穴同士が内部でつながっています．

一方，部品配線ブロックは，［ABCDE］のラインに沿った穴同士，［FGHIJ］のラインに沿った穴同士が内部でつながっています．

● 端子間の接続は付属の線材で配線する

サイズの大きなブレッドボードには，**写真34**に示すように，それぞれ長さの異なるビニル被覆電線が付属してきます．被覆がむけた配線の両端は，ブレッドボードの穴へ挿しやすいように，ニッパなどで先端をとがらせておくとよいでしょう．

付属の線材のなかでも長さ20cmくらいのものは，ほとんど使いません．よく使いそうな長さ（5cm程度）に切っておいてもよいでしょう．

● ターミナルの使用例

写真35にターミナルと，外部の電源との接続例を示します．ソルダレス・ブレッドボードには，4本（赤Va，黄Vb，緑Vc，黒）のターミナルがあります．このターミナルは，主に電源端子との接続に使います．赤Vaと黄Vbは正電源用，緑Vcは負電源用，黒はグラウンド用などと決めると良いでしょう．

ターミナルと電源は，バナナ・プラグを使って接続します．ターミナルから電源配線用ブロックは，U字圧着端子を使って接続します．U字圧着端子やバナナ・プラグを使うと見栄えが良くなるばかりか，取り外しも楽です．

電源ブロックの［＋］と［－］間に100μF程度の電解コンデンサを入れておくと電源電圧が安定します．また，各電源配線ブロックの［－］をそれぞれつなぎ合わせ，グラウンドとして全体を接続しておくと便利です．

写真37 部品のリード線の加工
（挿しやすいように斜めにカットする）

● 部品を挿し込む

写真36はソルダレス・ブレッドボードに部品を挿したところです．穴の間隔は2.54mmピッチなので，大半の部品の端子幅と合います．トランジスタは少し足を広げるようにして挿します．

ほとんどの部品のリード線は，そのままの状態でソルダレス・ブレッドボードに挿せますが，**写真37**に示すように，ニッパなどで斜めにカットしておくと穴に挿しやすくなります．

3端子レギュレータの端子の断面は横に少し太くなっているため，そのままでは穴に入りません．

写真38に示すように，3端子レギュレータの端子の，先端からの細い部分をラジオ・ペンチなどで90°ひねると，うまく挿せます．　〈島田 義人〉

写真38 3端子レギュレータの端子の加工
（ひねった部分／90°ひねる）

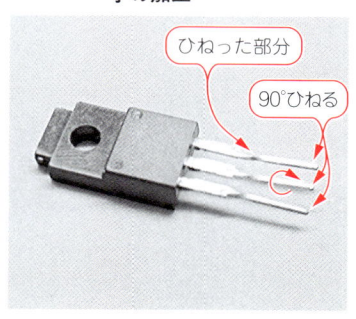

2-8 銅はくを削って配線するユニバーサル基板

被覆電線を1本も使わずに検討済みの回路を素早くきれいに！

1　準備するもの

写真39 ストリップボードと専用工具

銅箔を削り取るための専用工具

ストリップボード

図8 ストリップボードのレイアウト設計ツール（LochMaster）を使えば作図の手間が省ける

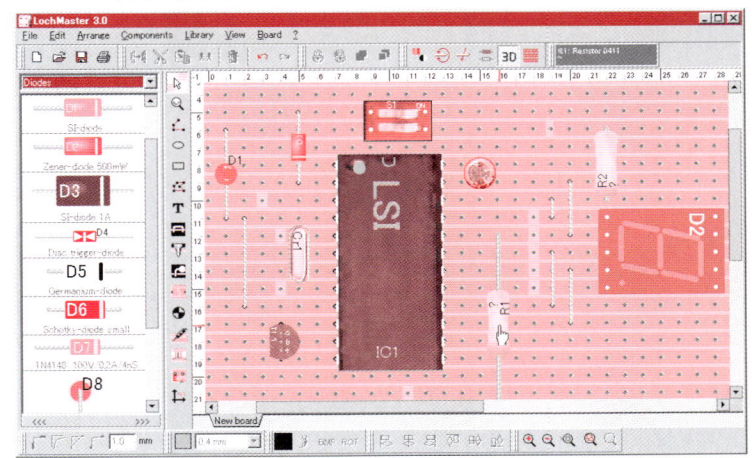

　ユニバーサル基板の場合，被覆電線を使った配線作業には手間がかかります．

　ここで紹介するユニバーサル基板は，銅箔と部品挿入用の穴が敷き詰められており，銅箔を専用工具で削り落としながら配線していくものです．被覆電線を1本も使わずに，実験基板を完成させることができます．

　レイアウト図さえあれば再現性良く基板を作れるというメリットがあり，電子回路工作の事例を紹介する場合にも好適です．レイアウト図が実体配線図の役割を果たしますから，回路図が読めない初心者でも確実に回路を組み立てられます．

● ストリップボードと専用工具

　使用する基板の名前は「ストリップボード（stripboard）」といいます（「veroboard」という商品名で販売しているメーカもある）．

　写真39がストリップボード基板と専用工具（カッタ）の外観です．基板全面に直線の銅箔パターンが敷き詰められています．専用工具は銅箔パターンをカットするために使います．基板裏面のカットした銅箔パターンと上面（部品面）のワイヤ配線を上手に使って部品間を接続します．

　国内ではストリップボードはあまり知られていませんが，RSコンポーネンツ社が基板と専用工具を輸入販売しています．

　本記事の製作に使用したストリップボードとカッタもRSコンポーネンツから購入しました．品番は下記のとおりです．

- ストリップボード
  ：434-217（112mm×177mm）
- ストリップボード専用工具
  ：543-535

● 専用設計ツール

　レイアウト作図の手間の問題は，ストリップボード用の設計ツールを使えば解消されます．

　例えば，ドイツのABACOMというメーカから販売されているLochMaster（http://www.abacom-online.de/UK/html/lochmaster.html）というソフトウェアを使えば，**図8**のようにパソコン上で手軽にレイアウト作図ができます．

　Undo機能や簡単な配線チェック機能もついているので，紙と鉛筆を使うよりもずっと効率的に作業可能です．LochMasterは35.9ユーロでオンライン販売されているので，入手は難しくないと思います．

　ほかにもフリーソフトやシェアウェアのツールがいくつかありますが，使い勝手の面でLochMasterより優るものはないようです．　〈山口　晶大〉

2 ストリップボードを使用した製作

図9 この回路をストリップボード上で組んでみる（発光ダイオード点滅回路）

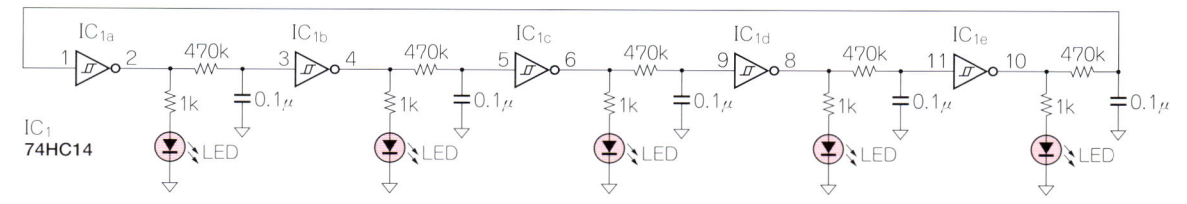

写真40 ストリップボードのレイアウトと配線パターンの作図例（図9の回路）

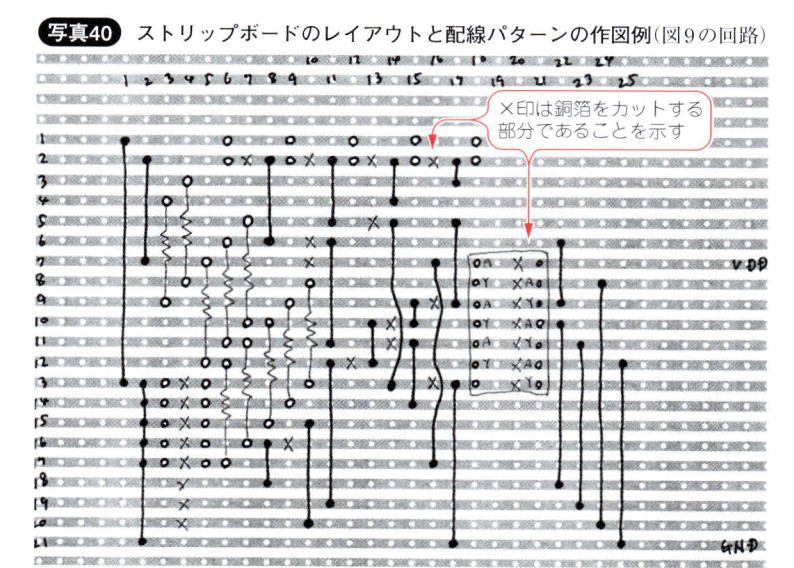

×印は銅箔をカットする部分であることを示す

● 製作の手順

ストリップボードを使った基板製作の具体例を見てみましょう．

図9 のリング・バッファを使った発光ダイオードの点滅回路を例に説明します．インバータを奇数段接続したリング・オシレータで発光ダイオードを点滅させています．$0.1\,\mu F$のコンデンサと$470\,k\Omega$の抵抗の時定数で点滅タイミングが決まります．手持ちの部品を使ったので回路定数は適切ではありません．コンデンサは$1 \sim 10\,\mu F$，$470\,k\Omega$の抵抗は$1\,k\Omega \sim 47\,k\Omega$程度にしたほうがよいでしょう．

① **回路図に基づいて部品のレイアウト，配線，パターンのカット位置を決める**

作図には方眼紙か，ストリップボード用のレイアウト・シートを使います．

写真40 が実際の作図例で，×印が銅箔パターンをカットする箇所です．写真40 の作図には，ストリップボードを販売しているメーカのウェブ・ページからダウンロードしたレイアウト・シート(http://www.busboard.net/BPS-ST3U-Planning.pdf)を使いました．

② **専用工具を使ってパターンをカットする**

カットする穴の位置に刃先を当てて，軽く基板をざぐるようにして銅箔を削り取ります．直径$2.8\,mm$のドリル歯を付けたピン・バイスでもパターン・カットは可能です．ただし，注意して作業しないとカットした箇所で銅箔が大きくめくれ上がってしまうので，できるかぎり専用工具を使用することをお勧めします．

③ **バリを取り除く**

パターン・カットすると，専

写真41 パターンをカットし，研磨した後のストリップボード基板（銅箔面）

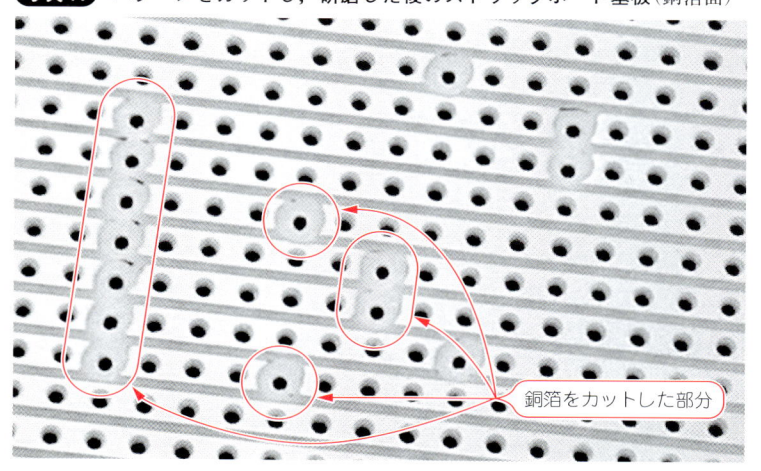

銅箔をカットした部分

用工具を使った場合でも銅箔に少しバリが出ます．そのままにしておくと隣のパターンとショートしてしまうことがありますので，目の細かい紙やすりで銅箔面を研磨してバリを取ります．研磨後はきれいに水洗いしてください．

写真41がパターンをカットし，研磨した後の基板の外観です．

④ 作成したレイアウト図に基づいて部品実装，はんだ付け，配線を行う

完成後の基板の部品面の外観を**写真42**，パターン面（裏面）の外観を**写真43**に示します．

● ストリップボードを使った基板製作方法の特徴

ストリップボードを使った基板製作方法には，以下のような特徴があります．

▶ **安価かつ手軽に製作ができる**

高価な装置や工具，特殊な化学薬品などを使わないので，安価で手軽です．

▶ **上手にレイアウトすれば被覆電線をほとんど使わずに済むので配線作業が簡単**

裸線（錫めっき線など）で配線できます．**写真42**の基板には被覆電線を使ったジャンパ配線は一つもありません．

▶ **同じ基板を複数製作するのに手間がかからない**

レイアウト図さえあれば，再現性良く複製が製作できます．

▶ **部品実装密度/配線密度を上げられないので基板サイズが大きめになる**

ほかの基板製作方法と比較すると，あまり規模の大きな回路の製作には向きません．

写真42 組み立て/配線が終わったストリップボード（部品面）には被覆電線を使ったジャンパ配線が1本もない！

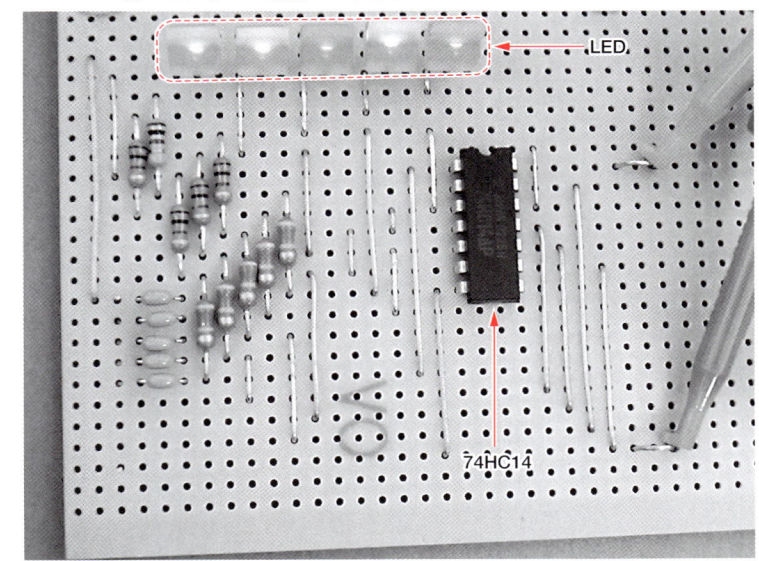

LED
74HC14

写真43 組み立て後のストリップボード（銅箔パターン面）

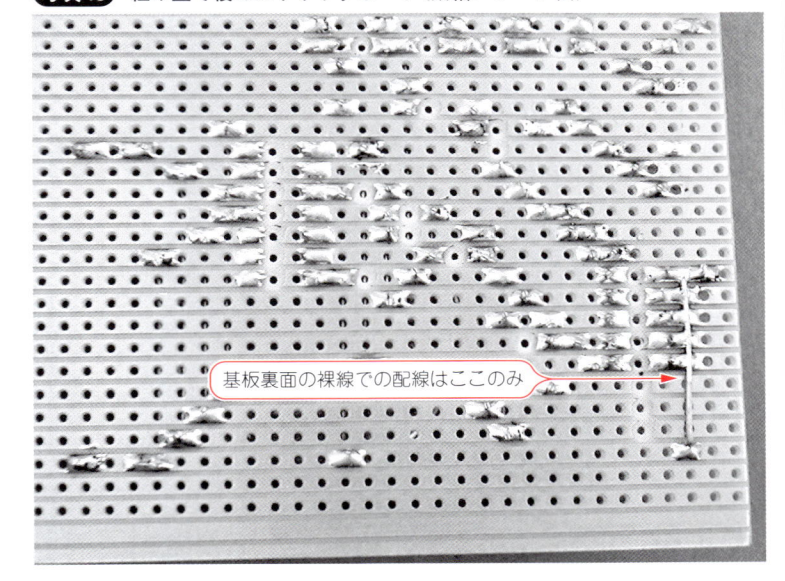

基板裏面の裸線での配線はここのみ

▶ **組み立て完成後に回路の修正/追加をすることが困難**

ユニバーサル基板を使った場合のように，組み立てを行いながら部品配置などを考えて，順次，部品実装，はんだ付け，配線をしていくという作りかたはできません．実装/配線作業にとりかかるまえにレイアウト作図を完全に仕上げておく必要があります．

▶ **手作業で綺麗にレイアウト作図をするのは手間がかかる**

＊

以上のように，ストリップボードがすべてにおいてほかの手法より優っているわけではありません．しかし，電子工作や，教育機関の実習や実験で学生が回路製作をする場合などに適した基板製作手法ではないかと思います．

〈山口 晶大〉

2-8 銅はくを削って配線するユニバーサル基板　　45

2-9 ホット・プレートを使ったプリント基板製作に挑戦

身近にある家電品で狭ピッチの変換基板も作れる！

1　製作した基板

写真44　製作例にはパターン幅の不均一があるものの断線やショートはまったくない

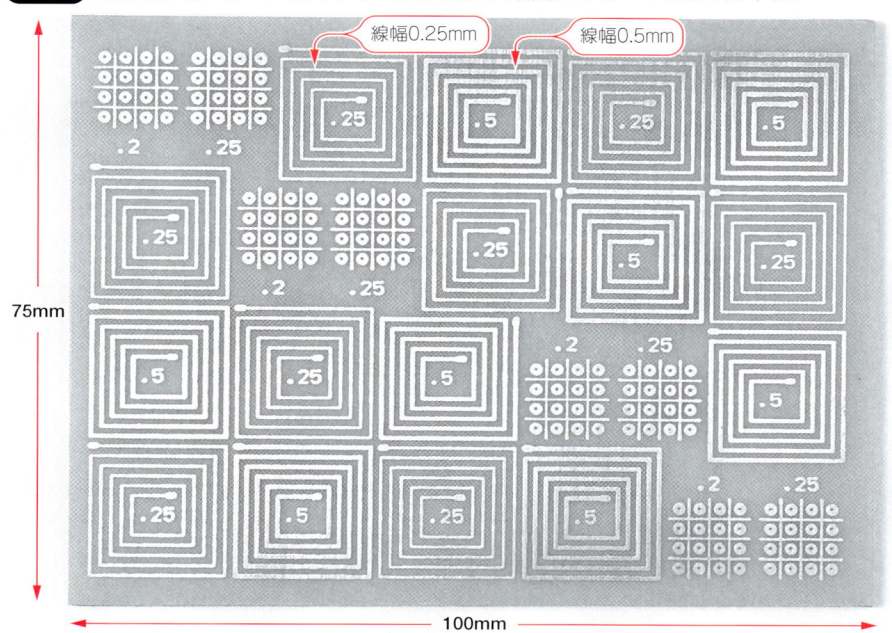

(a) 渦巻き状のテスト・パターン

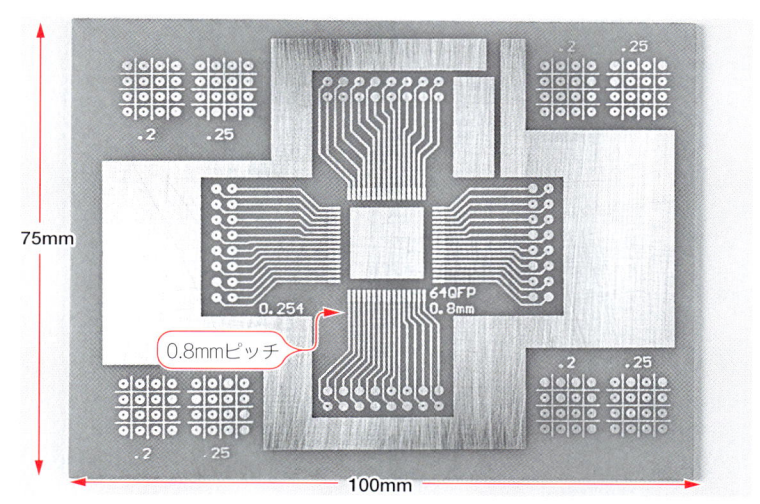

(b) ピッチ0.8 mmの64ピン・フラット・パッケージ用変換基板

調理に使うホット・プレートを利用して，本格的なプリント基板を簡単に製作します．

薬剤を使った処理はエッチングだけで，通常の感光基板を使った手法に必要な露光や現像プロセスを経ずに，プリント基板を作れます．小型の実験基板や表面実装パッケージのマイコンやFPGAを手軽に使えるようになります．

テスト用のパターンを，75×100 mmのプリント基板で製作した結果を**写真44**に示します．

写真44(a)は渦巻き状のテスト・パターンを基板全面に配置したものです．渦巻きの線幅は0.25 mmと0.5 mmです．上から加圧しながらトナーを転写しているために，パターンが潰れて少し線幅が不均一になっているものの，断線やショートはありません．**写真44(b)**はリード・ピッチ0.8 mmの64ピン・フラット・パッケージの変換基板のサンプルです．これも基板上の位置によって線幅にばらつきが出ているものの，断線やショートはありません．基板の四隅では感熱紙の伸縮に起因するパターンの潰れが若干見られます．

〈山口　晶大〉

46　第2章　部材の選び方

2 基板製作の流れ

図10 ホット・プレートを使ったプリント基板製作の流れ

ホット・プレートを使ったプリント基板製作の流れを **図10** に示します．まず，ワープロ用感熱紙にレーザ・プリンタで配線パターンを印刷します．印刷した感熱紙を銅張り生基板に圧着，加熱して，配線パターン（プリンタのトナー）を転写します．

このパターン転写の工程にホット・プレートを使います．感熱紙表面の感熱発色層が剥離剤の働きをするので，基板から感熱紙をはがすと，トナーは銅はく面にきれいに転写されます．転写されたトナーをマスクとして，銅はくのエッチングを行います．エッチング以降の工程は，通常の感光基板を使ったプリント基板の製作方法と同じです．

● 手順の詳細

ホット・プレートを使ったプリント基板製作方法を順を追って説明します．

① 配線パターンを設計

プリント基板設計ソフトを使って，プリント基板の配線パターンの設計を行います．自作派にはEagle（CadSoft社, http://www.cadsoft.de/）という設計ソフトがお勧めです．非商用ならフリーで使うことができるLight Editionで，100×80 mmまでの両面基板の設計ができます．CQ出版社からはLight Editionを収録した付属CD-ROM付きの解説書[1]が発行されています．Eagleは回路図エディタなども含む本格的なプリント基板設計ソフトウェアです．

手作業でのレイアウトや配線作業だけを行うのであれば，フリーのPCBEというアート・ワーク専用ツールが便利です．PCBE用の各種の関連ツールやライブラリなどもネットから入手できます．PCBEは㈱ベクターのホームページ[2]からダウンロードできます．

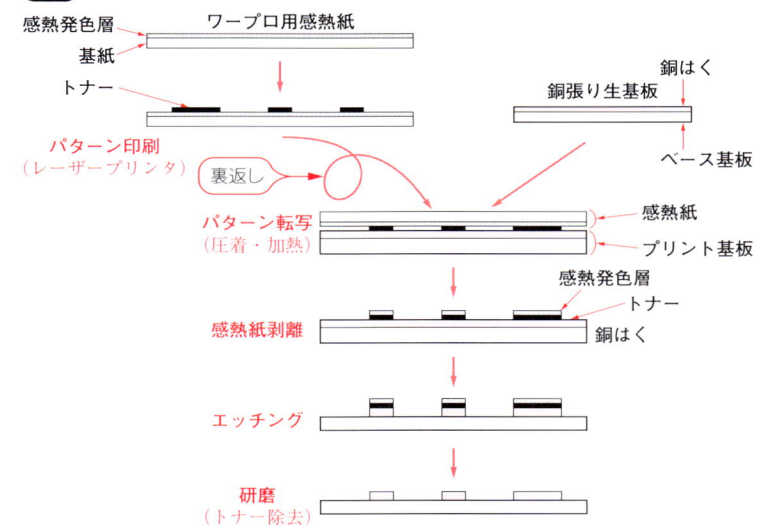

② 配線パターンを感熱紙に印刷

設計ツールから，配線パターンをレーザ・プリンタでワープロ用感熱紙に印刷します．感熱紙には **写真45** のコクヨのワープロ用感熱紙B5スタンダード・タイプ（タイ-2020）を使います．ロール・タイプのFAX用感熱紙なども試してみましたが，ほかの用紙では良い結果が得られませんでした．

レーザ・プリンタは，キヤノンのLBP-1110を使いました．プリンタのトナー濃度設定は一番濃くしてください．

私はまだ試していませんが，トナーを使った普通のコピー機も使えるのではないかと思います．この場合，プリンタで普通紙に印刷した配線パターンを，コピー機で感熱紙にコピーして使ってください．

③ 感熱紙を基板に貼り付ける

配線パターンを印刷した感熱紙を，無水エタノール（高純度エチル・アルコール）に浸します．エタノールで十分に濡れたままの状態の感熱紙を裏返して，基板の銅はく面に貼り付けます．端のほうから指でしっかり押さえて，間に入った気泡を

写真45 ワープロ用感熱紙B5スタンダード・タイプ「タイ-2020（コクヨ）」を使う

2-9 ホット・プレートを使ったプリント基板製作に挑戦

外に出すとともに，余分なエタノールを飛ばして感熱紙を基板に完全に密着させます．

④ ホット・プレートで加熱

③の基板に，図11のようにエタノールが乾かないよう速やかに耐熱低発泡スポンジ（ゴム）をかぶせ，すぐにホット・プレートにセットします．その後，ホット・プレートの電源を入れて加熱します．写真46に示すようにプレートは「保温」に設定して，30～40分間加熱してください．

⑤ 電源をOFFにして1時間待つ

加熱が終わってホット・プレートの電源をOFFにしたら，十分に冷えるまで約1時間待ちます．冷えた基板を取り出して，端からゆっくり感熱紙をはがしてください．基板の銅はく面にトナーがきれいに転写されているはずです．転写されたトナーの表面には，感熱紙の感熱発色層が付いていて白く見えます．もし，余分についた紙の繊維などで配線パターン間が短絡しているときは，基板を水に浸して，毛先の細い歯ブラシを使い，ていねいに取り除いてください．

⑥ エッチングをする

エッチング液を使って銅はくのエッチングを行います．写真47に示すエッチング液はサンハヤト社などから販売されています．基板を石鹸水に浸してから水洗いして，濡れたままの状態でエッチング液に入れると，小さな穴（パッド部分）のパターンもきれいにエッチングできます．

⑦ 銅はく面の研磨

エッチングが終わったら，ス

図11 感熱紙がエタノールで濡れている間に手早く感熱紙や基板をセットする

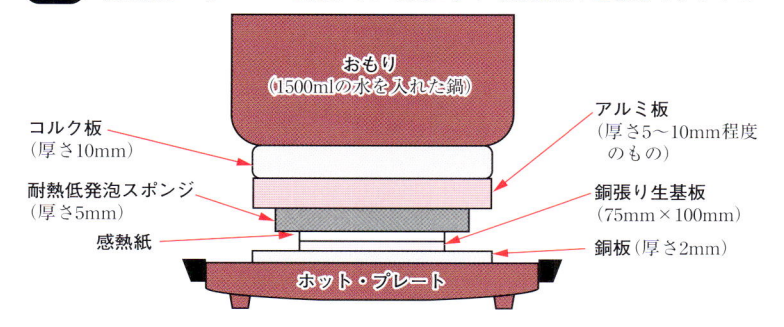

- おもり（1500mlの水を入れた鍋）
- コルク板（厚さ10mm）
- 耐熱低発泡スポンジ（厚さ5mm）
- 感熱紙
- アルミ板（厚さ5～10mm程度のもの）
- 銅張り生基板（75mm×100mm）
- 銅板（厚さ2mm）
- ホット・プレート

写真46 ホット・プレートで基板を加熱中

水が入った鍋

チール・ウールとクレンザを使ってトナーを除去し，銅はく面の研磨を行います．あとは穴を開ければ，プリント基板の完成です．

● 作業上の注意点と条件設定の要点

基板製作の流れ①～④について，補足します．

②の感熱紙への印刷以降の作業は，空調の効いた，湿度の低い室内で行ってください．吸湿，乾燥による感熱紙の伸縮は，プリント基板外周部のパターン潰れの原因になります．感熱紙は，できれば乾燥剤を入れた密閉した容器に保管しておいてください．

③のホット・プレートへの感熱紙，基板のセッティングは，エタノールに浸した感熱紙が乾くまえにすばやく行ってください．感熱紙を指でしっかり押さえて基板に密着させないと，トナーがうまく転写されません．感熱紙を基板に貼り付けたあと，平らな場所に銅板，基板，感熱紙，スポンジ（ゴム），アルミ板（図11の銅板～アルミ板の部分）を置き，アルミ板の上から体重をかけて押さえつけてからホット・プレートにセットすると，密着が確実になるようです．これもすばやく作業してください．

感熱紙の感熱発色層は，エタノールに溶けます．容器に入れたエタノールに何枚も感熱紙を浸すと，配線パターン部分以外の余分な感熱発色層が溶けて，

少しずつエタノールが青黒く変色します。

溶けた余分な発色剤が基板の銅はく面に付着すると，トナーの密着性が悪くなるようなので，基板を1回作るごとにエタノールは使い捨てにしてください．エタノールをすすぎ用と仕上げ用の二つに分けてもよいでしょう．

基板作成に使用する無水エタノールは，ほぼ純度100％のエチル・アルコールのことです．**揮発性・引火性があるので，作業時には十分に安全上の注意をはらってください**．少量の無水エタノールを含んだ感熱紙をホット・プレートで100℃程度に加熱する程度では発火する心配はありません．

しかし，絶対にくわえたばこで無水エタノールを使わないでください．アルコール度の高い酒（ウォッカ）を飲んだり，アルコール同様に引火性のあるベンジンで衣料の染み抜きをしているときに，たばこの火などが引火して火災となった事例があるそうです．また作業後にはエタノールの入った容器にはすぐに蓋をしてください．

④の加熱工程では，ホット・プレートの温度を適切に設定する必要があります．温度が低すぎると，トナーがうまく銅はくに転写されません．温度が高すぎるとパターンが潰れてしまいますし，感熱紙にトナーが固着してしまいます．基板の銅はく面が酸化して加熱後に完全に色が変わっているようでは温度が高すぎます．

私の製作環境では，室温27℃

写真47 サンハヤト製のエッチング液 H-200A

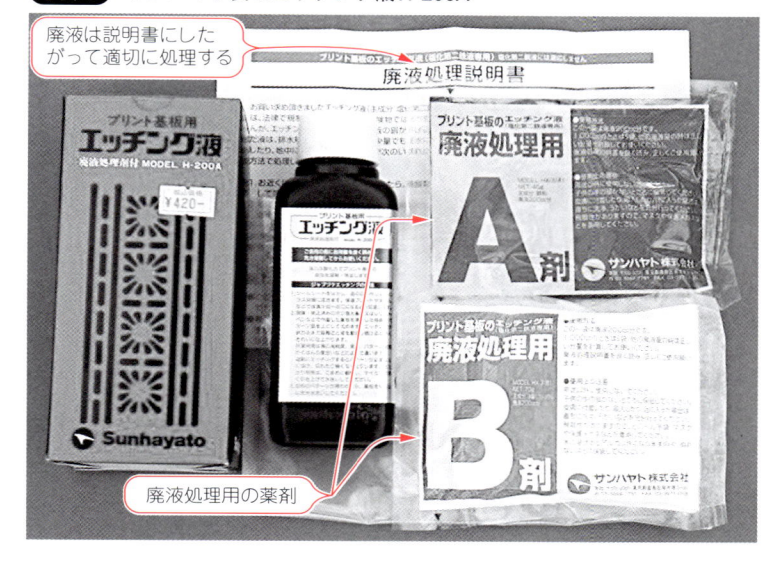

廃液は説明書にしたがって適切に処理する

廃液処理用の薬剤

のときに「保温」の設定で良好な結果が得られました．ホット・プレートの説明書には，「保温」が何℃に相当するかの記述がありませんが，おそらく100℃前後ではないでしょうか．

トナーが完全に溶ける温度は150℃程度らしいのですが，圧力を加えて転写する場合にはそれよりも低い温度で十分のようです．

加熱時間は30～40分より短くても問題ないかもしれません．また，感熱紙と基板の密着性が良ければ，加熱時のおもりはもう少し軽くしても良いでしょう．

どうしても細かい温度設定が難しいようであれば，**写真48**のインクジェット・プリンタ用の下地スプレーを使ってみてください．感熱紙にスプレーを塗布すると，感熱発色層の上に，さらにスプレーで塗布したインク吸収層が重なって，トナーがより感熱紙に固着しにくくなります．そのためにホット・プレ

写真48 インクジェット・プリンタ用の下地スプレー（武藤工業）

ートの温度が高めでも，うまくトナー転写ができるようです．なお，スプレーを塗布する際は，紙との距離を15～20cm程度にして，少し厚めに塗ってください．

私は網羅的にすべての条件の組み合わせで実験したわけではありませんので，紹介した条件設定は必ずしも最適のものではありません．皆さんの環境で，本記事を参考にして何度か実験されれば，比較的容易に最適条件を見いだせるはずです．

〈山口 晶大〉

2-9 ホット・プレートを使ったプリント基板製作に挑戦

3　製作に使う材料を選択するポイント

写真49　無水エタノール

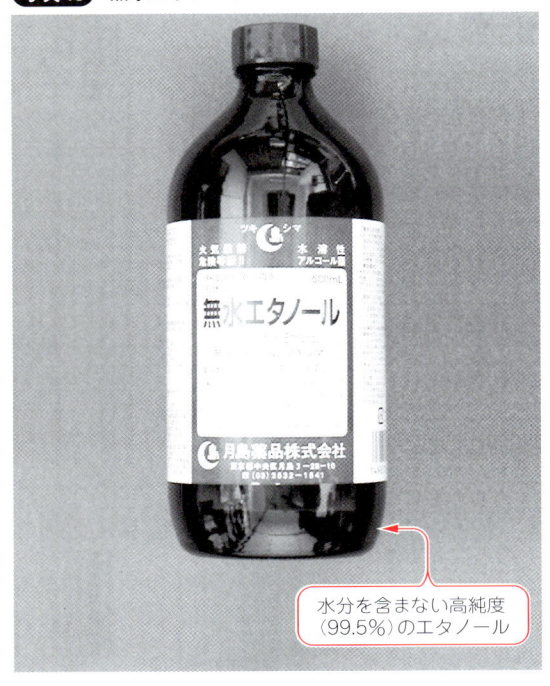

水分を含まない高純度（99.5％）のエタノール

写真50　消毒用エタノール

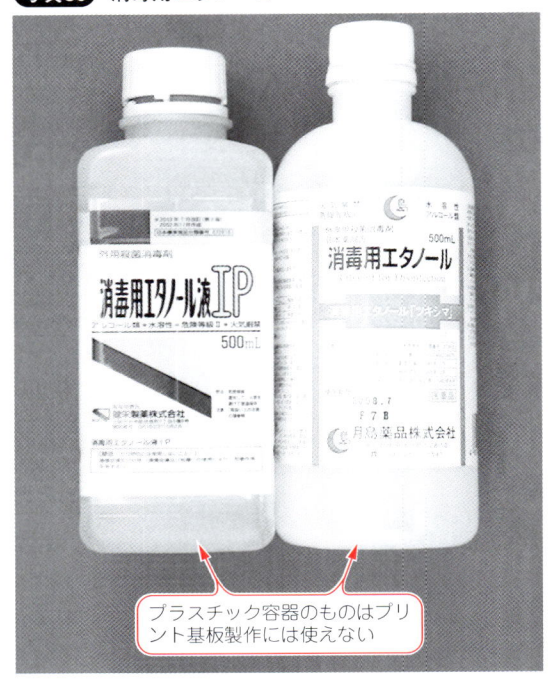

プラスチック容器のものはプリント基板製作には使えない

▶無水エタノール

写真49に示すような無水エタノールは薬局で購入できます．在庫がない場合でもすぐに取り寄せてもらえます．**写真50**に示すようなプラスチック容器で販売されている純度の低い消毒用エタノールはプリント基板の製作には使えません．水分を多く含む純度の低いエタノールを使うと，吸湿や乾燥による感熱紙の収縮によって，仕上がりの配線パターンが大きく潰れます．

▶ホット・プレート

ホット・プレートは，東芝のHGK-10WFを使いました．消費電力は1.3kWです．ほかの家電メーカからも同種の製品が販売されていて，電気店で購入できます．ホット・プレートには焼肉用の溝付きプレートと，お好み焼きやホット・ケーキ用の平板プレートの2種類の交換プレートがついています．プリント基板製作には平板プレートを使います．

▶基板の下に敷く銅板

基板の下には2mm厚の銅板を敷いています．銅板は反りや表面の傷がないものを使ってください．銅板の代わりにアルミ板を使っても大丈夫だと思います．

▶プリント基板

プリント基板は銅はく面を上に，感熱紙は表を下にしてセットします．この製作例では，銅張り生基板にサンハヤトのNo.10（75×100 mm）を使いました．銅はく面は，あらかじめスチール・ウールとクレンザを使って研磨して，汚れや油分を取り除いておいてください．

▶耐熱スポンジほか

図11のように感熱紙の上には耐熱性のある低発泡スポンジ，アルミ板，断熱用のコルク板，おもりの代わりに水を入れた鍋を重ねて載せます．耐熱スポンジ（ゴム）は，扶桑ゴム産業[3]から通信販売で購入しました．品名は「シリコンSRスポンジ」，厚み5mm，サイズ250×250 mmです．購入時の価格は2,352円でした．スポンジは基板よりも少し大きめに切って使ってください．

銅板，アルミ板，コルク板はDIYショップなどで入手できます．鍋には1500 mlの水を入れて，約1.5kgのおもりにします．製作する基板の大きさに応じて重さは変える必要があります．

〈山口　晶大〉

4 より良い基板を作るためのヒント

● 感熱紙以外のトナー転写用紙

感熱紙以外にも，表面にインク吸収層をコーティングしたインクジェット・プリンタ用紙や，シリコンをコーティングしたシリコン紙（粘着シールの台紙），染料を塗布した蛍光紙なども試してみました．私が実験した限りでは，いずれも安定した結果が得られませんでした．

● プリント基板製作用のトナー転写フィルム

実はレーザ・プリンタやコピー機のトナーを転写してプリント基板を作るというアイデアは，私のオリジナルではありません．米国の複数のメーカがプリント基板製作専用のトナー転写フィルムを販売しています．

- Pulsar
  http://www.pulsar.gs/
- Techniks.Inc
  http://www.techniks.com/

どちらのメーカの製品もアイロンを使って簡単にトナー転写ができます．ただし，アイロンを使って細かいパターンの基板を製作するには，かなり熟練が必要です．国内の大手メーカ製のアイロンは，アイロンがけがしやすいように底がわずかに凸なように作ってあるので，基板に均一に圧力を加えながら加熱するのが難しいようです．

アイロンの代わりに，社員証や会員証の製作などに使うラミネータを加熱や圧着に使えば，きれいにパターン転写ができるそうです．ただし廉価なラミネータは，厚さ0.6～1mm程度までのボードしか処理できないので，標準的な1.6mm厚のプリント基板の製作には使えません．残念ながら1.6mm厚にも対応できる業務用の大形ラミネータは，かなり高価です．

● 手書きの配線パターンを作る方法

集積度の低いプリント基板であれば，パターンを手書きで製作することもできます．**写真51**の耐酸性のあるレジスト・ペンを使い，パターンを手書きしてからエッチングをします．

細いパターンを描くには，**写真51**のサンハヤトのレジスト・ペンRP-3が最適です．RP-3はホット・プレートを使った基板製作時の，部分的なトナー転写不良箇所の修正にもちょうど良いでしょう．

写真51 レジスト・ペン（サンハヤト）

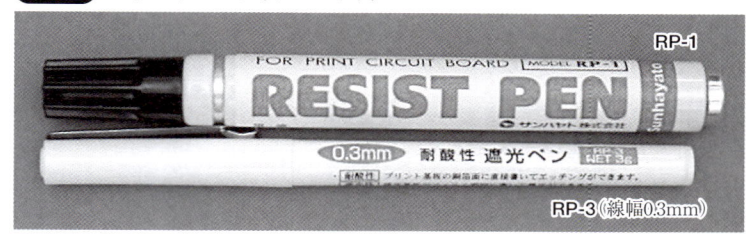

RP-1
RP-3（線幅0.3mm）

写真52 プリント基板製作用のインスタント・レタリング（サンハヤト）

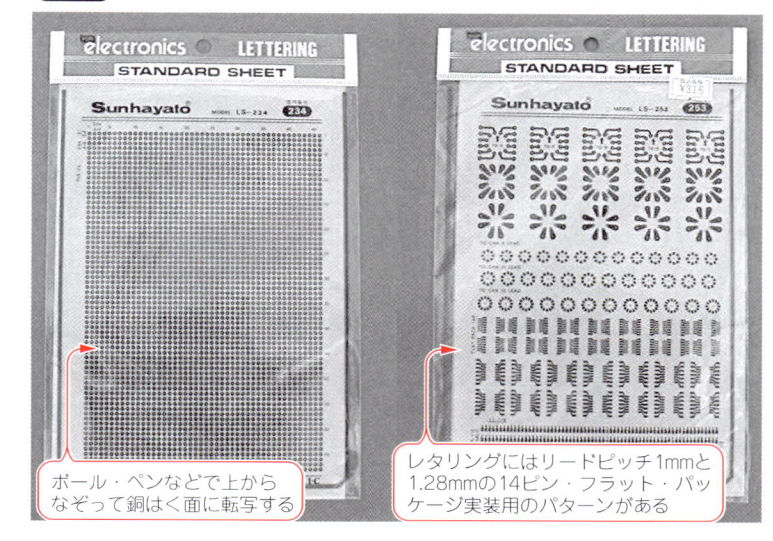

ボール・ペンなどで上からなぞって銅はく面に転写する

レタリングにはリードピッチ1mmと1.28mmの14ピン・フラット・パッケージ実装用のパターンがある

丸いランドは**写真52**の専用のインスタント・レタリングを使えば簡単にパターンを作れます．ただし，残念なことにQFPパッケージ実装用パターンのレタリングは販売されていません．それがあればRP-3と組み合わせて，小形のFPGA基板などを手軽に作れるはずです．

〈山口　晶大〉

◆参考にした文献とホームページ◆
(1) 今野邦彦；プリント基板CAD EAGLE活用入門，CQ出版㈱，2004年8月，ISBN4-7898-3630-4.
(2) プリント基板エディタ，㈱ベクター.
http://www.vector.co.jp/soft/win95/business/se056371.html
(3) シリコンSR（低発泡）スポンジ，㈲扶桑ゴム産業.
http://www.fusougomu.co.jp/pc/shop/search.cgi?TYPE = T-SRSL

2-10 プリント基板CAD"PCBE"の使い方とプリント基板の作り方
フリーウェアと市販の感光基板を使ってプリント基板を作ろう！

1　PCBEを使ったプリント基板の設計

図12 版下用に印刷したプリント・パターン

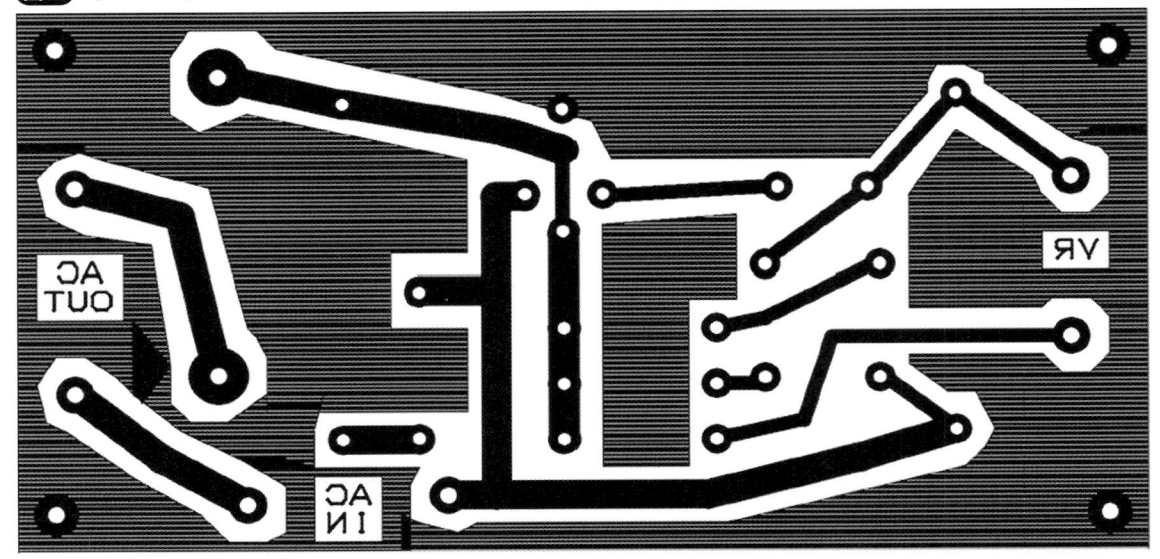

　PCBEは，高井戸 隆さんが制作した，フリーのプリント基板用CADソフトウェアです．パソコンで**図12**のようなきれいなパターンを作図できるので，お勧めのツールです．

　PCBEの特徴は次のとおりです．

- 日本語版Windows95/98/NT/2000/XPで動作
- ボタンだけで大部分の操作ができる簡単操作
- 確認印刷と版下印刷ができ，印刷するレイヤも指定できる
- 基板製造用のガーバ・ファイルを入出力できる
- 自分用の部品ライブラリを作成・編集できる
- 描画サイズは最大300×300 mmまで
- 最大64層のレイヤが設定でき，多層基板を設計できる
- 最小分解能は0.1 mmで，インチにもミリにも対応できる
- グラウンドなどのベタ・パターンが作図できる

● PCBEのインストールと設定の変更

　ダウンロードした圧縮ファイルを解凍して，インストールしたいフォルダにコピーします．

　PCBEはそのままでも使えますが，設定を変更しておくと便利です．PCBEの設定は，`PCBE.INI`というファイルで定義されているので，これを直接書き換えます．`PCBE.INI`は単純なテキスト・ファイルなの

リスト1 グリッド・ピッチの指定
```
[BoardSize]
X:300
Y:210
GRID:0.635
```

リスト3 ライブラリ・ファイル名の指定
```
[LibraryFiles]
FileName:mylib.lib
```

リスト2 レイヤの名称の設定
```
[LayerDef]
0:NAME=補助,COLOR=0,DISP=ON,ACTIV=ON,PRINT=OFF
1:NAME=パターン（半田面）,COLOR=1,DISP=ON,ACTIV=ON,PRINT=ON
2:NAME=パターン（部品面）,COLOR=2,DISP=ON,ACTIV=ON,PRINT=OFF
3:NAME=シルク（半田面）,COLOR=3,DISP=ON,ACTIV=ON,PRINT=OFF
4:NAME=シルク（部品面）,COLOR=4,DISP=ON,ACTIV=ON,PRINT=OFF
5:NAME=レジスト（半田面）,COLOR=5,DISP=ON,ACTIV=ON,PRINT=OFF
6:NAME=レジスト（部品面）,COLOR=6,DISP=ON,ACTIV=ON,PRINT=OFF
7:NAME=外形,COLOR=0,DISP=ON,ACTIV=ON,PRINT=ON
8:NAME=孔,COLOR=0,DISP=ON,ACTIV=ON,PRINT=ON
9:NAME=基準,COLOR=12,DISP=ON,ACTIV=ON,PRINT=OFF
```

図13 レイヤ選択のダイアログ・ボックス

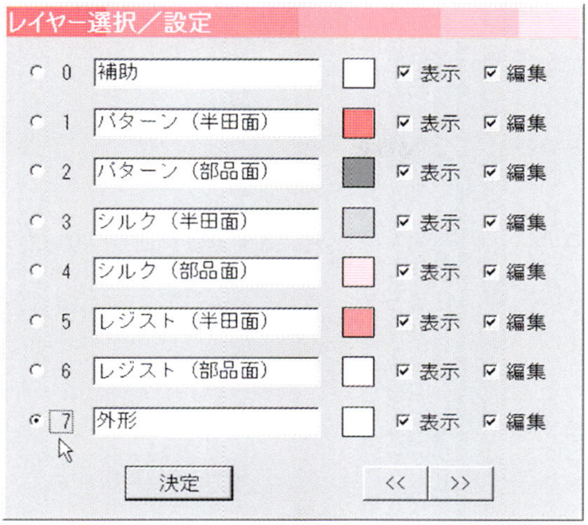

図14 アパーチャ選択のダイアログ・ボックス

で，設定の変更はメモ帳などのテキスト・エディタで行えます．ここで設定をしておけば，毎回同じ設定でPCBEを起動できます．

▶グリッド・ピッチの指定

部品を配置したりパターンを描画するとき，常に一定の間隔で配置できると便利です．通常，プリント基板の配置間隔はインチ単位です．そこで1/40インチである0.635 mmか，1/20インチの1.270 mmをグリッド間隔として指定します．このグリッド間隔はPCBEを起動したあとでも，ボタンなどから変更できます．

グリッド・ピッチの指定は，`PCBE.INI`の`[BoardSize]`の部分で設定します．**リスト1**のように，`GRID:`の行に寸法をmmで指定します．

▶レイヤの名称の設定

通常はインストールしたままの状態のレイヤ構成でOKですが，レイヤの使い方や名前を変更したい場合は，**リスト2**に示した`[LayerDef]`の部分で各レイヤの変更をします．

▶ライブラリ・ファイル名の指定

自分専用の部品ライブラリ・ファイルを用意して，新しい部品を作成するたびライブラリに追加していけば，プログラムの使い勝手が良くなります．自分専用のライブラリ・ファイルを指定するには，**リスト3**のように`[LibraryFiles]`でファイル名を指定します．

● 基板パターンの作成手順

通常は，以下のような手順で作業を進めます．

- 基板外形図の作画
- 基板取り付け穴の作画
- 部品の概略配置
- パターン配線と配置変更
- ピン名称，製作年月などの文字入れ
- グラウンドなどベタ・パターンの作成
- 確認印刷と修正
- 版下印刷

PCBEの基本機能はアイコン・ボタンに凝縮されており，基本的にはこのボタンだけで操作ができるようになっています．アイコン・ボタンの一覧を**表3**に示します．

具体的な例として，AC電源コントローラの基板パターンを作成してみましょう．

① 基板外形の作画

ここではサンハヤトの片面感光基板10 Kを使うことにします．基板のサイズは100 × 75 mmです．

▶レイヤの指定と線幅の指定

レイヤ選択ボタンを押して，**図13**のダイアログでレイヤ7を指定し，［決定］をクリックします．次にライン・多角形描画を押してからアパーチャ選択ボタンを押して，**図14**のダイアログで線の幅を指定します．外形を作画する場合には，一番細い0.1 mmを選択します．

▶外形線の作画

編集窓に移動して，外形の最初のコーナを左クリックして指定します．この基点はどこでもかまいません．ここでは作画画面の左上隅を基点とします．まず右へ向かって，水平線を75 mm引きます．画面左下のステータス・ラインに現在のカーソル位置の座標がmmで表示されているので，75 mmを加

2-10 プリント基板CAD "PCBE" の使い方とプリント基板の作り方

表3 アイコン・ボタンの一覧

アイコン	名 称	機 能	備 考
	レイヤ選択	描画対象とするレイヤを選択したり，各レイヤの表示/非表示などを設定する．	これから描画するレイヤを選択．描画済みの線はレイヤ/アパーチャ変更ボタンでレイヤ変更できる．
	アパーチャ/パッド選択	描画する対象の大きさや太さを選択する．	アパーチャとは対象を描画する線の大きさや太さのことである．
	丸ランド描画	丸穴や丸ランドを描画する．	先にレイヤ選択ボタンでレイヤを指定しておく．いずれかのボタンを選択後，アパーチャ/パッド選択ボタンでサイズ指定する．
	角ランド描画	角ランドを描画する．	
	ライン・多角形描画	パターンや部品外形などの直線を描画する．	
	パッド描画	パッドやスルー・ホールを描画する．	
	文字描画	文字列を描画する．180°反転も指定できる．	現在対象としているレイヤに描画される．
	変形	指定した対象を変形させる．	線はクリックした所で折り曲がる．
	削除	ボタン選択後，削除対象を左クリック2回で削除する．	右クリックまたはESCキーで削除を解除．
	平行線/中間線	指定した線の平行線か2本の線の中間線を描画する．	中間線はSHIFTキーを押しながら描画．
	接続/伸縮/分割	ラインの接続や延長，分割を行う．	延長はSHIFTキー押しながら，分割はCTRLキーを押しながら．
	レイヤ/アパーチャ変更	指定した対象のレイヤやアパーチャを変更する．	ダイアログで変更内容を指定する．
	塗りつぶし/窓抜き	ラインで囲まれた領域を塗りつぶすか，塗りつぶしを解除する．または窓抜きをする．	塗りつぶし消去はSHIFTキーを押しながら，窓抜きはCTRLキーを押しながら．
	ブロック範囲指定	編集対象とするオブジェクト範囲を指定する．	一部でも枠内に入れば選択される．
	移動	選択された編集対象を移動する．	移動を選択し，さらに画面をクリックすると移動モードになる．
	結合/分解/部品/部品登録	選択対象がないときは部品選択，編集対象が選択されているときは結合/分解/部品登録として機能する．	部品選択はダイアログの一覧で選択する．ライブラリ内の部品が一覧表示される．
	切り取り	編集対象を切り取る．	ブロック範囲指定で対象を指定後，これらのボタンが有効になる．
	コピー	編集対象をクリップ・ボードにコピーする．	
	貼り付け	クリップ・ボードからペーストする．	
	反転	編集対象を左右ミラー反転する．	ブロックで対象を指定後，移動ボタンで移動モードにすると，これらのボタンが有効になる．
	回転	編集対象を回転する．	
	数値入力	X，Y座標を指定して描画する．	外枠の描画に便利．
	交点/端点指定	描画の最初の位置を交点か端点にする．	描画をつなぐときに便利．
	拡大	画面表示を拡大する．	拡大したい領域を指定した後にボタンを押す．
	縮小	画面表示を縮小する．	画面全体が縮小される．
	グリッド設定	グリッドの間隔を設定する．	通常はインチ・ピッチで，0.635 mm（1/40インチ）か1.724 mm（1/20インチ）を指定する．

えたところまでカーソルを進め，その位置で左クリックします．これで水平線が1本作画されます．ただし，インチ・ピッチのときは，ぴったり75 mmといった値にはなりません．同じ要領で外形線をすべて作画し，右クリックするとラインの作画は途切れ，ここで完了します．

直接描画する代わりに，XY座標ボタンを使って直接数値を指定して描くこともできます．外形の場合は簡単に寸法を指定できます．

② 部品の配置

基板の外形が作画できたところで，いよいよ実装部品を配置していきます．ここでの配置は概略でかまいません．回路の配線の流れに合わせて配置し，配線をしながら配置を移動して変更していけばよいでしょう．

部品を配置するレイヤはどのレイヤでもよいのですが，後の配線を考えて，レイヤ1のはんだ面パターンに配置します．レ

図15 部品名を指定して部品を選択する

図16 読み込み部品をリストから選択する

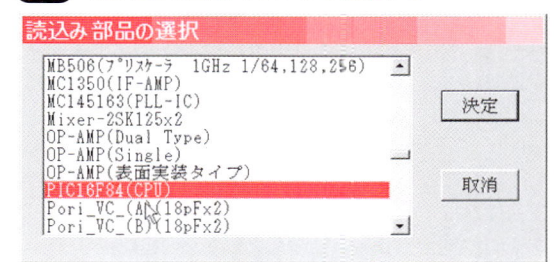

イヤの切り替えは，レイヤ変更ボタンで行います．

▶ **配置**

部品選択ボタンを押すと，**図15**のダイアログが表示されるので，ここで［一覧］ボタンを押します．初期設定で指定した部品ライブラリの部品リストが**図16**のように表示されるので，ここから必要なものを選択して［決定］をクリックします．選択をやり直したいときには，ESCキーを押せば選択が解除されます．

編集窓に戻ると，指定した部品がカーソルにくっついているので，適当な場所で左クリックすればその場所に配置されます．

▶ **回転**

部品の方向を変えたい場合は，部品を選択してカーソルに部品がくっついている状態のまま回転ボタンを押します．すると回転角を指定するダイアログが表示されるので，ここで必要な角度を入力します．入力せずに［決定］ボタンを押すと，左回りに90°回転します．

▶ **反転**

例えばフラット・パッケージのICなどをはんだ面に配置したいときなど，部品の裏表を反転させたい場合には，部品を選択してカーソルに部品がくっついている状態で反転ボタンを押

します．すると裏表が反転するので，そのまま編集窓に移動して左クリックすれば，その位置に反転された状態で配置されます．このようにして部品配置が完了した状態が**図17**です．

▶ **削除**

削除ボタンを押してから，削除したい外形部分を一度左クリックすると，削除される部分が白色表示されます．ここでもう一度左クリックすると削除が実行されます．削除を中止したいときは，ESCキーを押すか右クリックします．

▶ **移動**

ブロック範囲指定で移動したいものを指定してから移動アイコンを押せば，カーソルを動かす方向に移動できます．

③ **パターン配線**

部品配置が完了したら次は配線です．市販のEDAソフトと異なり，ラッツ・ネスト（回路図と対応した部品同士を結ぶ線）がないので，回路図を見ながら自分で配線します．

▶ **レイヤの指定**

片面基板であればレイヤ1のはんだ面パターンだけですが，両面基板や多層基板ではほかのレイヤも使います．後からパターンを指定してレイヤを変更することもできます．

▶ **線幅の指定**

ライン・ボタンを選択してからアパーチャ・ボタンを選択して，線幅を指定します．電源やグラウンドの配線は太めに，一般の配線もできるだけ幅が広いほうが丈夫になるので，通常は1mm程度を選択します．ICのピン間を通すようなときには，0.3mmか0.2mmを選びます．

▶ **描画**

直線を描くには，線の始点で

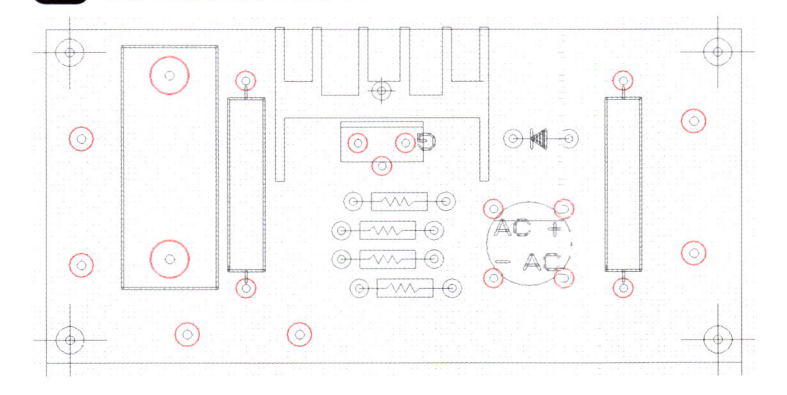

図17 部品の配置が完了したようす

図18 配線が完了したようす

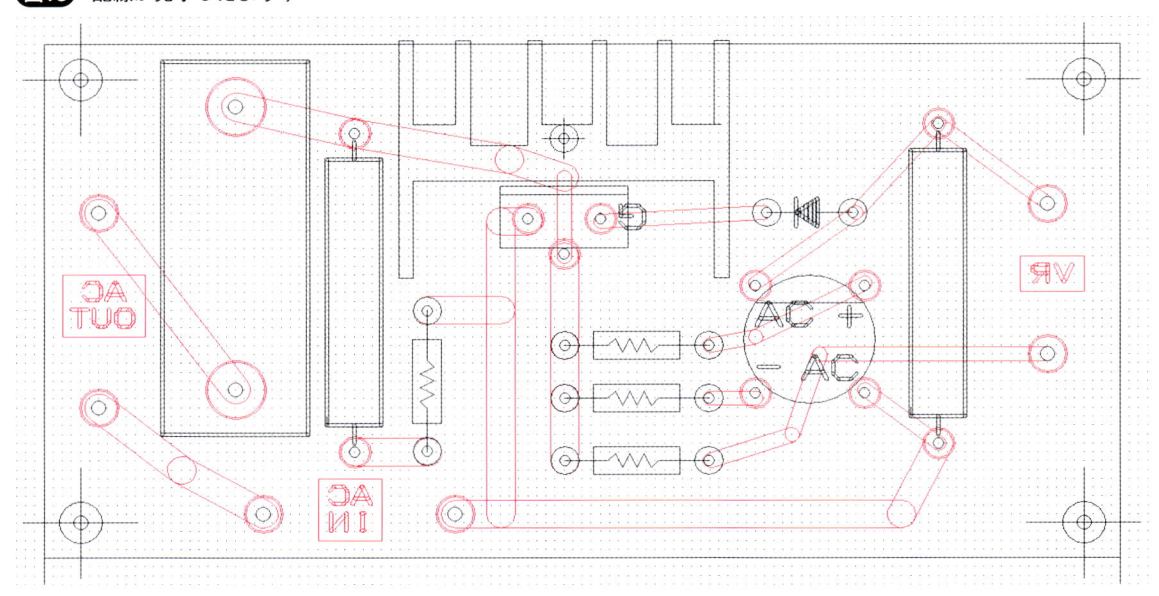

左クリックし，カーソルを終点に移動して左クリックします．線を途中で曲げたいときには，曲げたいところで左クリックします．曲線は短い直線をつないで描きます．

ラインをいったん終結させたいときには，右クリックするかESCキーを押します．配線が完了したようすを**図18**に示します．

▶削除と移動

部品と同じ操作で削除も移動もできます．

④ ベタ・パターンの描画

パターンの空いている部分は，ベタ・パターンで塗りつぶします．ベタ・パターンにすると，エッチングしなければならない部分を減らせるので，エッチング液の節約になります．また，ベタ部分をグラウンドとすることで，ノイズに強い基板ができます．

▶レイヤ選択

レイヤ1のはんだ面のパターンを選択します．

▶線幅の指定

図19 ベタ・パターンを作画したようす

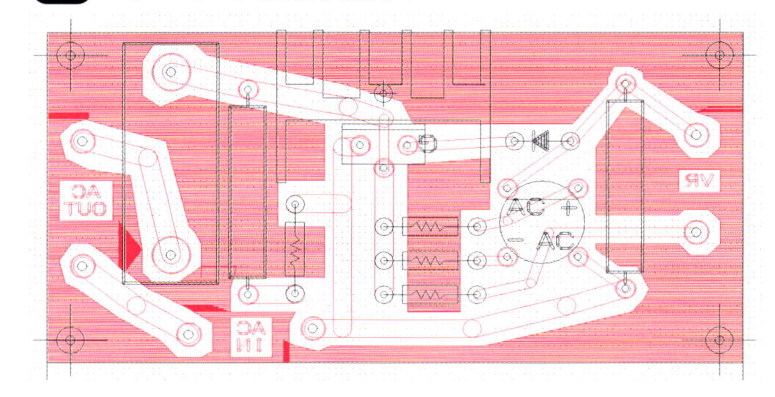

ライン・ボタンを押してからアパーチャ・ボタンを押して，線幅を0.1 mmの細い線とします．

▶ベタ・パターンの範囲を作画する

ベタ範囲をラインで囲うように描いていきます．ラインの最後は始点と重ねて，閉じるように描きます．一度に広い範囲を描かずに，分割して範囲を指定し，範囲の境界は少し重ねます．こうすると境界部分の塗り残しがなくなります．

▶塗りつぶす

塗りつぶしボタンを押してから，塗りつぶす範囲のラインのどこかを左クリックします．すると塗りつぶし確認のダイアログが表示されるので，［はい］をクリックして塗りつぶします．ベタ・パターンを作画したようすを**図19**に示します．

▶塗りつぶしの解除と変形

一度塗りつぶした範囲の塗りつぶしを解除する場合には，塗りつぶしボタンを押し，SHIFTキーを押しながら塗りつぶし部分のどこかを指定します．この状態で変形ボタンを押せば，塗りつぶしの範囲を変更できます．

塗りつぶしたままで変形ボタ

部品ライブラリの編集　　　　　　　　　　　column

　PCBEは，部品図をあらかじめライブラリとして用意しておき，それを貼り付けることでパターンを描画できます．そこで，自分専用のライブラリを`mylib.lib`として制作し，この内容を充実させていくと使い勝手が向上します．最初は，標準ライブラリの`Part1.lib`をコピーして，その内容を編集していくとよいでしょう．

● ライブラリ・ファイルの中身

　テキスト・ファイルでできているため，`Part1.lib`をメモ帳などのテキスト・エディタで開けば，内容をすべて見られます．内容の基本構造は下記のようになっています．

　　　　`GROUP：部品名称`
　　　　　　（描画内容）
　　　　`ENDGR：`

　つまり，`GROUP：`で始まり`ENDGR：`で終わる一連の内容が，1個の部品のライブラリ定義となっているわけです．

　次に各内容を見てみます．

　　　　`LAND：X=0.000, Y=0.000, LE=9, AP=18`

これはランド描画の指定で，中心座標が(0, 0)でレイヤが9，アパーチャ（ランド種類）が18番という意味です．

　　　　`LINE：XS=0.000, YS=－0.750,`
　　　　`XE=0.000, YE=0.750, LE＝3, AP=3`

これはライン描画の指定で，座標が(0, －0.750)から(0, 0.750)の間の線で，レイヤは3，アパーチャ（線幅種別）が3番という意味です．

　　　　`FLSH：X=-0.800, Y=0.000, LE=5,`
　　　　`AP=18`

これは角ランドの描画で，座標(－0.800, 0)を中心とする正方形を表しています．レイヤは5，アパーチャは18番となっています．

　テキスト・エディタだけで，下記のような編集が可能です．

- 複数ファイルからのライブラリの合成
- 特定部品の削除
- レイヤやランド型などの一括変更

● 部品の追加や変更

　PCBEでは，部品追加を通常の描画作業中にできるようになっています．まず実際の部品図を下記手順で作画します．

- レイヤ1でパッドを配置する
- レイヤ4のシルクで部品の外形を作画する
- 必要であれば文字を追加する

　この後，作画した部分を部品として登録します．部品登録する部分をブロック範囲指定ボタンで選択します．選択された状態で部品登録ボタンを押すと，ダイアログで何をするかを確認されるので，ここで部品登録を選択します．部品登録を指定すると，ダイアログで部品名称の入力を求められるので，入力します．部品名は日本語でもOKです．これで`mylib.lib`に新しい部品が登録されたことになります．

　PCBEでは同じ部品の上書きができません．一度作成した部品の内容を変更したいときは，テキスト・エディタでライブラリ・ファイルの`GROUP：部品名称`から`ENDGR：`の間を削除してから，再度登録作業を行う必要があります．　　　　〈後閑 哲也〉

ンを押しても，全体を動かすだけになってしまって範囲を変えることはできません．

● 紙への印刷

　PCBEの印刷には，確認印刷と版下印刷の2種類があります．印刷コマンドはボタンになっていませんから，メニュー・バーから選択します．

▶ 確認印刷

　全レイヤを指定して印刷すれば，画面で見ているとおりに印刷されます．カラー・プリンタを使えば画面と同じ配色で印刷されます．

▶ 版下印刷

　エッチングのためのフィルムを印刷するモードで，印刷は黒一色となります．片面基板の場合には，レイヤ1のはんだ面パターンとレイヤ7の外形，レイヤ8の穴を指定します．印刷結果は前出の**図12**です．

　アマチュアがエッチング用に印刷するときには，インクジェット・プリンタを使い，やや高価ですがインクジェット用OHPフィルムに印刷するとよいでしょう．

　PCBEの詳しい使い方や，私が制作したライブラリ・データが下記Webページにあるので，参考にしてください．

▶ 電子工作の実験室
　http://www.picfun.com/

〈後閑 哲也〉

2 プリント基板の製作

写真53 完成したプリント基板

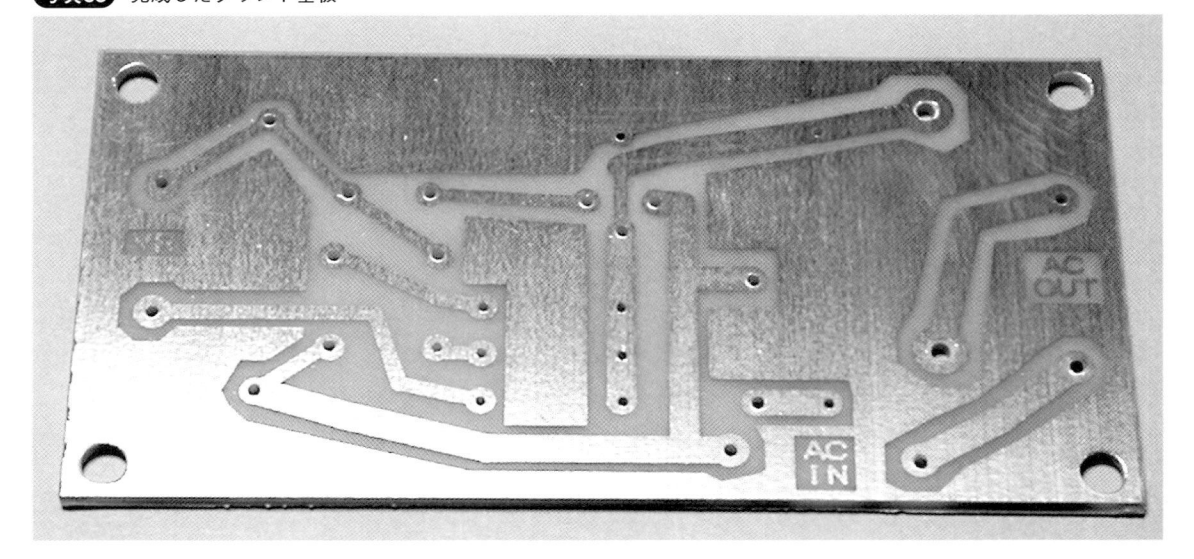

製作した基板を 写真53 に示します．

● 用意するもの

プリント基板の自作に必要なものを次に列挙します．

- バット大：湯煎用の湯を入れるためのもの
- バット小：現像液とエッチング液用の二つ
- 広口ビン：エッチング液保存用のポリ容器
- 現像液：サンハヤトのDP-10を使う
- エッチング液：サンハヤトのエッチング液を使う
- アルコール：燃料用が良い
- フラックス：完成基板の酸化防止用
- クランプ：感光時に基板とパターン・フィルムを固定するのに使う．サンハヤトのPK-CLAMPが便利
- 感光光源：10W程度の捕虫器用ケミカル・ランプ
- ドリル：プラモデルのドリル・キットが安価
- ドリル刃：0.7mmや1mmの超硬ドリル刃が便利
- その他：基板切断用にプラスチック・カッタなど

● パターン版下の作成

PCBEの版下印刷で，OHPフィルムに印刷します．レーザ・プリンタよりはインクジェット・プリンタのほうが濃い黒で印刷できるので，きれいにエ

写真54 感光基板とパターン図をホルダにセットする

ッチングが仕上がります．レーザ・プリンタは，ベタの部分がトナー節約のため薄い黒になってしまうので紫外線が透けてしまい，きれいにエッチングできません．油性フェルト・ペンなどで補強する必要があります．

　PCBEでパターン図を作るときは，基板の部品実装面から見た透視図になります．これをそのまま印刷し，露光するときは印刷面を基板と直接密着させます．紙の厚さによる隙間がなくなるので，より正確な寸法でパターンを露光できます．両面基板の場合は，部品面のパターンを反転して印刷します．

● 露光

　印刷したOHPフィルムのパターンを，市販の感光基板に直接露光します．写真54のように感光基板とパターン図のOHPフィルムを露光用のホルダ・セットで挟んで固定し，露光用光源で紫外線を当てます．OHPフィルムは，パターン図の印刷面が基板の銅はく面とぴったり密着するようにセットします．

▶露光用の光源

　自作もできますが，手軽に済ませるなら蛍光灯スタンドを利用すると良いでしょう．10Wの蛍光灯用のものが適当です．蛍光灯を捕虫器用のケミカル・ランプ（10Wのもの）に交換して使います．殺菌用の透明な蛍光灯は発光する紫外線の波長が異なるため，使えません．

▶露光の方法

　先ほどセットしたホルダ・セットに，紫外線の光源を5～10cmの距離から8～10分間程度当てます．何度か光源の位置をずらして，基板の全面にまんべんなく光が当たるようにします．

　普通の蛍光灯や太陽光での露光は，露光時間の再現性が低く失敗の確率が高いので，あまりお勧めできません．

● 現像

　露光している間に現像液を準備しておきましょう．現像液は，市販されている現像剤（サンハヤトのポジ感光基板用現像剤DP-10）を200ccのぬるま湯で溶かして作ります．いわゆる人肌程度，30～35℃が良いでしょう．あまり高い温度にすると，細いパターンが切れかけてしまいます．

　露光が終わった感光基板を現像液に浸します．容器を動かせば感光剤が溶けやすくなり，1～2分で青い感光剤が溶け出します．銅はく面がきれいに見えてきたら完了です．すぐに取り出して，十分に水洗いします．

写真55　エッチングのようす

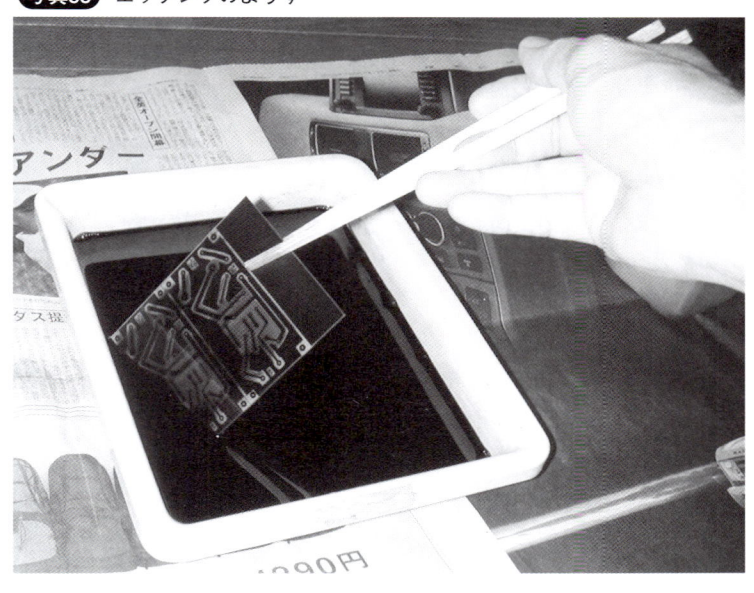

● エッチング

　現像が終わったら，間をあけないでエッチングに移ります．1日おいたりすると銅はく面が酸化し，エッチングがきれいにできません．

　まず塩化第二鉄溶液をバットに適量入れます．深さが1cmぐらいになる量が適当です．冬季には，大き目のバットに熱いお湯を入れたものの中にそのバットを浸し，温めながらエッチングします．いわゆる湯煎です．または市販のヒータを使っても良いでしょう．エッチングは，温度が40～45℃と高めのほうが早く終わります．

　割り箸などを使って基板を常に動かしながらエッチングすると，むらなく早めに仕上がります．エッチングのようすを写真55に示します．エッチングは5～10分ぐらいで終わりますが，エッチング液の新しさや温度によって時間が変わります．

2-10　プリント基板CAD "PCBE" の使い方とプリント基板の作り方

▶エッチング液の保存と処理

エッチングが終わったら,エッチング液を広口ビンなどに戻して保存しておきます.化学実験に使う広口のポリ容器が便利です.金属容器は表面が化学反応してしまうので使えません.

エッチング液が新しいほど早くできるので,エッチング液が黒くなってきたら新しいものに替えるとよいでしょう.

古くなったエッチング液は,添付されている処理剤で処理してからごみとして廃棄します.

● 感光剤の除去

エッチングが終了したら,基板に残った感光剤を除去します.短時間できれいにとるには,アルコールで拭き取る方法がお勧めです.アルコールを銅はく面に十分塗布してから,ティッシュ・ペーパなどで拭けばきれいに取れます.

● 穴あけ
▶使用するドリル

私は,マブチモーターからプラモデル・キットとして発売されている,模型工作用のドリルを利用しています.これは安価で,固定用の台も付いています.もともと電池動作なのですが,5～6Vの外部電源で使えるように改造すると便利です.

このプラモデルはダイヤルでドリル本体を上下させるような仕組みになっているのですが,ダイヤルは取り外し,直接手でドリルの胴体をもち,スライダに沿って上げ下げしたほうが使いやすいようです.**写真56**はドリルで基板に穴を開けているようすです.

写真56 穴開け作業のようす

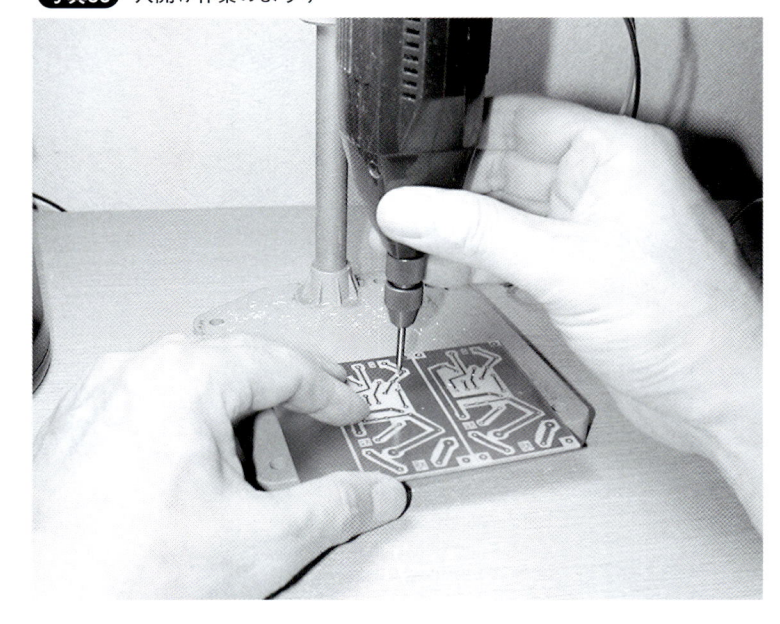

▶ドリルの刃

1 mm以下の細いものは,秋葉原の店などで販売されている,再生品の超硬ドリル刃が丈夫で便利です.必要なサイズを**表4**に示します.これぐらいの種類があれば,まず問題ありません.ドリル・キットにはいろいろなサイズのアダプタも含まれていて,ちょうどこの超硬ドリル刃に合うサイズもあり便利に使えます.

▶穴開けのコツ

開け方のコツは,ランドのセンタ穴をエッチングしておくことです.これがあるとドリルの先端が滑らず,ランドの中心に正確に穴を開けられます.ICなど,並べて多くの穴を開ける必要があるときには,センタ穴のエッチングが不可欠です.

● 仕上げ

最後にもう一度アルコールで表面の汚れを取り,全体にフラックスを塗布して仕上げます.フラックスを塗布しておくと銅はく表面が酸化せず,いつまでもきれいな状態を保てます.また,はんだ付けもきれいにできます.

完成した基板を前出の**写真53**に示します.

〈後閑 哲也〉

表4 必要なドリル刃の種類

種類	サイズ[mm]	対象となる部品
超硬	φ0.7～0.8	IC,抵抗,コンデンサ
	φ1.0	基板コネクタ,テスト・ピン,大型抵抗
一般用	φ2.0	トリマ・コンデンサ,大型コネクタ
	φ3.2	取り付け用ねじ穴
	φ5.0	バリ取り用

徹底図解★電子回路の工作テクニック

第3章
ベテランのはんだ付けテクニックを盗もう

部品をはんだ付けする技

3-1　はんだ付けのしくみ
線材，部品はどのようにはんだでくっついているのか

1　はんだによる接合のプロセス

図1 はんだが付くまでのプロセス

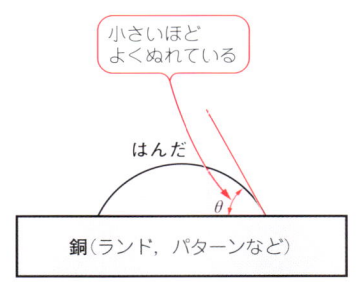

① ぬれ　　　　② 拡散　　　　③ 合金化

　はんだは，錫（Sn）と鉛（Pb）の合金です（2-1節参照）．古代から金属同士の接合材として利用されてきました．はんだ付けによる接合は，母材と溶融したはんだの，合金化反応によるもので，母材（部品やプリント・パターン）を溶かしません．

　はんだ付けの過程を絵で示すと**図1**のようになります．①ぬれ，②拡散，③合金化の過程を経て，はんだと線材，ランドなどが接合されます．

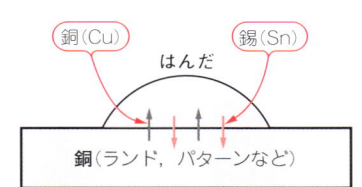

　合金化へ至るまでの過程は，はんだごてで加熱されています．はんだ付けをするときは，ぬれと拡散のイメージを意識しましょう．

① ぬれ

　溶けたはんだが銅（金属）の上を広がっていきます．この広がる状態を「ぬれ」と呼んでいます．

　溶融されたはんだと基板の角度θが小さいほど「よくぬれている」と表現されます．

② 拡散

　溶けたはんだ側の錫とランドやパターン側の銅が，接した部分で混じり合います．はんだが金属面に広がりながらなじむ状態を「拡散」と表現しています．はんだが金属の上になじまないと，はんだ付けができません．

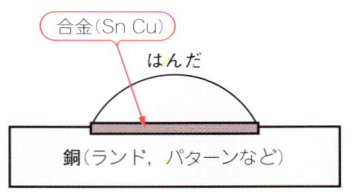

③ 合金化

　溶けたはんだが冷えて固まると，はんだと銅の接触部分に合金が形成されます．一般的には，銅とはんだ間に金属間化合物（SnCu）が数ミクロン程度形成され，これによって強く接合されます．

〈島田　義人〉

2 はんだ付けのイメージ

図2 はんだが付くしくみを理解するとはんだ付けが上手くなる

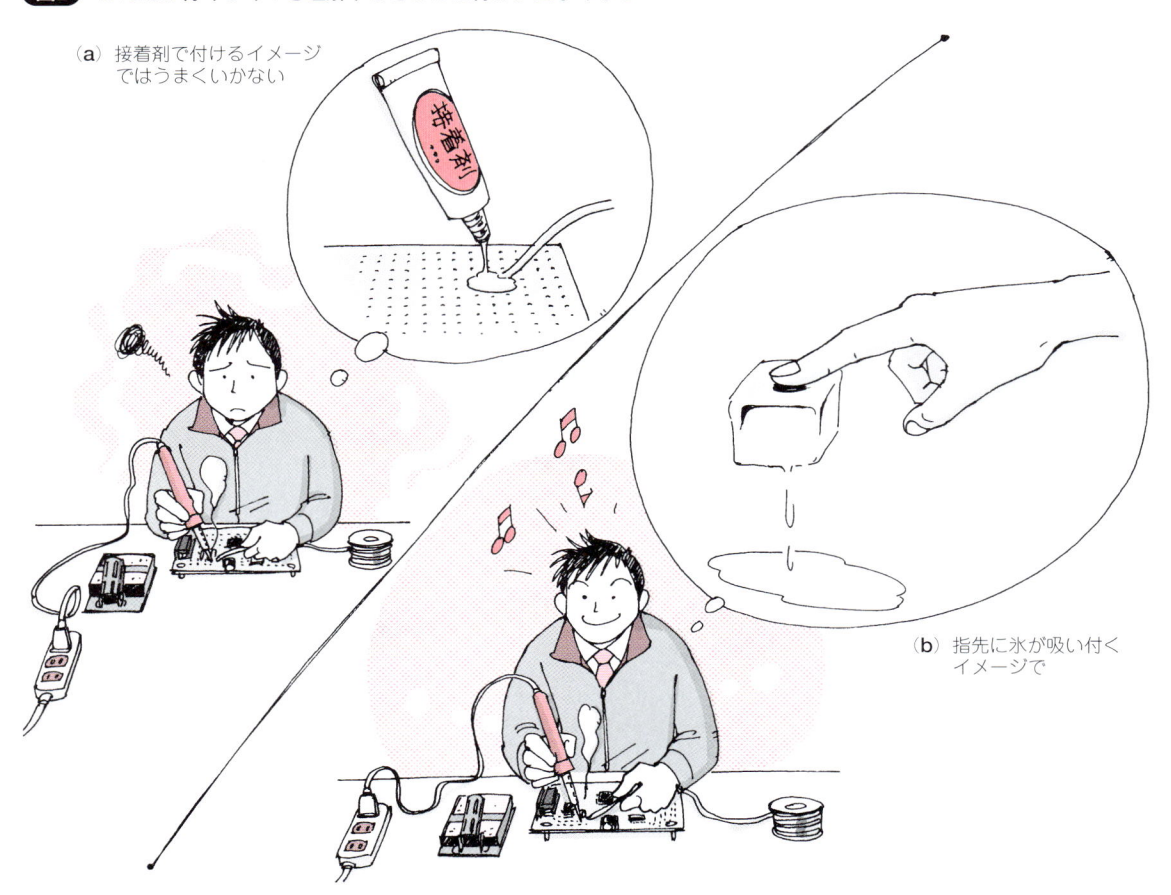

（a）接着剤で付けるイメージではうまくいかない

（b）指先に氷が吸い付くイメージで

● はんだ付けの目的

はんだ付けにより，部品同士，または，部品と基板，部品と配線材とを電気的にも機械的にもしっかりと接続します．

電気的な接続だけを求めるのであれば，線材同士をより合わせれば電気は流れます．しかし，この状態ではちょっと引っ張れば線材と線材が離れてしまい，電気は流れなくなってしまいます．

線材同士の接続ならば「圧着」という方法もありますが，基板と部品のリード線との圧着は無理があります．接続したい部分に，はんだという金属を溶かして流し込めば，接続も強固になり，電気もより確実に流れます．

● はんだ付けは指に氷が吸い付くイメージ

はんだは，それ自体には粘着力はありません．接着剤で二つのものを接合するのとは少し違います．

はんだ付けのイメージを身近な例で捉えてみます．よく冷えた氷の塊を指で触ると，氷が指にくっついた経験はあるでしょう．氷に指で触れると，体温によって一時的に氷の表面が溶けます．溶け出した水は，皮膚のざらざらしている面に染み込みます．しばらくすると氷が指表面の温度を奪い，水が皮膚に染み込んだまま凍ってしまいます．この結果，溶け出した水によって氷と皮膚がくっついてしまうわけです．

はんだ付けは，これと同じようなイメージです．熱をいったん加えるのがはんだごてであって，はんだが氷や水に相当しています．

図2 に示すように，はんだ付けの下手な人は往々にして接着剤のイメージではんだ付けをしているようです．上手な人は，水と氷のイメージをもってはんだ付けしているのではないでしょうか． 〈島田 義人〉

3-2 熱伝導性を良くし酸化を抑止する
こて先の予備はんだ

図3 こて先をはんだでコーティングする

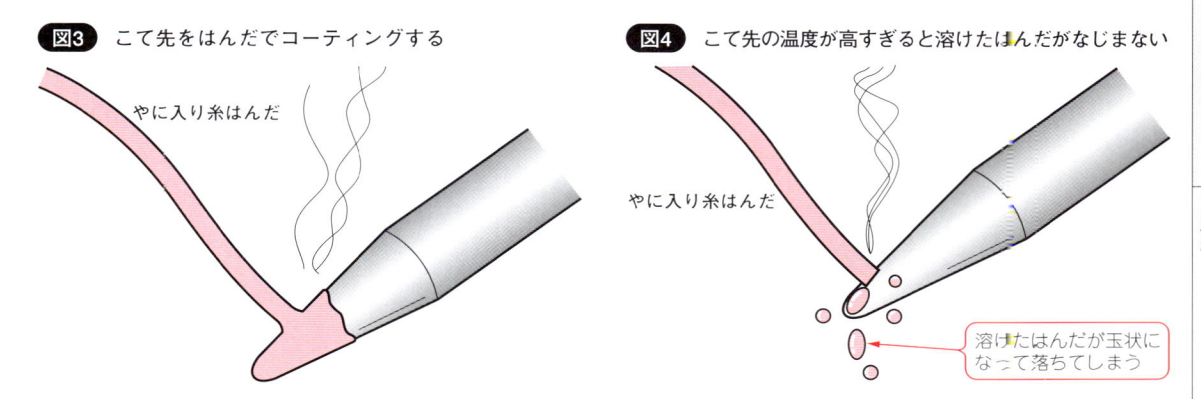

やに入り糸はんだ

図4 こて先の温度が高すぎると溶けたはんだがなじまない

やに入り糸はんだ

溶けたはんだが玉状になって落ちてしまう

　はんだごての先端は，いつもはんだでぬれてピカピカになっていなければなりません．新しいはんだごては，使う前にこて先をはんだでぬらしておきます．これを予備はんだといいます．予備はんだをすると，こて先が溶けたはんだで薄く覆われ，こて先を熱した際の酸化を防げます．

　予備はんだをしないと，はんだ付けしたい箇所ではなく，こて先側にはんだを奪われてしまいます．さらに，こて先から部材への熱伝導が悪くなり，加熱不足でうまくはんだ付けできません．

　こて先に予備はんだを施す手順は次のとおりです．
① はんだごてをこて台に置いて電源プラグをコンセントに入れる．
② はんだの溶ける温度まで数分待ったら，**図3**に示すようにやに入り糸はんだをこて先にあてがって溶かす．はんだで薄く覆うようにこて先をぬらす．
③ こて先の温度を調整する．

　はんだをこて先に軽くあてがったときに，こて先に吸われるようにきれいに溶けていくのが目安です．強く押し付けないと溶けないようなら温度が低すぎます．

　図4のように溶かしたはんだがコロコロと玉状になってすぐにこて先から落ちてしまったり，すぐに焦げ臭いにおいがしたりするようなら温度が高すぎます．

　しばらくはんだごてを通電したままにしておくと，酸化したり，やにが焦げたりして，こて先が汚れてきます．この場合は，水でぬらしたクリーナの上でこて先をジュッとふき取れば，もとのピカピカの状態に戻ります．

〈島田　義人〉

部品のリード線で配線すると取り外しが大変　column

　図Aに示すように，部品Aと部品Bを結線する場合は，どちらかの余分なリード線を曲げて端子間を結線することもできます．しかし，あとから部品を取り外すことになった場合は，曲げたリードが邪魔になってしまい，取り外しにくくなってしまいます．

〈島田　義人〉

図A 部品のリード線を使った配線

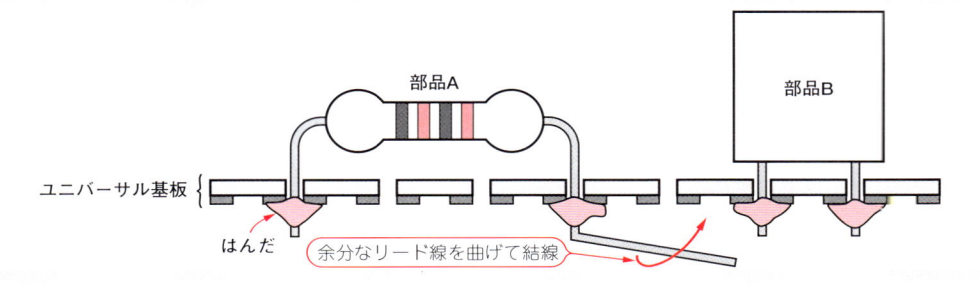

部品A　部品B
ユニバーサル基板
はんだ　余分なリード線を曲げて結線

3-3 穴のあいた端子にビニル線をはんだ付けする技
芯線のからげ方がポイント

ビニル線をからげられるように穴があいている金属端子があります．この金属端子にビニル線をはんだ付けする手順は次のとおりです．

① ビニル線の被覆をはがす

図5に示すように，ビニル線の先端から3～5 mmの部分に芯線を傷つけないよう切れ込みを入れて被覆をむきます．専用工具のワイヤ・ストリッパを使うと簡単です．持っていない場合はニッパやカッタなどを使います．

芯線を傷つけないように慎重にむきたい場合は，ビニル線をU型に曲げたところにそっとカッタの刃を当てて，芯線に触れないように被覆を切ります．

芯線が単芯（1本だけ）の場合は，そのまま被覆を引っ張ればするりとむけます．細い線が何本も束になっている場合は，ねじりながら被覆を引っ張ると芯線がまとまります．半分くらい被覆をむいたところで被覆をねじりながら抜けば，芯線に手を触れずに済むので手の油分が付きません．

② はんだ付けするものとつなぐ

はんだ付けする端子が汚れていると，はんだが付きません．汚れているときは紙やすりなどでピカピカに磨いてください．図6のように，芯線をからげる（巻き付ける）ほうが確実ですが，修正があったときに加熱すれば取れるように，図7のように端子の穴にビニル線の芯線を引っ掛けるだけのほうが何かと便利なことが多いようです．

③ はんだ付けする場所を温める

図8(a)に示すように，はんだを流す位置にはんだごてをしっかりとあて，はんだが溶ける温度になるまで温めます．温めるといっても，細いビニル線と小さい端子なら，1～2秒程度で温められます．

④ はんだを溶かして流す

図8(b)に示すように，温めたところにフラックス（やに）入りはんだを当てて溶かします．フラックスが，芯線や端子へ，はんだをスムーズに流す働きをします．

十分に熱くなった芯線は，糸はんだが触れると表面張力によりはんだを吸い込んでいきます．

図5 ビニル線の被膜のむき方
- 切り込み
- 3～5mm
- 被覆を真っすぐに引いてむくと芯線はまとまっていない
- 芯線がまとまる
- 被覆を撚りながらむく

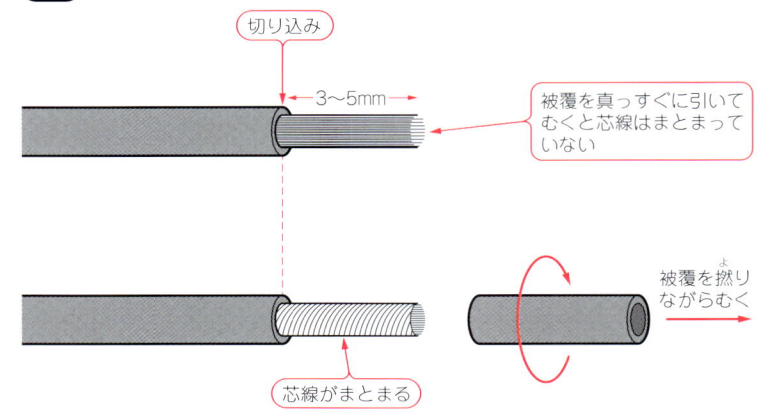

図6 芯線を端子の穴にからげて確実に接続
- ビニル線
- 芯線
- 端子

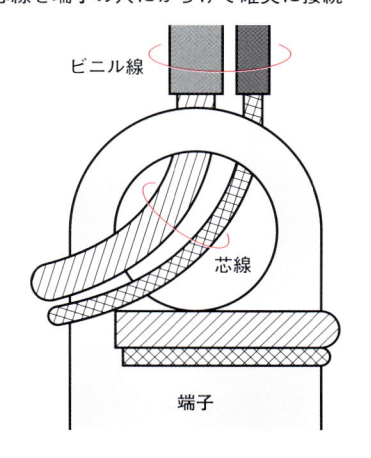

図7 芯線は引っかけるだけのほうが修正が簡単
- 芯線
- 端子
- 挿入したままからげない

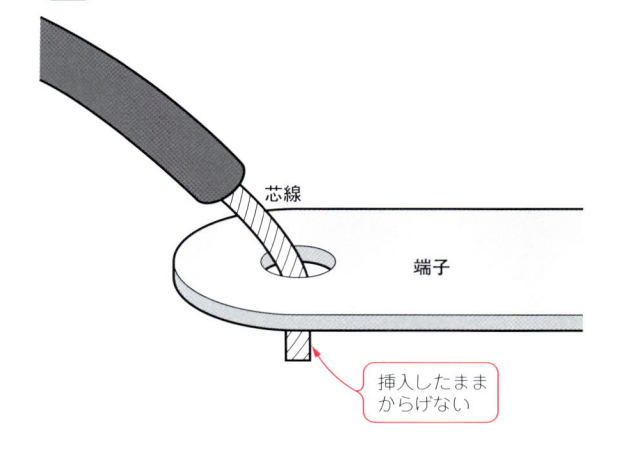

図8 ビニル線を端子にはんだ付けする手順

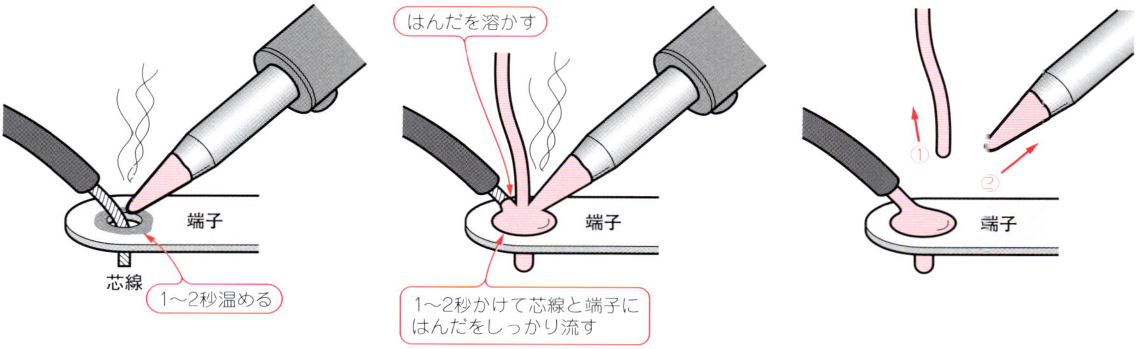

(a) はんだ付けする場所を熱する
(b) はんだを溶かして端子の穴に流し入れる
(c) はんだ，こて先の順に離して固める

端子の穴がふさがる程度の量まではんだを供給します．適量のはんだが流れると，表面が滑らかで，裾がなだらかになります．

はんだを当ててからはんだが流れるまで1〜2秒程度ですが，何本もの芯線が集まっているときは，さらにもう数秒かかることがあります．

芯線や端子にはんだが流れないようなら，はんだ付けする箇所が汚れているか，うまく熱が伝わっていないか，はんだごてが汚れているかのどれかです．

ステンレスやアルミニウムには普通の方法でははんだ付けできません．

⑤ こてを離して固める

いつまでもはんだを当てていると，はんだが付きすぎて余計なところまで流れてしまいます．

図8(c) に示すように，適量が流れたら，まずはんだを離します．そのあとで，付いたはんだを芯線と端子に流し込んでから，はんだごてを離します．

はんだが固まるまでの間，ビニル線や端子を動かさないことが肝心です．せっかく上手にはんだ付けできていても，固まる最中に力が加わると，クラックが入って通電が保障されなくなってしまいます．

溶かしたはんだの量があまり多くなかったり，はんだ付けした部品が大きくなければ，こてを離せばすぐ固まります．少し大きめの部品にはんだ付けした場合は，息をフッと吹きかけて冷ますと早く固まります．

〈島田 義人〉

こて先の構造と寿命　　　　　　　　　　　column

一般的なこて先の構造を**図B(a)** に示します．熱伝導の良い銅基体に，侵食の少ない鉄めっきが施されています．はんだ付け部分にははんだめっきが，それ以外の部分ははんだで濡れないようにクロムめっきが施されています．

長年使っていると，こて先部分の鉄めっきが侵食してきます．侵食が銅基体まで達してしまうと，銅の侵食は鉄より早いため，**図B(b)** に示すようにこて先に穴が開いてしまいます．

鉄めっきの侵食は，Fe（鉄）とはんだに含まれるSn（すず）による合金がはんだ中に溶け込むことにより発生します．鉛フリーのはんだを使用したときや，こて先の温度が高いほど発生しやすくなります．

〈島田 義人〉

図B こて先の構造と寿命

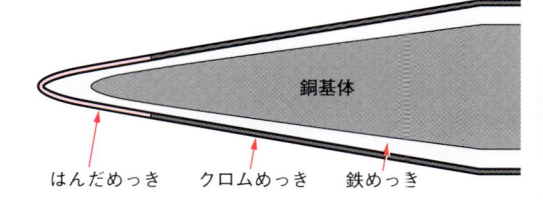

(a) 一般的なこて先の構造
(b) 鉄めっきの侵食によりこて先に穴が空いてしまう

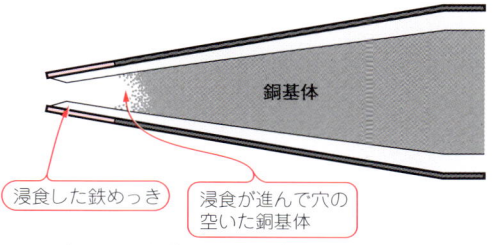

3-4 金属板とビニル線をはんだ付けする技

芯線にはんだをめっきしておくことが肝要

部品や端子にあらかじめはんだを付けておくことも，こて先のときと同様に「はんだめっき」，「予備はんだ」といいます．部品にもはんだめっきをしておくと，簡単にはんだ付けできます．

穴のない金属板の端子にビニル線をはんだ付けする手順は，次のとおりです．

① **金属板をはんだめっきする**

穴のない金属板の端子は，穴があいた端子と違い芯線を引っ掛けられません．

端子と芯線に，同時にはんだを溶かし込むのは大変です．あらかじめ端子と芯線のそれぞれにはんだを溶かして塗っておき，はんだの付いたもの同士をはんだごてで押さえてはんだ付けします．

図9は金属板の先端をはんだめっきする例です．こて先を金属板に当て，十分に金属板が温まったところへはんだを溶かし付けます．

② **リード線をはんだめっきする**

図10のようにビニル線の芯線もめっきします．はんだごてに少しはんだを乗せて芯線をくぐらせるか，はんだを机などに固定し，そこに芯線とはんだごてを持っていき溶かし付けます．

③ **はんだ付けするもの同士を重ねる**

図11(a)のようにはんだめっきした金属板と芯線を重ねます．この作業は片手で行うので，上手に固定する必要があります．

この後，はんだごてを当てるので，机などを焦がさないように燃えにくい板を敷いておきます．

④ **はんだごてで溶かし付ける**

はんだごてに少しはんだを乗せてから，**図11(b)**に示すように重ねたリード線の上に当てま

図9 穴のない金属板の端子の先端をはんだめっきする

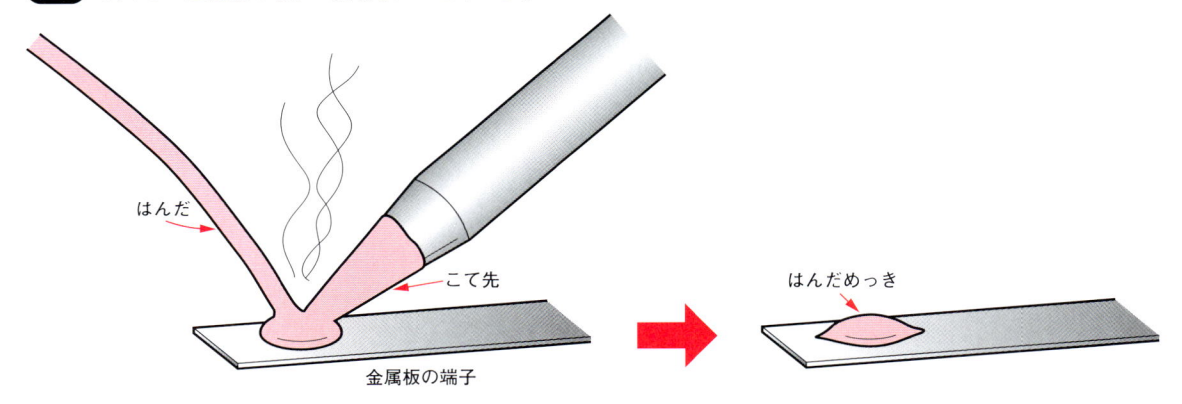

図10 リード線の芯線をはんだめっきする

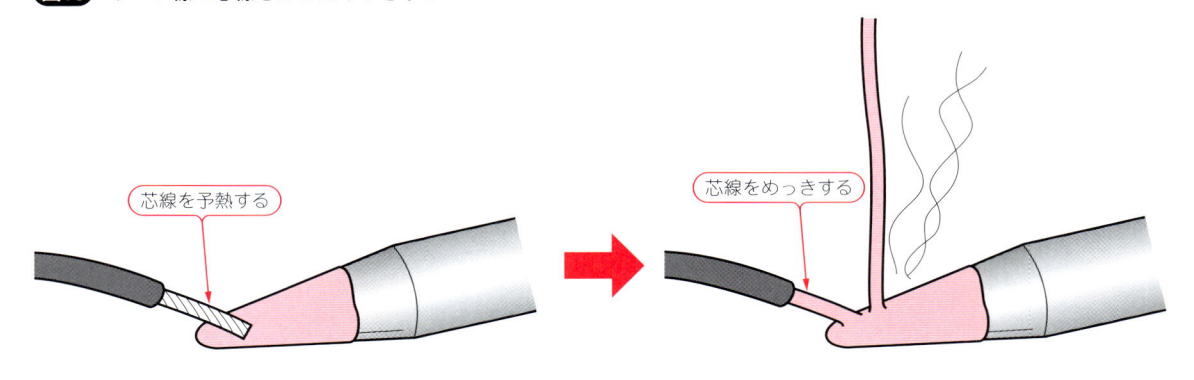

す．しっかり熱を伝えてリード線と金属板のはんだを溶かします．

⑤ **こてを離して固める**

図11(c)に示すように，リード線と金属板との間にはんだを流したあと，ゆっくりとはんだごてを離します．

はんだが固まるまでの間，リード線や金属板を動かさないことが肝心です．はんだが固まるまでにリード線を動かすと，はずれてしまいます．

〈島田　義人〉

図11　穴のない金属板の端子とリード線をはんだ付けする手順

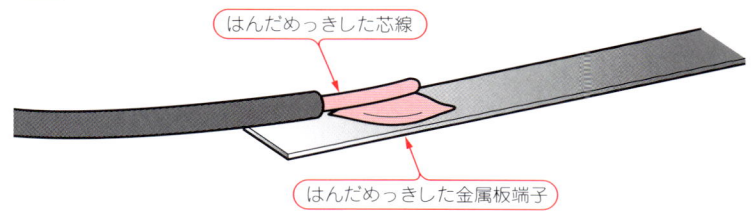

(a) それぞれはんだめっきした金属板とリード線を重ねる

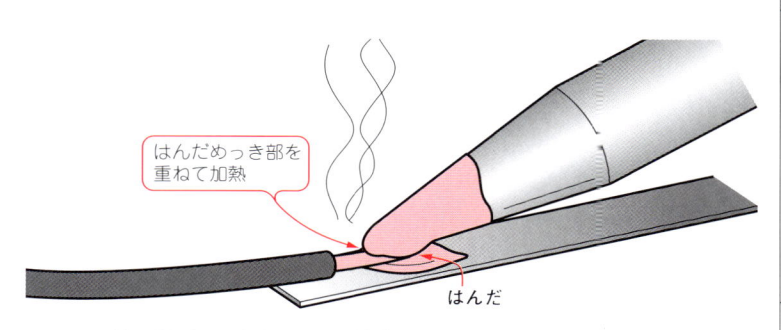

(b) 重ね合わせた上からはんだごてではんだを流し込み溶かし付ける

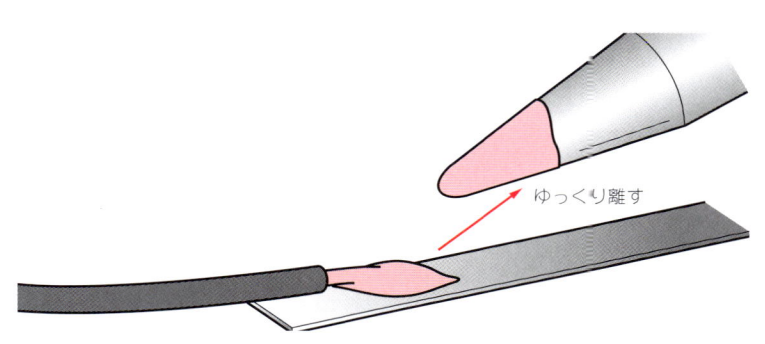

(c) ゆっくりとはんだごてを離す

コネクタのソルダ・カップにビニル線をはんだ付けする方法　　column

コネクタなどで多く見られるソルダ・カップ（写真A）へのはんだ付けの方法を紹介します．

コネクタのソルダ・カップにはんだを流して，カップの内部をめっきしておきます．あとでビニル線の芯線が入るぶんを計算に入れてめっきの量は若干少な目にしておきます．芯線にもはんだめっきをします．

コネクタのカップを温めてはんだを溶かします．はんだごてを当てたままはんだめっきした芯線をソルダ・カップに沈めます．ソルダ・カップと芯線のはんだめっきをなじませます．

リード線の芯線のはんだが溶けたら，こて先を離します．はんだが固まるまでの間，ビニル線やコネクタを動かさないことが肝心です．はんだが固まっ

写真A　ソルダ・カップがついたBNCコネクタ

たら接合完了です．

コネクタのソルダ・カップに流したはんだの量が少ない場合に穴が開きます．この場合は，もう一度はんだを流し込みます．

〈島田　義人〉

3-5 基板に挿入した部品をはんだ付けする技

はんだ付け前の予熱が肝要

図12 リード線がある部品をはんだ付けする手順

① 部品のリードを基板に差し込む

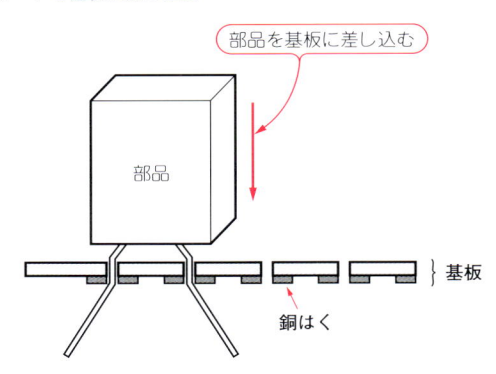

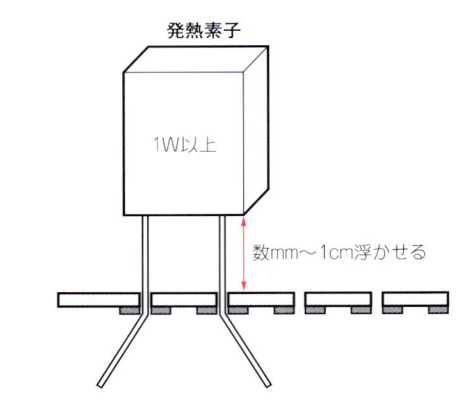

② はんだ付けする場所を温める

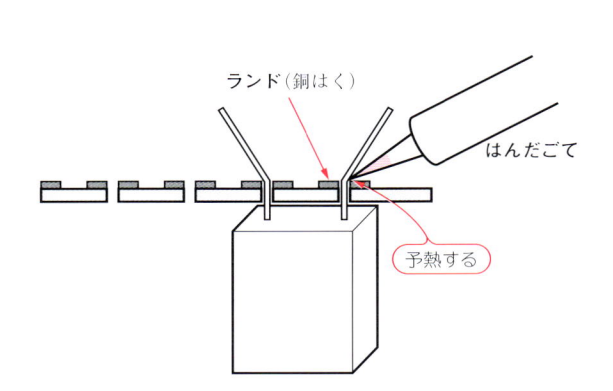

③ ランドとリードが温まったら糸はんだをあてがう

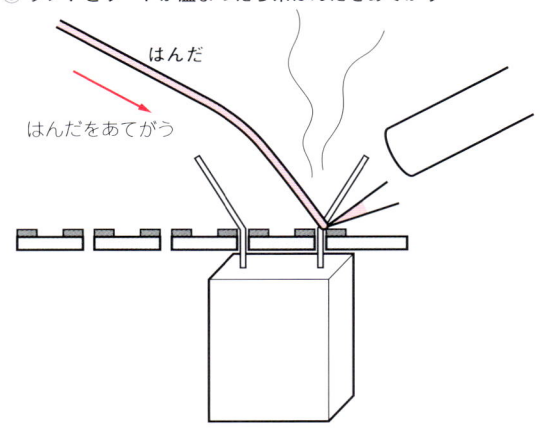

　リード線がある部品のはんだ付け手順を **図12** に示します．基板に部品を挿入した後，はんだ付けする場所を温めてからこてを離して固めるまで，1端子あたりにかける時間は5秒程度が目安です．加熱し続けると，部品が破損するおそれがあります．

　こて先は，水を含ませたスポンジなどを利用して，常にきれいな状態を保ちましょう．

① 部品のリードを基板に差し込む

　部品のリード線を，基板の穴の間隔に合わせて折り曲げておきます．部品の付け根にストレスが加わらない範囲で，基板の穴に深く差し込みます．

　1W以上の抵抗やパワー・トランジスタなど発熱する部品は，基板から数mm～1cm程度浮かせます．基板に密着すると熱で基板が変質してしまいます．熱に弱い部品も，部品を基板から浮かしてはんだ付けすることで，こて先の熱を伝えにくくします．

　挿入した部品が基板から落ちそうな場合は，差し込んだあとでリード線を少し曲げておくと良いでしょう．

　ただし，あまり強く曲げると修正などのとき取り外しにくくなります．

② はんだ付けする場所を温める

　適切な温度に温まったはんだごてを，ランドとリード線にあてがい1～2秒待ちます．ランドとは，プリント基板のはんだが乗る部分です．

図12 リード線がある部品をはんだ付けする手順（つづき）

④ こてを離して固める

① はんだを離す
② はんだごてを離す
円錐形に広がったはんだ

⑤ 余分なリード線をニッパで切る

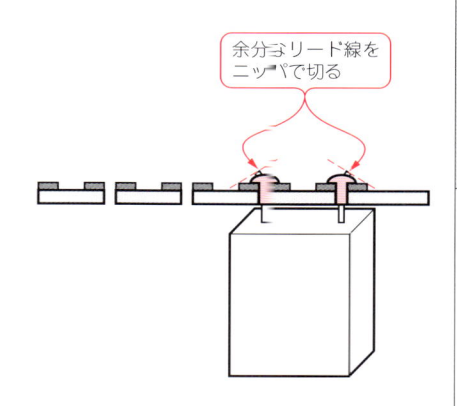

余分なリード線をニッパで切る

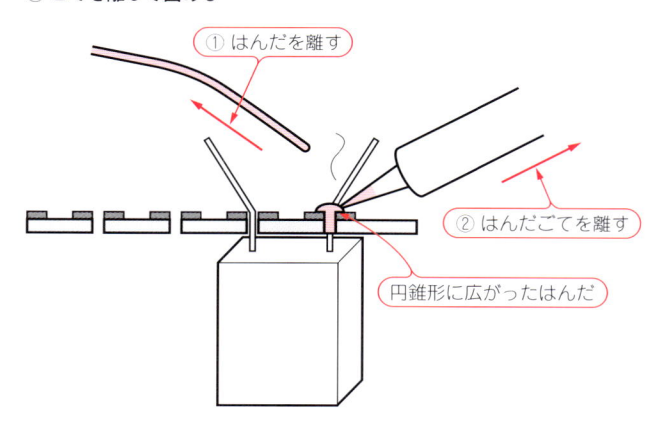

③ ランドとリード線が温まったら糸はんだをあてがう

糸はんだをこてにあてて溶かすと，こて先にはんだがまとわりついて失敗します．糸はんだをランドとリード線にあてがいます．するとはんだがランド上にきれいに広がっていきます．

ランド全体にはんだが広がらないようなら，ランドが汚れたり，酸化しているのかもしれません．

その場合は，カッタの背などで軽く磨いてみてください．少々の酸化膜であれば，糸はんだが含むフラックスの作用により除去されます．

④ こてを離して固める

ランド上にはんだが広がったら，まず糸はんだを離します．こて先は糸はんだを離してから約0.5〜1秒くらいあとに離します．はんだが固まるまでの間，リード線や端子を動かさないことが肝心です．円錐形にはんだが広がっていれば最高です．

基板を横から見て，もしも部品が基板から浮いているようなら，もう一度はんだごてを当てて押し込みます．

ただし，発熱部品や熱に弱い部品は除きます．

⑤ 余分なリード線をニッパで切断する

はんだ付けが終わってから，長すぎるリード線をニッパでカットします．その際に約1〜2 mmの長さが残るようにします． 〈島田 義人〉

背の低い部品からはんだ付けする   column

部品のはんだ付けの順序は，基板に実装したときに背が低い部品からです．

背の高い部品を先にはんだ付けして，あとから背の低い部品を付けようとすると，**写真B**のように指で押さえられなくなるため，基板の裏からはんだ付けしにくくなってしまいます． 〈島田 義人〉

写真B 背が高い部品を先にはんだ付けしてしまうと，背の低い部品を指で押さえにくくなる

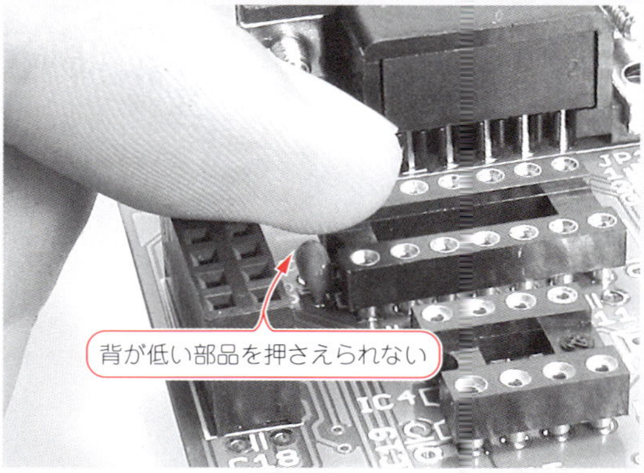

背が低い部品を押さえられない

3-6 チップ部品や狭ピッチの多ピンICをはんだ付けする技
部品の固定と余剰なはんだ付けで乗り切る

1 チップ部品のはんだ付け

実装工場では，マシンが部品のマウント（取り付け）からはんだ付けまでを行います．手作業ではんだ付けすることは考慮されていないので，とても小さな部品が使われています．

写真1 のチップ抵抗を例にしましょう．皆さんの身のまわりにある機器の多くは，2125または1608サイズと呼ばれる抵抗が使われています．

2125サイズとは外形が2.0×1.25mm（縦×横）のことです．

1608サイズとは1.6×0.8 mmのことです．さらに，もうひとまわり小さい抵抗も使われています．

どうです？ 手作業ではんだ付けするなど，ちょっと無理ではないかと思うでしょう．安心してください，慣れれば付けられるようになります．現場の技術者は皆，これらの抵抗をユニバーサル基板やプリント基板に器用に付けていますよ．練習あるのみです．

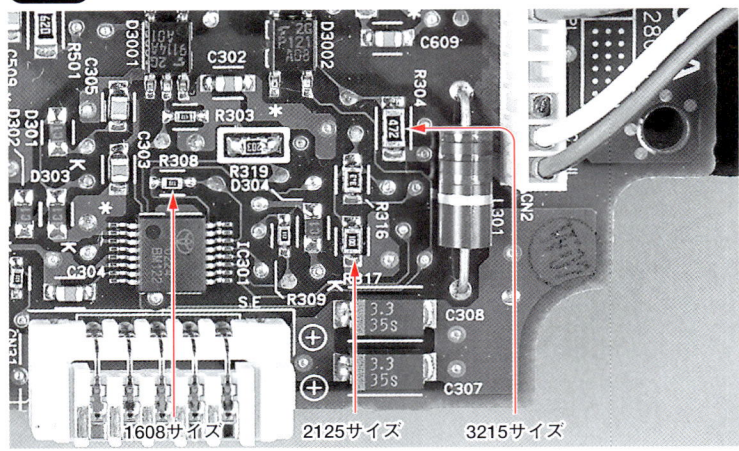

● チップ部品を固定するのは難しい

まず，どうやって表面実装部品を固定するのかという問題があります．フラットICや大きめのチップ部品は，クリップで挟んだりマスキング・テープや両面テープで固定することもできます．しかし，小さい部品はなかなかうまくいきません．苦労してテープで固定しても，下手をするとテープが溶けて，はんだごてに部品がくっついてきてしまいます．

写真1 いろいろなサイズのチップ抵抗
1608サイズ　2125サイズ　3215サイズ

---

column

チップ部品をつまんで外せるホット・ピンセット

いろいろな種類の表面実装部品が使われるようになり，実装基板はますます高密度化しています．部品の実装密度が高く，部品と部品の間隔が非常に狭い基板上では，ピンポイントの精度が要求されます．すでに実装された表面実装部品を取り外すことは，容易なことではありません．

こんなとき，ピンセット感覚でチップ部品をつかみ取れる，プロ向け用の便利な工具としてホット・ピンセットがあります．図C に示すように，ピンセットの先がヒータで熱せられるようになっており，リモート・スイッチを押すとチップ部品のはんだを溶かします．はんだが溶けたらチップ部品をつかみ上げて取り外します．

〈島田 義人〉

◆参考文献◆
ホーザン㈱ ホームページ http://www.hozan.co.jp/

図C チップ部品をつかんで外せるホット・ピンセット

ヒータ　チップ部品　はんだを溶かしながら部品をつかむ　リモート・スイッチ　ヒータ　基板から取り去る

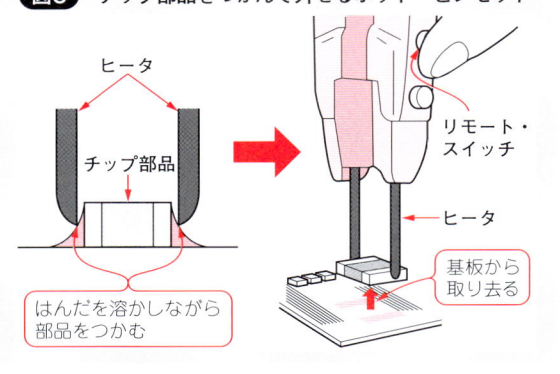

写真2 チップ部品に予備はんだを盛る

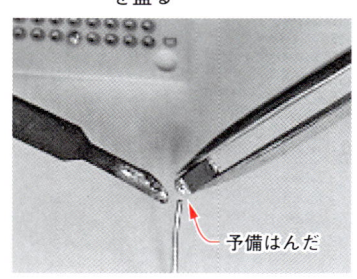

予備はんだ

写真3 チップ部品を基板にはんだ付け

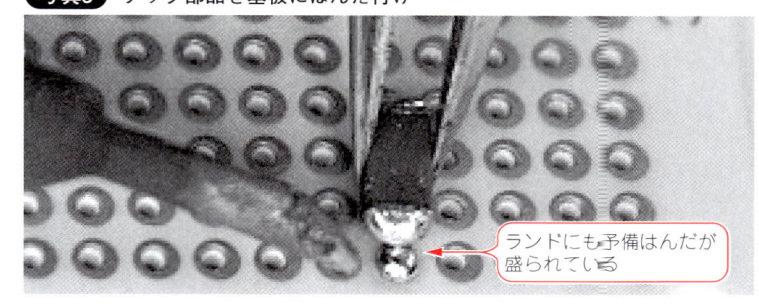

ランドにも予備はんだが盛られている

部品の固定には，耐熱性の接着剤を使う方法などが考えられますが，なかなか入手が困難です．手軽なのはピンセットを使って固定する方法ですが，ここで問題が生じます．人間の手は二つしかないので，片方の手でピンセットを持ち，もう片方の手ではんだごてを握ると，もう何もすることができません．肝心のはんだ線を持つことができません．どうしましょう？ 猫の手を借りましょうか．助手も飼い猫もいない私がよく使う方法を，二つ紹介します．

● あらかじめはんだを付けておく

手間がかかりますが，**写真2**のように，あらかじめチップ部品と基板のランドに適量のはんだを付けておきます．それからピ

1005サイズ・クラスの極小部品は竹串ピンセットで

column

外形サイズ1.6×0.8 mmの1608タイプのチップ部品くらいまでなら，市販のピンセットでも扱いは楽です．しかし，1.0×0.5 mmの1005タイプや0.6×0.3 mmの0603タイプともなると，つかんだと思ったら力を入れすぎてすべってしまい，パチンと跳ね飛んで二度と見つからなくなることもしばしばです．

そういった極小部品をつかむのに便利なピンセットを手作りしてみたので紹介します．

● 100円ショップの竹串を活用

まず「鉄砲串」と呼ばれる竹串を100円ショップなどで調達します．**写真C**のように長い鉄砲のような形をしており，竹の皮が残っていて丈夫です．

写真C 手作りピンセットに使用する「鉄砲串」

写真D 鉄砲串の先端をカッタで加工する

▶カッタで先を加工

先端を適当に少し切断して平たくし，**写真D**のように縦に切れ目を入れます．必ず竹の皮を上にして切れ目を入れてください．竹の繊維にそって割れ目が入り，部品をつかみやすくなります．

安いので失敗を怖がらず，いくつか試してみるとよいでしょう．切れ目の長さは10 mm程度が良いようです．

▶使ってみよう

写真Eのように1005クラスのチップ部品を上から押さえると，小気味よく割れ目に入ってきます．うまくいかないときは，竹串の裏側からカッタでしごいて先を少し広げてみます．

ピンセットのように力を入れてはさんでいる必要がなく，竹の弾性でうまくつかんでくれます．

〈樋口 輝幸〉

写真E チップ部品をつかんでいるようす

2125ならピンセット

1608を鉄砲串ピンセットでつかむ

3-6 チップ部品や狭ピッチの多ピンICをはんだ付けする技 71

写真4 きれいな仕上がりと「つの」が出た仕上がり

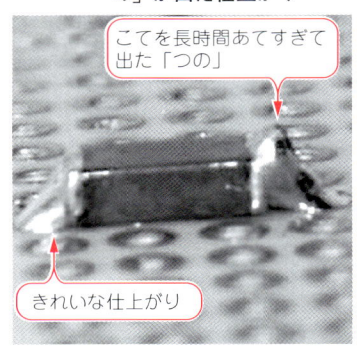

こてを長時間あてすぎて出た「つの」

きれいな仕上がり

写真5 神業？ 二つの手で三つのアイテムを操る

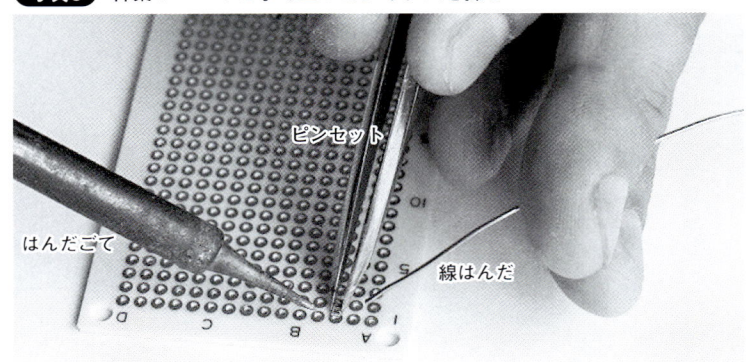

はんだごて
ピンセット
線はんだ

ンセットで部品を固定して，**写真3**のようにはんだごてをあてます．はんだの量と時間が肝です．すばやく行えばフラックスが残っているうちにはんだが流れて，きれいに仕上がります．**写真4**の左側のように瓶入りフラックスを活用しても良いでしょう．ただし，大きめの部品を扱う際，いもはんだになったり，ひげや，つのが出たりしやすい方法です．

● 薬指と小指の間にはんだをはさんで近づける

　中指と薬指でもかまいません．ピンセットを持った手のあいた指を利用して，はんだを近づけます．指の筋肉が引きつりそうですが，慣れると手軽で便利な方法です．はんだ付けに慣れない人が見るとすごい技に見えるらしく，じっと私の手元**写真5**を見ていた人から「神業だ！」などと言われて，まんざらでもない気分になったことがあります．

　部品が2125サイズくらいになると，片方をはんだ付けしたあとに，もう片方をはんだ付けしようとすると，最初に付けた側にまで熱が伝わってしまい，部品がこて先にくっついてくることがあります．最後までピンセットでしっかり固定しましょう．

〈樋口　輝幸〉

フローとリフロ column

　はんだ付けの工程には，はんだごてを使って一つ一つの部品を手付けする方法以外に，フローとリフロと呼ばれる方法があります．フローとは**図D**に示すように，加熱して溶けた液体状のはんだ槽の上にプリント基板を流し，部品と基板の接合部にはんだ付けを行なう方法です．主にリード・タイプの部品に使用します．

　一方，リフロとは**図E**に示すように，予めプリント基板のパターンに合わせてペースト状のはんだ（クリームはんだ）印刷し，その上にチップ部品を載せて熱を加え，はんだ付けを行う方法です．加熱方法には赤外線式や熱風式などがあります．主に表面実装部品のはんだ付けに用いられます．部品の小型化・高密度実装化の進展に伴い，現在ではこの方式が主流となっています．

〈島田　義人〉

図D リード・タイプ部品のプリント基板への主な実装方法はフロー

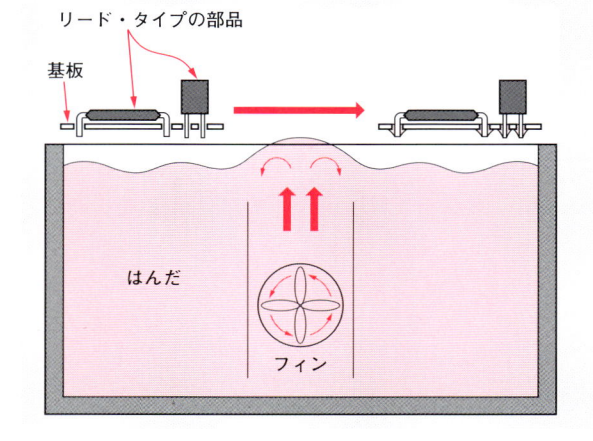

リード・タイプの部品
基板
はんだ
フィン

図E 表面実装部品のプリント基板への主な実装方法はリフロ

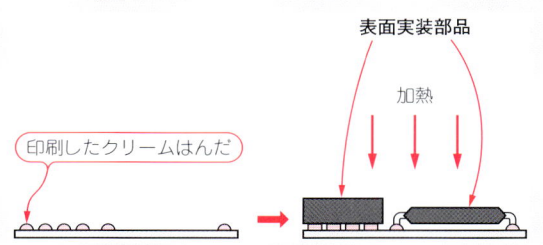

表面実装部品
加熱
印刷したクリームはんだ

2　0.65mmピッチの多ピンICのはんだ付け

写真6　1.27mmピッチのICと変換基板

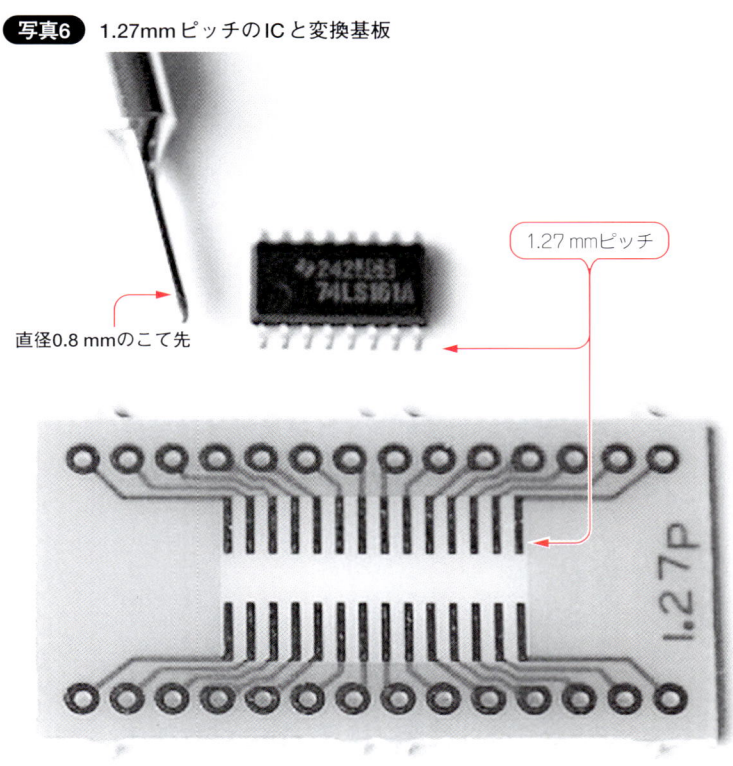

1.27mmピッチ

直径0.8mmのこて先

ICB-010（サンハヤト）

写真7　0.65mmのICと変換基板

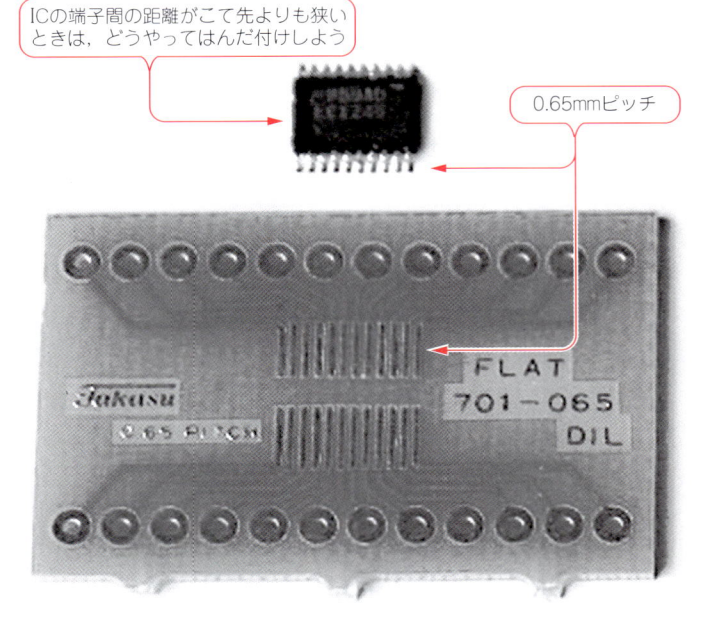

ICの端子間の距離がこて先よりも狭いときは，どうやってはんだ付けしよう

0.65mmピッチ

FLAT-701-065-DIL（タカス電子製作所）

● 女神の技

　私が働いていた工場の製造現場で，技能士の中にかなりレベルの高いはんだ付けの技術をもつ女性がいました．当時，設計ミスから32ビットのバスをICに接続するところで，上位ビットと下位ビットを互い違いにして基板を作ってしまいました．

　ICは表面実装タイプで0.5mmピッチです．100本近い配線をパターン・カットし，線材でICのピンと基板をつなぐ改造をしなければなりません．自分で改造しようと試みましたが，丸1日かかっても終わりません．

　そこで，その女性技能士にお願いしたところ，わずか30分程度で難なくこなしてしまいました．しかも美しい（女性もはんだ付けも！）．

　同じような改造を急遽，米国のソフトウェア開発会社に出張し，現地で行いました．出張してもらった女性技能士の手元を見ていた米国の技術者は，目を丸くして「アンビリーバボー！」と言ったそうです．

● 1.27mmピッチのICのはんだ付け

　写真6の1.27mmピッチくらいのフラットICなら，細いはんだ線とはんだごてを使い，1本1本ていねいにはんだ付けしましょう．

　これぐらいならちょっと慣れれば大丈夫です．先に紹介した女性技能士なら，0.5mmピッチでもこの方法で大丈夫でしょう．

3-6　チップ部品や狭ピッチの多ピンICをはんだ付けする技

● 0.65mmピッチ以下のICのはんだ付け

写真7のように0.65mm以下のピッチになると，端子を1本1本はんだ付けするのは簡単ではありません．すぐに隣り合うピンどうしがはんだでくっついたりします．

そこではんだ吸い取り線を使って，ICのピン間のはんだを吸い取って，きれいに仕上げる方法を紹介します．

まず**写真8**のようにまずICを固定し，瓶入りフラックスを塗ります．隣のピンとくっつくことは気にせず，**写真9**のようにピン全体をはんだ付けします．

次に**写真10**に示すように，はんだ吸い取り線で余分なはんだを除去します．

基板と，ICのピンとの間にすきまがあると，必要なはんだも吸い取られてしまいます．

● ブリッジに注意

部品のピンとピンとの間に，はんだが残った状態を「ブリッジ」と呼びます．ブリッジは故障の原因になります．

特にはんだが糸を引いて「ひげ」のように細いものは，見えにくくやっかいです．拡大鏡で入念にチェックし，それでも心配なら，ショートしていないかテスタで確認します．

写真10(b)では，ブリッジが残ってしまっていることに注意してください．この場合，再度はんだ吸い取り線を使って取り除きます．

うまくとれないときは，瓶入りフラックスを再度，塗ってみましょう．　　　〈樋口 輝幸〉

写真8 瓶入りフラックスを塗る

クリップで固定
フラックスを塗る

写真9 はんだを端子に多めに盛る

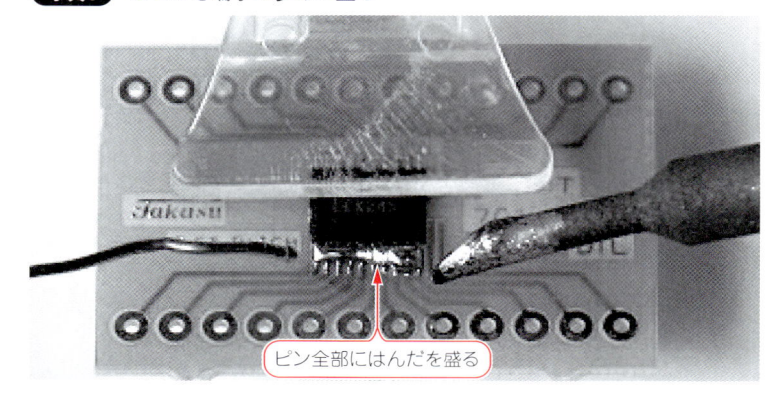

ピン全部にはんだを盛る

写真10 はんだ吸い取り線で余分なはんだを取り除く

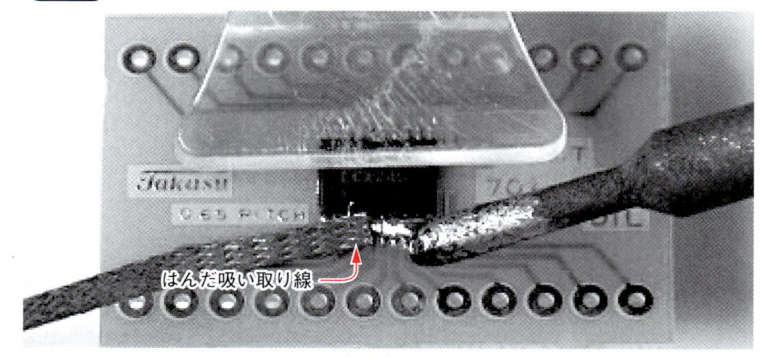

はんだ吸い取り線

(a) 吸い取り前

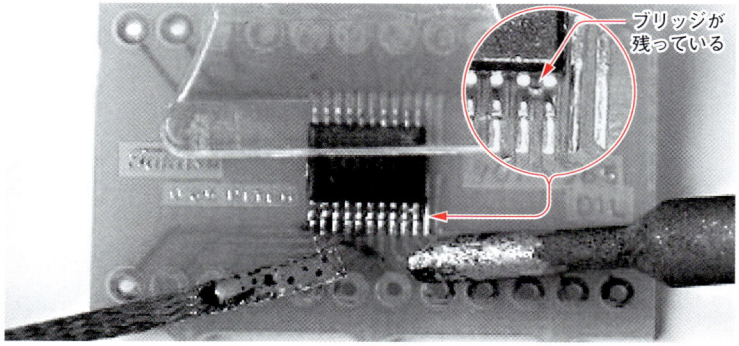

ブリッジが残っている

(b) 吸い取り後

3-7 はんだ付けの状態を見極める
形状や輝きからわかるはんだ付けの良し悪し

● 良いはんだ付けの形状

はんだ付けの良し悪しは **写真11** のように，はんだ面の輝きと形状で判断できます．良いはんだの形状は，**図13** に示すように，富士山のような長い裾を引いています．裾広がりの形状になっている箇所を，フィレットと呼んでいます．はんだの表面はきれいな光沢で艶があります．

良くないはんだの形状はだんご状だったり，はんだ面につのが出ていたりしています．光沢もなく色がくすんで見えることがあります．

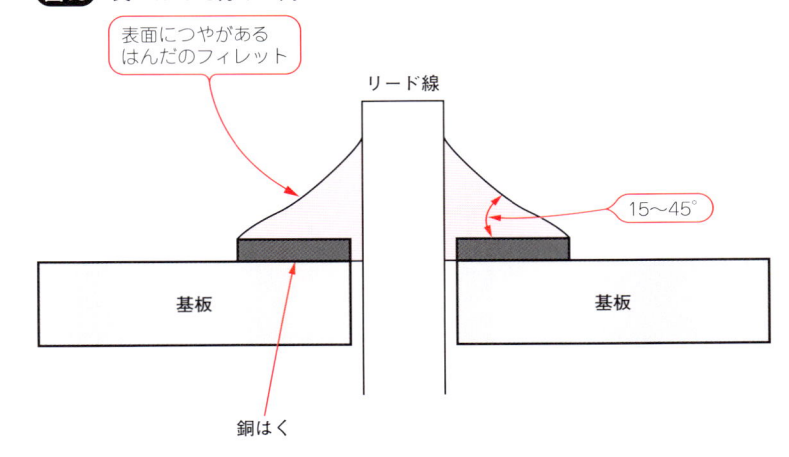

● はんだ付け不良の一例

はんだ付けがうまくできない原因は，加熱の過不足，はんだ付けする箇所の酸化，手順が違う，というのがほとんどです．

ビギナに多く見られるのが，一度はんだごてにはんだを乗せ，それを接合部分に持っていくやり方です．はんだは接着剤ではありませんので，これはいけません．

はんだの中に含まれているフラックスが蒸発してしまうため，はんだがランドや部品となじみにくくなります．**図14** に一般的な不良症状とその原因について示します．

▶はんだ付け不完全/不足 図14(a)

部分的にしかはんだ付けされていない状態です．引っ張ると簡単にはずれることがあります．

発生原因として，

● 銅はくの部分には熱が伝わっているが，リード線に熱が伝わっていない

● リード線が酸化している，または汚れている

などが考えられます．

対策としては，リード線を重点的に加熱しながら，わずかにはんだを追加します．それでもだめな場合は，部品を一度はずしてリード線の酸化物を除去し，再度はんだ付けするか，酸化した部品を交換します．

▶トンネルはんだ 図14(b)

外観上ははんだ付けされて見えますが，内部に隙間があり接続が不完全な状態です．引っ張ると簡単にはずれることがあります．

発生原因としては，はんだ付けの直後に，基板やリード線を動かしたことが考えられます．

はんだが完全に固まるまで，目安として4～5秒間は動かさないことです．

▶いも付けはんだ 図14(c)

はんだ表面につやがなく，白っぽく金属的な光沢に欠け，ざらざらしているのが特徴です．機械的強度に劣り，振動や衝撃に弱いという欠点があります．

発生原因は，冷却過程ではんだ付け部分を動かしたために生じるコールド・ソルダリングと，加熱時間の長すぎ，加熱温度の高すぎ，合金層の多量生成などが原因で生じるオーバ・ヒートが挙げられます．

はんだ吸い取り線などで古い

写真11 はんだ付けの良し悪しの外観

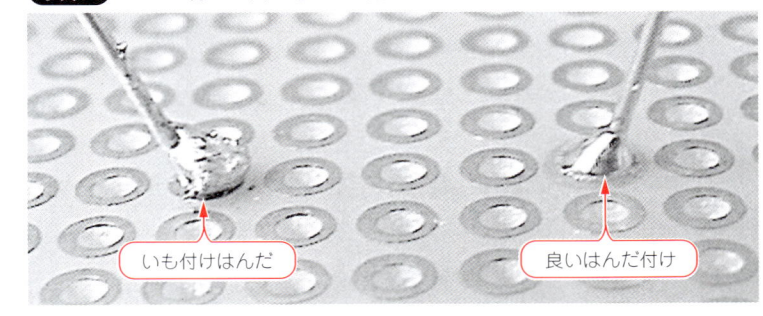

- いも付けはんだ
- 良いはんだ付け

図13 良いはんだ付けの例

- 表面につやがあるはんだのフィレット
- リード線
- 15～45°
- 基板
- 銅はく

図14 はんだ付け不良の例

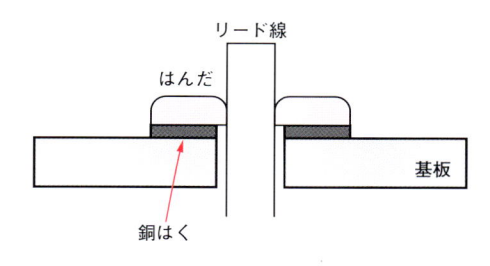

(a) はんだ付け不完全/不足

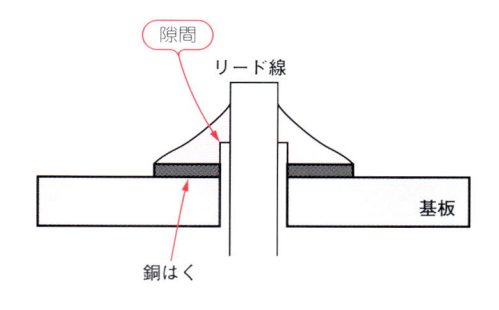

(b) トンネルはんだ

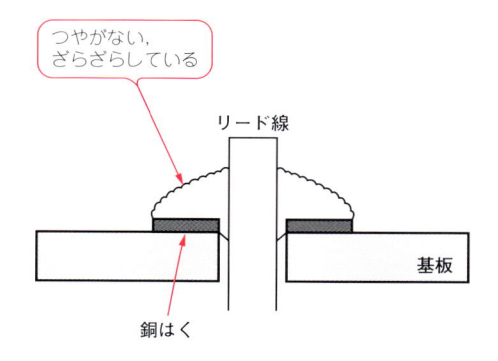

(c) いも付けはんだ

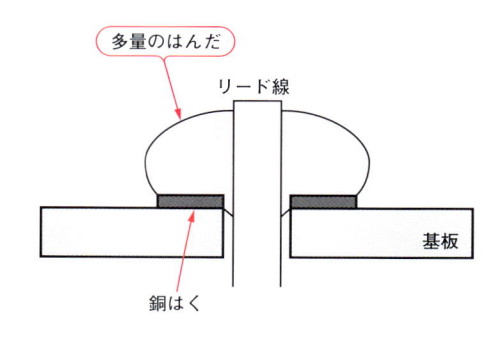

(d) だんご付けはんだ

はんだを吸い取ってから，もう一度はんだ付けをやり直します。

▶ **だんご付けはんだ** 図14(d)

はんだ量が多く，ダンゴ状に盛り上がっている不良です．一見すると，たくさんはんだが付いているので丈夫そうに見えますが，中では導通不良を生じていることがあります．

はんだ吸い取り線などで古いはんだを吸い取ってから，新しいはんだを少しだけ足して修正します．

▶ **はんだ過少** 図14(e)

はんだの量が少なく，基板の銅はくがはんだで隠れていない不良です．

糸はんだの供給が少ないので，糸はんだの送り量を増やします．

▶ **はんだのつの** 図14(f)

このはんだ付け不良は，はんだがつののように突き出ているので「はんだのつの」と呼ばれています．折れたつのが回路をショートしてしまうことがあります．また，指などに刺さって怪我の元にもなります．

つのの原因として，はんだ付けの時間が長すぎる，こての温度が高すぎる，などが挙げられます．

▶ **リードのひげ** 図14(g)

はんだ付けの不良でわりと多いのが，リード線のひげによる接触です．はんだ付けをした端子からリードより線の端がはみ出し，ひげのように宙に浮いた状態です．なんらかの拍子であらぬところと接触してしまうと，これが誤動作や故障の原因となります．リード芯線の跳ね

たものは，カットしてからはんだ付けします．

▶ **はんだブリッジ** 図14(h)

はんだにより希望しない部分がつながってしまい，ショート(短絡)する不良です．はんだこての操作ミスや，はんだが多いことが原因です．はんだ吸い取り線などで，ショートしているはんだを吸い取ってから，少しだけ新しいはんだを足して修正します．

▶ **銅はく浮き** 図14(i)

基板の銅はくが基材から浮いている不良です．はんだ付けの時間が長すぎたり，手直しなどで基板を加熱しながら部品を動かしたときに銅はくが浮いてしまう場合があります．はんだ付けの手直しは，はんだ除去と部品を動かす作業を分ける必要が

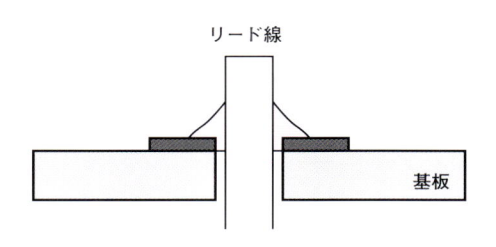

(e) はんだ過少

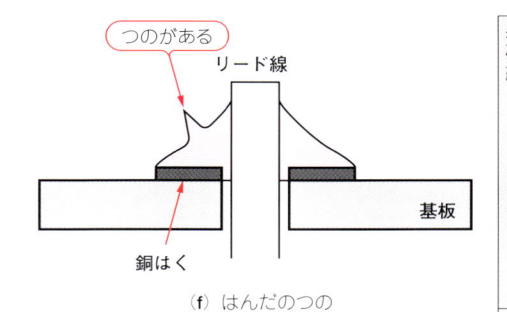

(f) はんだのつの

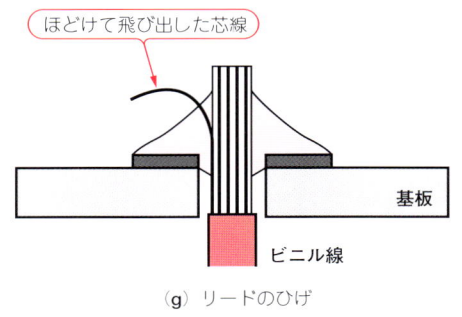

(g) リードのひげ

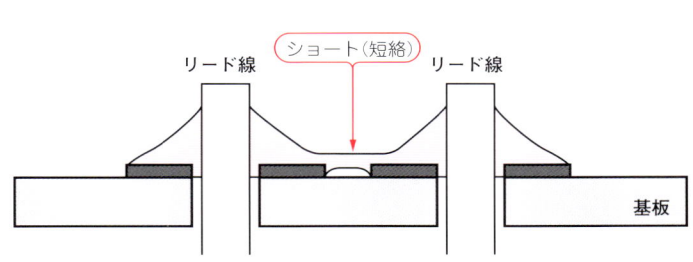

(h) はんだブリッジ

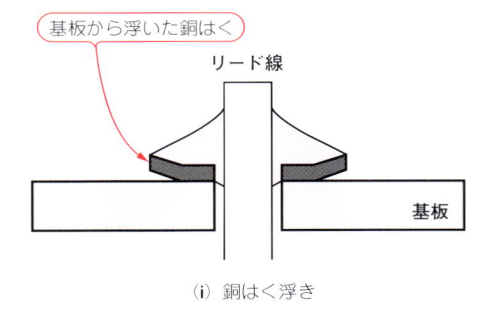

(i) 銅はく浮き

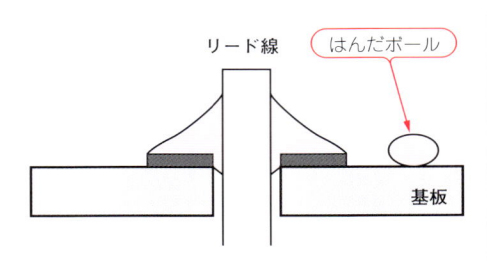

(j) はんだボール/はんだ飛散

あります．

▶ はんだボール/はんだ飛散
図14(j)

はんだボール（屑）がはんだ付け周辺へ飛び散っている不良です．はんだごての温度が高すぎる場合に発生します．

▶ 被覆のこげ **図14(k)**

はんだごてが接触したことによってビニル線の被覆がこげてしまった不良です．

〈島田 義人〉

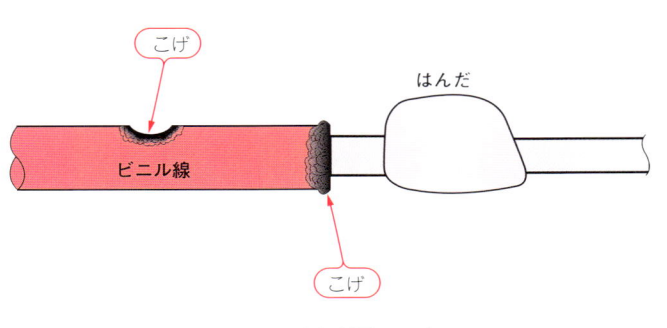

(k) 被覆のこげ

徹底図解★電子回路の工作テクニック

第4章
はんだ付けした部品のスムーズな交換に欠かせない

部品を取り外す技

4-1 DIP部品を取り外す技
ソケットや基板から多ピンのICを取り外す

1 ICソケットに装着されたDIP部品を取り外す

写真1 ICエクストラクタ

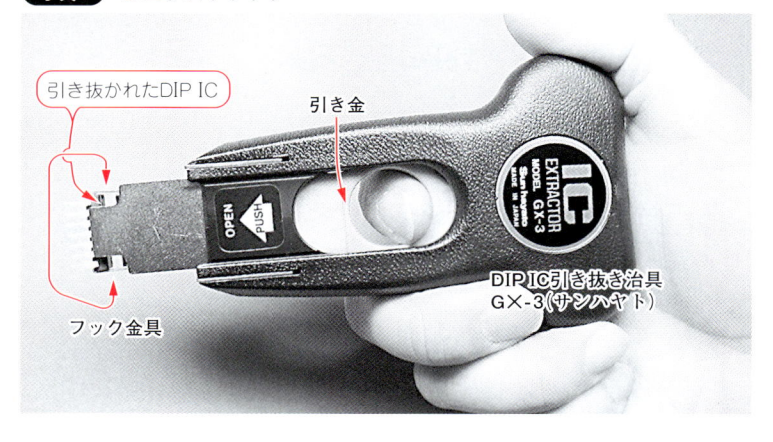

- 引き抜かれたDIP IC
- 引き金
- フック金具
- DIP IC引き抜き治具 GX-3（サンハヤト）

写真2 14ピンDIPを引き抜いているところ

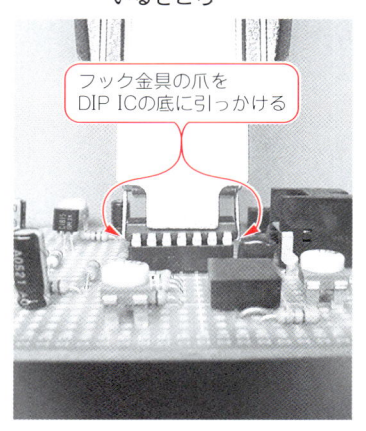

- フック金具の爪をDIP ICの底に引っかける

図1 ICエクストラクタの使い方

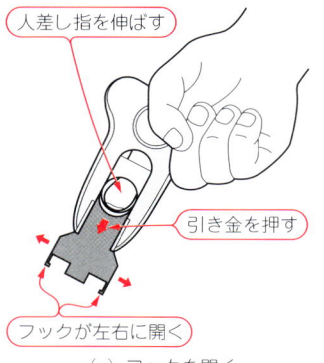

(a) フックを開く
- 人差し指を伸ばす
- 引き金を押す
- フックが左右に開く

(b) ICをつかんでソケットから外す
- 引き金を引く
- フックにICを引っ掛ける

(b) ICをフックから外す
- 引き金を押す
- フックが開く

　ICソケットに装着されているDIP部品は取り外しにくいものです．4ピン程度のICなら素手でも取り外せますが，14ピン以上ともなると難しくなります．そこで**写真1**に示す「ICエクストラクタ」と呼ばれるICを引き抜く治具が市販されています．**写真2**に使っているようすを示します．ソケットからICを片手で簡単に外せます．使い方を**図1**に示します．

　ICの幅やピン数によって数種類のモデルがあります．

〈島田　義人〉

2 はんだ付けされたDIP部品を取り外す

図2 はんだ吸い取り器の使い方

- ノズル
- リリース・ボタン
- シャフト
- セット・ノブを押し入れる

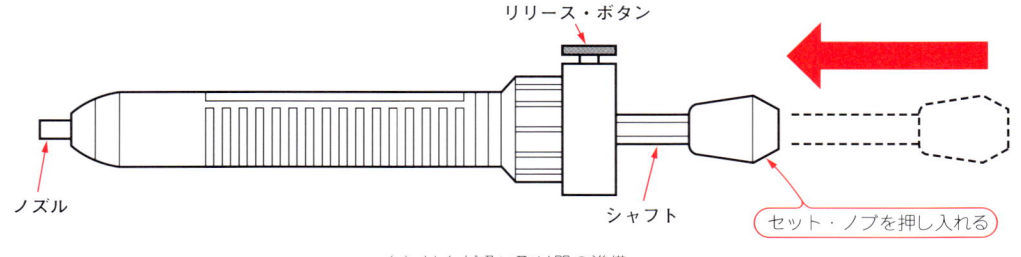

（a）はんだ吸い取り器の準備

- 除去したいはんだを十分に溶かす
- はんだごて
- 部品

（b）はんだごてで加熱して除去したいはんだを溶かす

- ② リリース・ボタンを押す
- ① 溶かしたはんだにノズルを近づける
- ③ はんだを吸い取る
- 部品

（c）はんだ吸い取り器ではんだを吸い取る

写真3 はんだ吸い取り器ではんだを除去しているところ

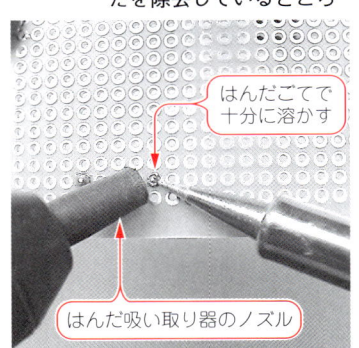

- はんだごてで十分に溶かす
- はんだ吸い取り器のノズル

写真4 はんだ吸い取り器を使ってはんだを除去する前後のようす

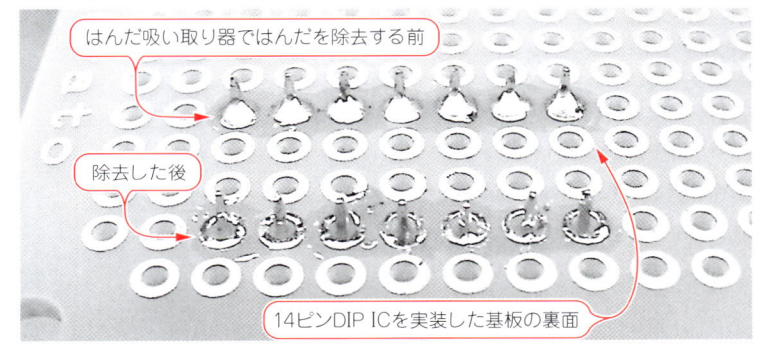

- はんだ吸い取り器ではんだを除去する前
- 除去した後
- 14ピンDIP ICを実装した基板の裏面

　DIP部品の端子が直接はんだ付けされている場合，まずは，はんだ吸い取り器やはんだ吸い取り線を使って，端子やランドに付いているはんだを取り除きます（1-4節「はんだを吸い取る道具」参照）．

ICチップは熱に弱いため，溶けたはんだを一瞬で吸い取れるはんだ吸い取り器のほうが適しています．

　はんだ吸い取り器の使い方を**図2**に示します．吸い込む直前まではんだごてを当てて，十分にはんだを溶かしておくことがポイントです（**写真3**）．

　写真4にはんだ吸い取り器ではんだを除去した前後の写真を示します．状態を比較すると，フィレット（富士山形に付いたはんだ）がなくなっているのがわかります．

　全ピンのはんだが除去できたら，DIP ICの場合はICエクストラクタを使うと簡単に取り外せます．　　　　〈島田 義人〉

4-1　DIP部品を取り外す技　　79

DIPは試作が簡単

● 表面実装用のSOPパッケージ

写真Aに20ピンのSOP(Small Outline Package)パッケージのR8C/Tinyマイコンの外観を示します．SOPとはICチップのパッケージ方式の一つで，平たい長方形のパッケージの両方の長辺に，外部入出力用のリードを並べたものです．主に表面実装用で，実験しやすいパッケージとはいえません．

● 実験しやすいDIPパッケージ

一方，写真Bに示すように，2.54 mmピッチのDIP(Dual Inline Package)パッケージに封止されたR8C/TinyマイコンSR8C15CPも販売されています．SOP版とピン配置は同じです．

DIPパッケージは，平たい長方形のパッケージの両方の長辺に，外部入出力用のピンを2.54 mmピッチで並べたものです．パッケージ方式としては一般的ですが，ピン数に限度があるため，32ビットのマイクロプロセッサなど，外部との接続に多数のピンが必要なものには向きません．しかし，0.1インチ(2.54 mm)間隔で足が並んでおり，ユニバーサル基板に直接実装できるなど，実験しやすいパッケージといえます．

● 変換基板を使ってSOPをDIPに

写真Cに28ピンSOPパッケージのICにDIP変換基板を使った一例を示します．DIP変換基板は0.1インチ(2.54 mm)間隔で足が並んでおり，ユニバーサル基板に間接的に実装できるなど実験しやすくなっています． 〈島田 義人〉

写真A SOPパッケージのICの例

表面実装タイプのR8C/1Tinyマイコン（ルネサス テクノロジ）

写真B DIPパッケージのICの例

DIPタイプのR8C/Tinyマイコン（サンハヤト）

ユニバーサル基板の穴と同じ
2.54ピッチ

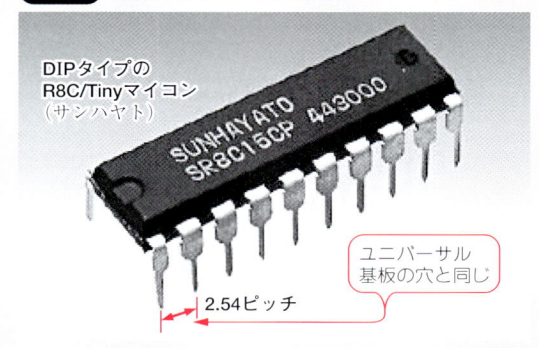

写真C SOPパッケージのICをDIP変換基板に搭載したところ

SOPパッケージのIC
DIP変換基板

4-2 チップ部品/SOP部品を取り外す技
(はんだを追加する)

● はんだごて2本

抵抗やコンデンサ，トランジスタなどのチップ部品を外してみましょう．小さい部品を外すには，はんだごてを2本使うと便利です．武士の魂ならぬ電子技術者の魂「はんだごて」の二刀流ですね．

付いているはんだが少ないときは，こて先がきちんと当たらないので，まず多めにはんだを盛ります．次に2本のはんだごてで両端を温めて，写真5のように挟み込みながら上へ持ち上げます．

部品の裏面に接着剤が付いていて，外しにくいときがありますが，そのときは横方向へずらしてみます．たいていこて先に部品がくっついてきますが，私は「投げて」外します．はんだごてが何かにぶつかるとこてが傷むので，手首のスナップをきかせて部品を余分なはんだごと放り投げるのです．

うまくできないときは，写真6のようにすばやくはんだクリーナにこすりつけて外します．部品をいつまでもこて先にくっつけておくと，部品が壊れてしまいます．

● 低温はんだを使った部品取り外しキット

ピン数が多いICは，どうやって外せばよいでしょうか．20ピンなど端子の少ないICなら，はんだをたっぷり盛って，こて2本で外すこともできます．しかし，QFPタイプになると，なかなかそうもいきません．強力なドライヤを使う方法もありますが，取り扱いが困難なうえ，加熱しすぎてしまいがちです．

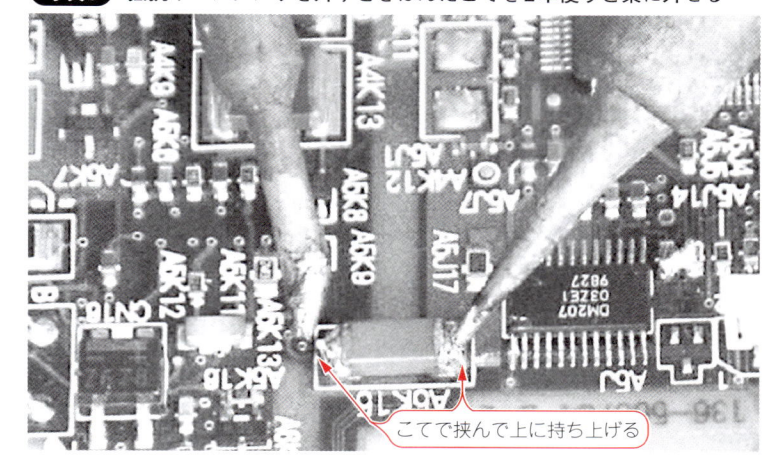

そこで，写真7に示す低温はんだと専用フラックスのキットの登場です．58℃で溶ける特殊なはんだを使用し，固まりにくくなることを利用して，楽に，しかも部品を余計に加熱することなく外すのです．

使いかたを説明します．注射器に入った専用のフラックスをICの足に塗ります．次に専用の特殊はんだをはんだごてで溶かして，写真8のように部品の足に盛っていきます．ICを横にずらすかピンセットで持ち上げると楽に外れます（写真9）．

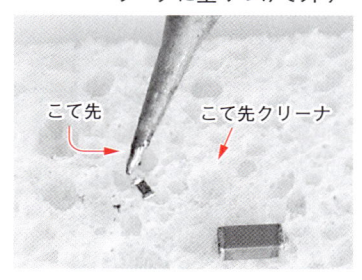

● 仕上げはフラックスとはんだ吸い取り線で

部品を外した後は，余分なはんだをきれいに取り除きましょう．特に多端子のICは，前述のような外しかたをすると端子間がはんだで埋まってしまうので，きれいに取り除くコツを身

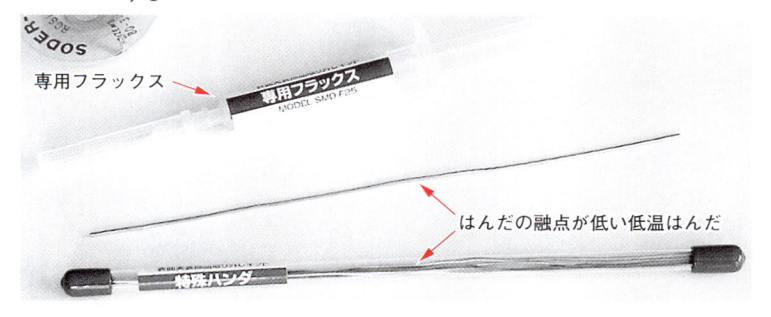

写真5 抵抗やコンデンサを外すときはんだごてを2本使うと楽に外せる

こてで挟んで上に持ち上げる

写真6 外した部品はこてさきクリーナに塗りつけて外す

こて先　こて先クリーナ

写真7 端子の数が多いICの取り外しには低温はんだを使ったキットを利用する

専用フラックス

はんだの融点が低い低温はんだ

写真8 低温はんだをICの足にたっぷり盛る

写真9 ピンセットでICを優しくすばやく持ち上げる

ピンセットでもち上げる

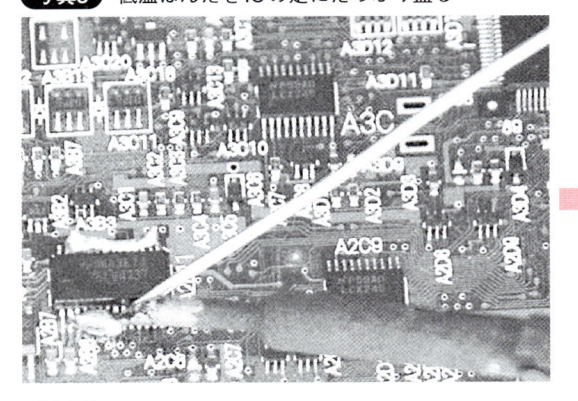

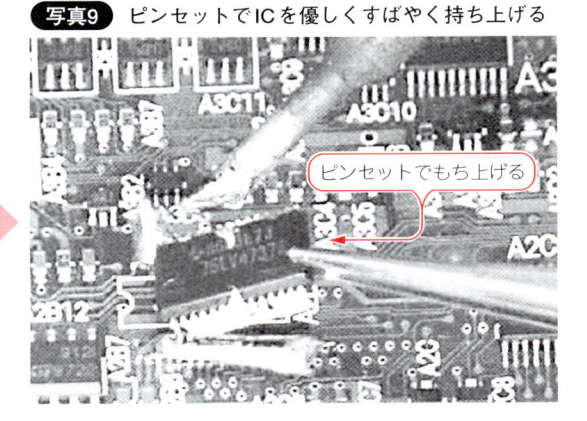

写真10 取り外したICに残ったはんだは吸い取り線で吸い取る

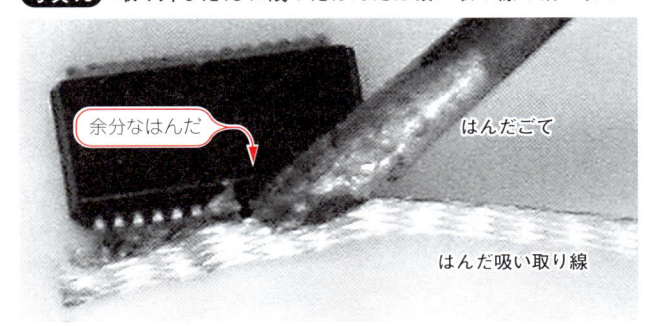

余分なはんだ

はんだごて

はんだ吸い取り線

(a) 作業前

(b) 作業後

に付けましょう．

　はんだ吸い取り器を使う手もありますが，強力すぎて失敗しがちです．そこではんだ吸い取り線が活躍します．しかし，これだけだと多ピンのICなどはうまく外せません．「ぬれ」の具合が足りず，特に狭いピッチのICでは，はんだがどうしても残ってしまいます．

　まず，取り外したICの足にフラックスを塗っておきます．それから**写真10**のようにはんだ吸い取り線の上からはんだごてを押し当てます．すると，余分なはんだをとてもきれいに吸い取れます．　〈樋口　輝幸〉

SOP部品を取り外す技　　　　　　　　　　　　　　column

　SOP部品を取り外すときは，**写真D**に示すニードルのように先端部分のとがったものや，薄くてはんだの付かない金属などを使うとよいでしょう．

　取り外しの手順は次のとおりです．
① はんだ吸い取り線やはんだ吸い取り器を使用して，SOP部品の端子の周りの余分なはんだを吸い取ります．
② **写真E**に示すように，こてで加熱してはんだを溶かしたところで，SOP部品の足とはんだ-パッド間にニードルを差し込みます．このとき，ニードルの先端で基板を傷つけないようにしましょう．

〈島田　義人〉

写真D ニードルの先端

写真E こてとニードルを使ってSOPパッケージをパッドからはがす

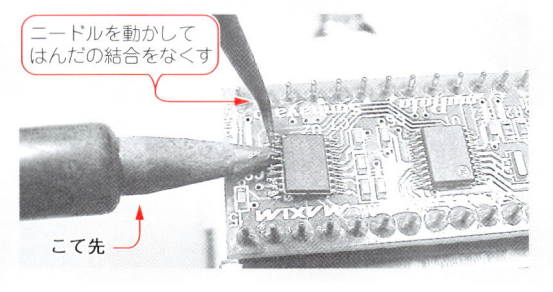

ニードルを動かしてはんだの結合をなくす

こて先

徹底図解★電子回路の工作テクニック

第5章
試作基板を収納するケースを自作する

アクリル加工の方法

樋口 輝幸

5-1　美しい溝の入れ方がポイント　アクリル板を切る

1　材料や工具の準備

写真1 アクリル板を使った自作ケース

写真2 アクリル板のいろいろ

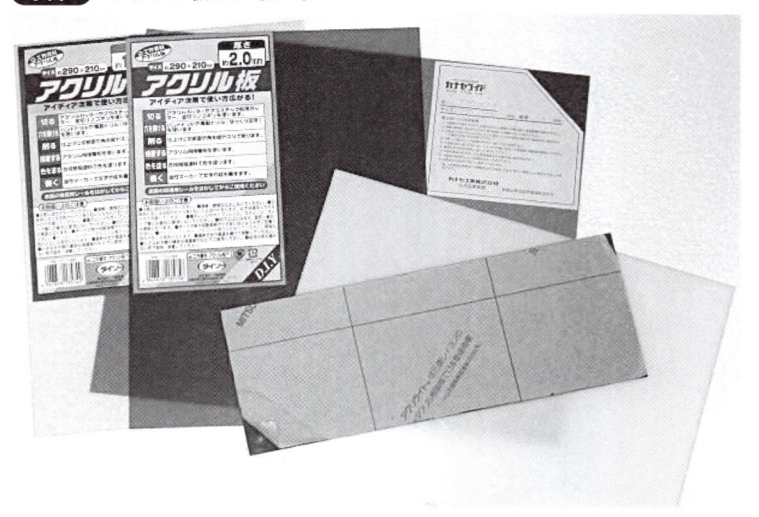

電子工作の醍醐味はいろいろありますが，自作ケースに組んで装置に仕上げることもその一つではないでしょうか．

アクリルは樹脂なので，アルミより切断や穴あけなどの加工がしやすく，熱を加えることで曲げられます．ただの四角い箱だけではなく，曲線をもったケースの製作も可能です．また，ほかの種類の樹脂に比べて硬めなのでケースに適しています．

本章では，**写真1**のようなアクリル板を加工したケースを作る方法を紹介しましょう．手軽に好きな形状のケースを作ることができますよ．

● 材料の準備

まず材料を入手しましょう．アクリル板は，ホーム・センタや日曜大工店で入手できます．大きな店なら専用コーナがあり，接着剤や専用工具などもいっしょに置いてあって便利です．インターネットでも購入できます．

▶ アクリル板の選定

市販のアクリル板はさまざまな厚みのものがありますが，

5-1 アクリル板を切る　83

写真3 アクリルの棒材と蝶番とプラスチックねじ

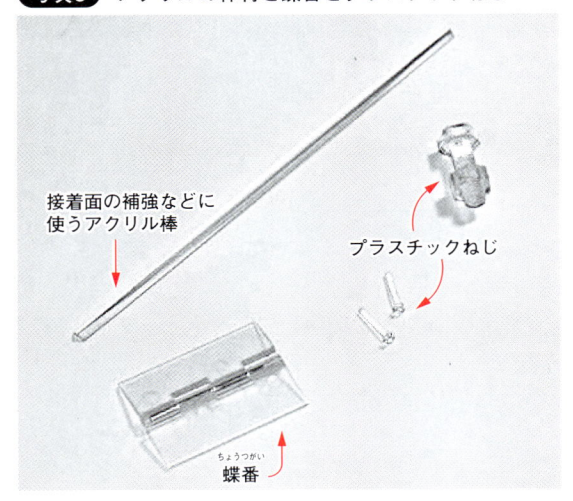

接着面の補強などに使うアクリル棒

プラスチックねじ

蝶番(ちょうつがい)

写真4 アクリルのカッティングに必要な道具

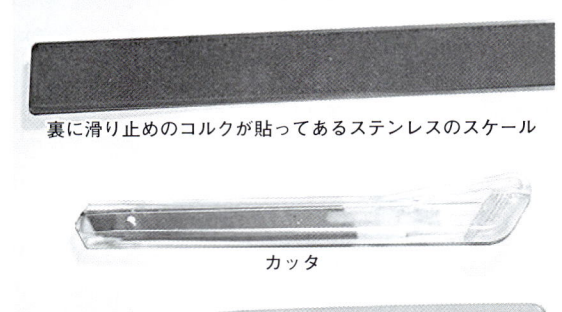

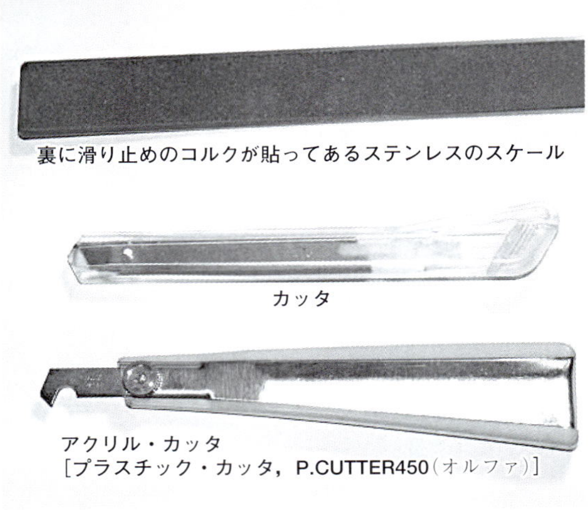

裏に滑り止めのコルクが貼ってあるステンレスのスケール

カッタ

アクリル・カッタ
[プラスチック・カッタ, P.CUTTER450(オルファ)]

1.4～2mmが手ごろで使いやすいでしょう．大きめのケースを作る場合は3mm程度の厚めのアクリル板を使用します．硬さはメーカによって若干異なります．

色は **写真2** に示すように透明から真っ黒までカラフルなバリエーションが特徴です．色付きで透明なものは中の基板が適度に透けて見えるので，自作技術者の心をくすぐります．半透明のケース内でLEDを光らせると美しい効果が得られます．

▶ **板以外の材料**

専用コーナでは， **写真3** のようなアクリル板以外にアクリルの棒材や蝶番(ちょうつがい)なども入手できます．三角形の棒材は接着面の補強に威力を発揮します．プラスチックねじなどもケースをおしゃれに仕上げてくれる強い味方です．

● **カッティングに必要な工具**

アクリル板のカッティングは金鋸でもできますが，アクリル・カッタ(プラスチック・カッタ)が便利です．

カッタをガイドするために，裏に滑り止めのコルクを張ったスチール・スケールがあると便利です．けがき線を入れるための **写真4** のようなカッタ・ナイフも用意しておきましょう．

シールド効果が得られるアルミのケース **写真A**

column

基板の実験だけで終わってしまう場合もありますが，自分で作った基板をケースに入れて眺めたり使ったりすることは，自作派技術者のかけがえのない楽しみです．

私の兄は真空管時代の人間です．もう30年以上前になりますが，兄がよくアルミのシャーシ(箱)と板を買ってきてドリルで穴を開け，リーマやシャーシ・パンチで穴を大きくして真空管を取り付け，アルミの板をパネルにして自作アンプやラジオを作っていました．アルミニウムは，金属のなかでも柔らかくて加工がしやすいのです．

今でもアルミのシャーシは入手できますし，シールド効果があるので高周波回路などには適しています．

〈樋口 輝幸〉

写真A アルミ・シャーシを使った自作ケース

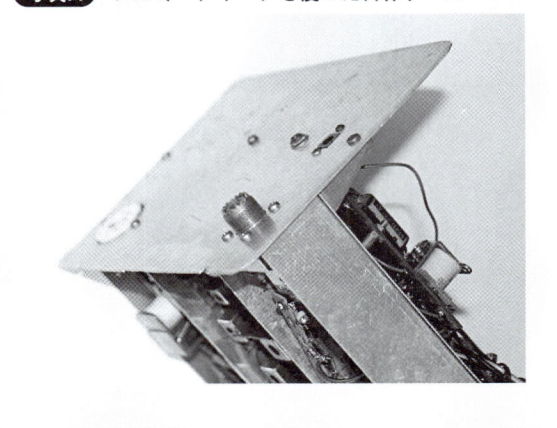

2　アクリル板の切り方

写真5 ペンでカットする線を入れる

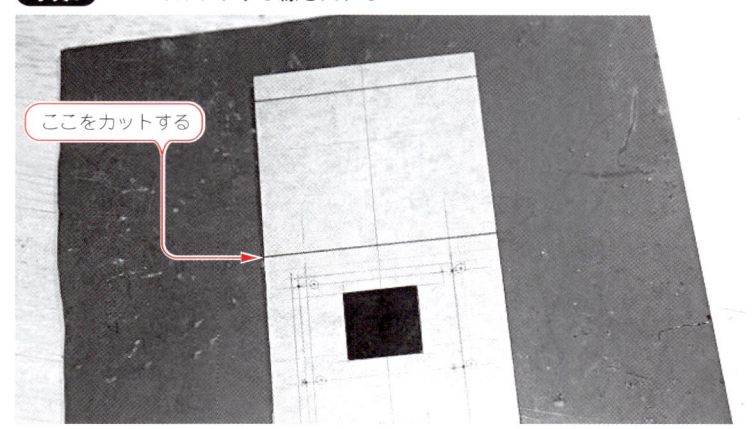

ここをカットする

写真6 カッタでさらにけがき線を入れる

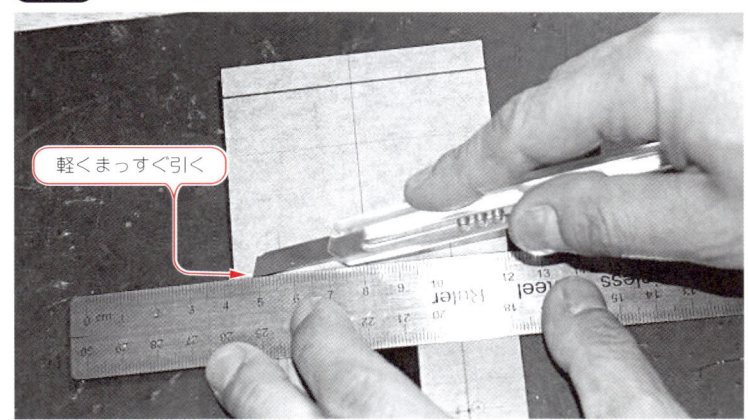

軽くまっすぐ引く

写真7 アクリル・カッタで溝を入れていく

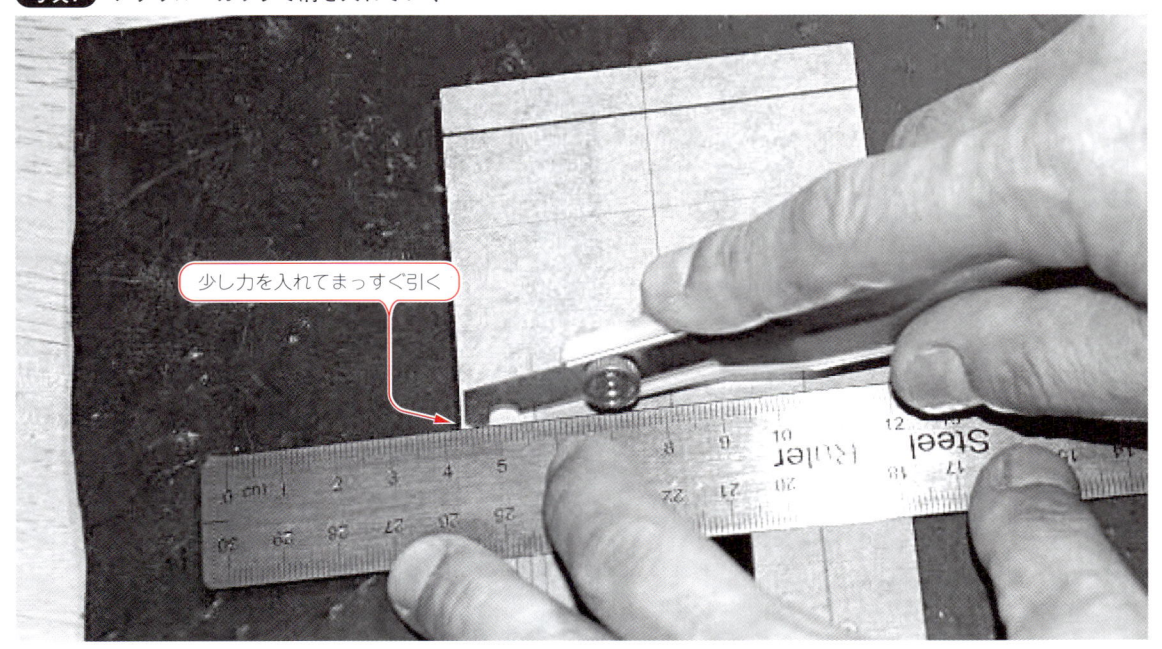

少し力を入れてまっすぐ引く

① 採寸

購入してきたアクリル板は，保護のためにたいてい表面が樹脂フィルムや紙で覆われています．**写真5**のように，まず希望の寸法を測って，ペンなどでカッティングする線をあらかじめ書いておきましょう．

② けがき

いきなりアクリル・カッタで切り始めると表面の保護紙がひっかかってぼろぼろになってしまいます．**写真6**のようにまずカッタでけがき線を入れると同時に，表面の保護紙に切れ目を入れます．このカッタによるけがき線は細いので，ペンで入れた寸法よりカットする線を確実に把握できます．精度を出したい場合は，カッタで入れたけがき線を計り直して確認しましょう．ずれていてもまだ修正できます．

5-1　アクリル板を切る

③ 溝入れ

次に，**写真7** のようにアクリル・カッタでV字形に溝を彫っていきます．最初は軽く，曲がらないようにして，だんだん力を入れていきます．端からていねいに両方向から切っていき，端まで確実に溝を付けます．

端までちゃんと溝が彫れていないと，とんでもない方向に割れて失敗しやすいので気をつけましょう．ユニバーサル基板より硬くて，ガラスに近い割れかたをするのでしっかり溝を彫ることがたいせつです．

裏にも溝を入れますが，透明なアクリルなら表の溝が透けて見えるので，同じ位置に線を入れやすく快適です．正確に裏と表の同じ位置にV字形の溝を彫っていきます．

目安としては，それぞれ1/3くらいの深さまで彫りましょう．そのくらいの深さになるまでアクリル・カッタで繰り返しなぞっていきます．

④ 割る

適度に溝が彫れたら，**写真8** のように手で割ります．ちょっと力を入れると簡単に割れます．

なかなか割れないときは溝をもっと深くしましょう．無理をすると **写真9** のように変な方向に割れて失敗します．

⑤ 削る

割れたあとの面は鋭くて危ないので，**写真10** のようにアクリル・カッタの背で軽く削っておきます．

でこぼこもカッタの背で平らにできますが，ひどいときはやすりで削って整えましょう．

写真8 手で軽く力を入れて割る

写真9 溝が浅いために失敗した例

> 溝が浅いうちに無理に力を入れると思わぬ方向に割れてしまう

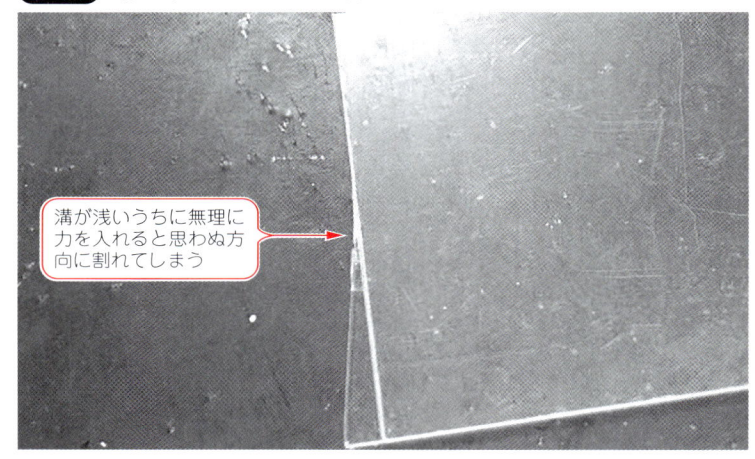

写真10 鋭い切断面はカッタの背で丸みをつける

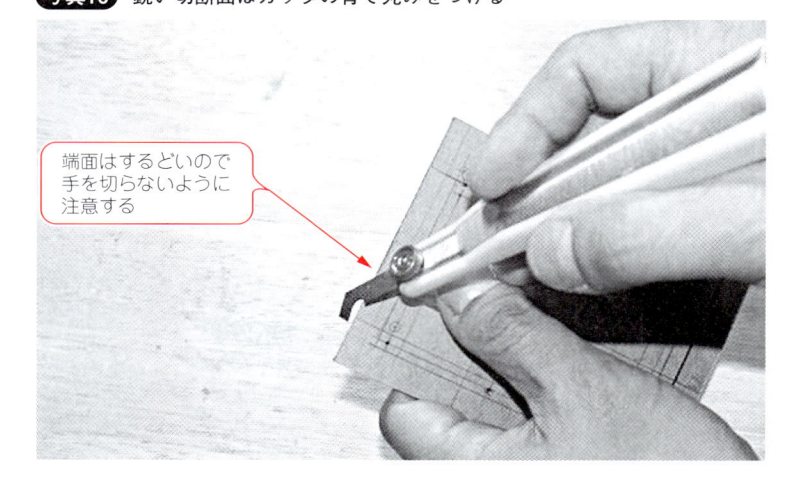

> 端面はするどいので手を切らないように注意する

5-2 熱しすぎず冷ましすぎずがポイント
アクリル板を曲げる

● アクリル板は熱を加えると軟化する

アクリルは樹脂なので，熱をかけるとやわらかくなって曲げることができます．100℃程度から軟化が始まるようです．しかし，常温では硬く透明で耐衝撃性にも優れています．

以前，モールド（成型）ケースを使用した小型の装置を作っていましたが，内部が見えるスケルトンのケースは，構造を確認するのに便利でした．昔は，最初のモールド・ケースを透明の材料で製作し，内部の基板や部品の干渉状態で無理がかかっていないことを確かめてから，不透明の樹脂で量産したものです．

最近は 写真11 のようにケースが透明の製品をよく見かけます．内部が見えることをデザインに生かしているのですね．おしゃれで格好よいと思います．アクリルを使いこなして自作ケースを作れるようになれば，このデザイン・コンセプトを取り入れることができます．

ところでアクリルは透明度が高く，丈夫で軽いので 写真12 のように飛行機の風防にも使われています．切断加工などをしていると気が付きますが，削ると独特の甘い匂いがします．昔，戦闘機が墜落したあとに行ってアクリル製のキャノピー（風防）の破片を拾い，こすると匂いがするので，「匂いガラスと呼んでいたものだ」と父親から聞いたことがあります．

● 曲げ加工に必要なヒータの入手

ホーム・センタなどで 写真13 のような専用の棒状ヒータが市販されていて，これを利用すると便利です．

火災ややけどの危険があり，おすすめはしませんが，私は電気ストーブのヒータをはずして使用しています．ガラス管ヒータを使用している電気ストーブを家内が捨てるというので，もったいないから再利用しました．

ヒータの直流抵抗を測ると 10〜20Ω くらいでした．通常は AC 100 V をかけるヒータですが，30〜40 V 程度を加えるとアクリルを曲げるのにちょうど良い温度になりました．電源

写真11 透明なケースを採用している製品の例

写真12 飛行機のアクリル製のキャノピー

キャノピー

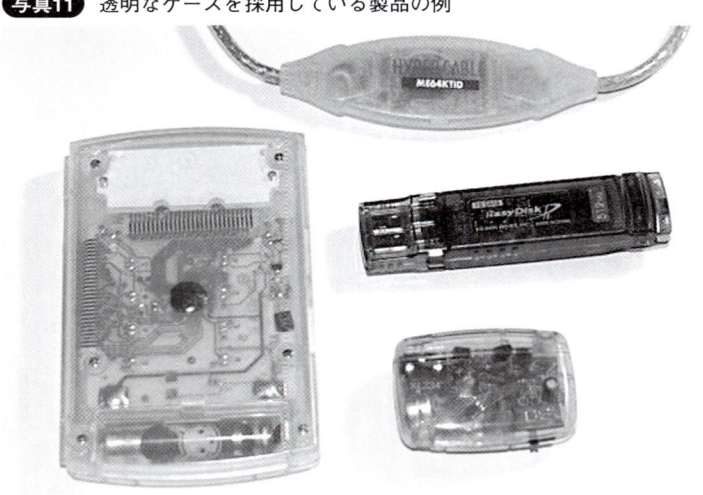

写真13 アクリル加工専用の棒状ヒータ[1]

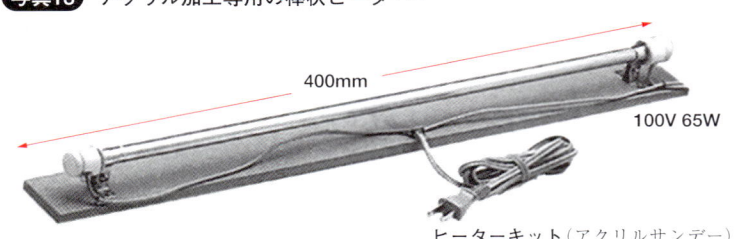

400mm
100V 65W
ヒーターキット（アクリルサンデー）

写真14 電源に使用したトランス

AC 38V

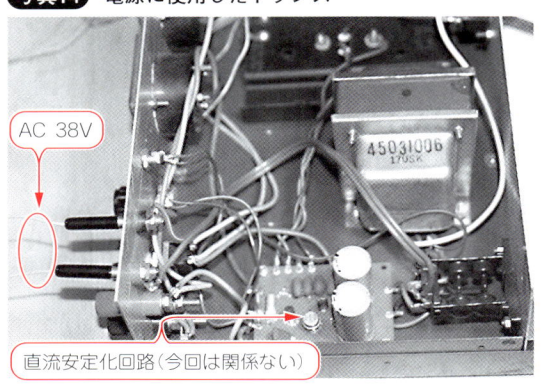

直流安定化回路（今回は関係ない）

写真15 曲げるときの当て材にする木

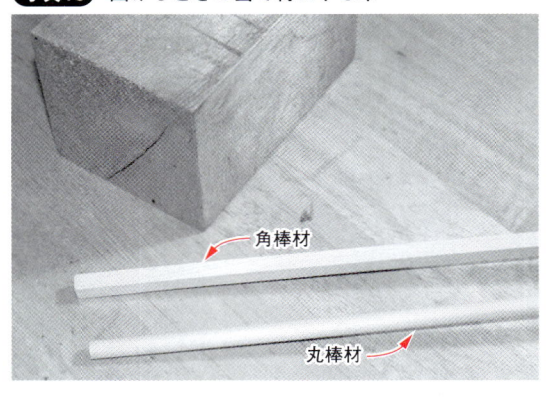

角棒材

丸棒材

は **写真14** の自作した安定化電源のトランス出力（AC 38 V/5 A）を使っています．

しかし本来の使用方法ではないので，試される読者は自己責任で行い，火災やけどに十分に注意してください．また，電気ストーブのように発光しないので，電源の消し忘れに気を付けてください．

心配な方は，専用のヒータをお使いください．

● 当て材の準備

曲げるときの当て材を準備しておきましょう．私は，**写真15** の木の角材や丸棒などをホーム・センタで購入して使っています．身近にある空き箱などを利用してもよいでしょう．

● ヒータを使って温める

まず，曲げる面をヒータに乗せますが，その前にヒータと接触する面の保護カバーをはがしておきます．ビニルの保護カバーは，溶けてヒータにくっついてしまいます．紙の保護カバーも付けたままだと熱の伝わりかたが悪くなるのと，曲げた面がざらついて汚くなるのであまり好ましくありません．

ヒータと接触しない上の面は，保護カバーを付けたままに

写真16 ヒータにアクリルを接触させて重りを乗せる

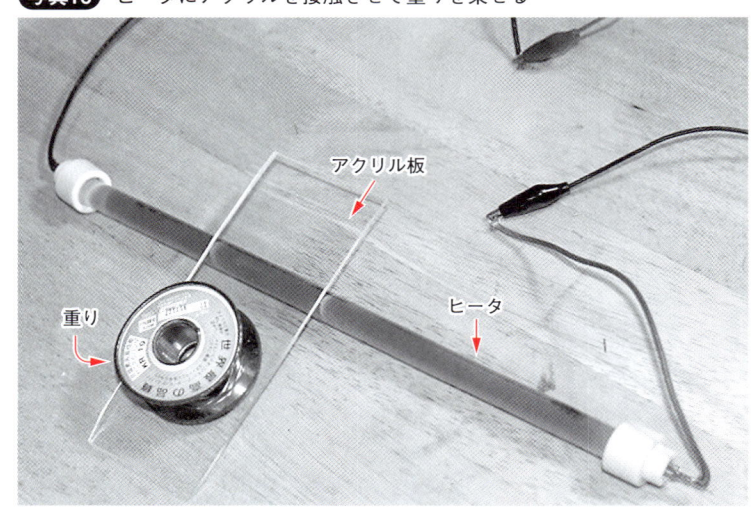

アクリル板

重り

ヒータ

しておいてもよいでしょう．曲げる位置に目印の線を引いておけば確実です．

材料のそりなどで接触が悪いときは，**写真16** のような適度な重りを乗せます．うまく接触させたら電源を入れ，30秒程度待ちます．温度や材料の厚みで時間を加減します．

▶熱をかける時間の目安

ヒータをあてている面の反対側にビニルの保護カバーを残している場合，アクリル板が柔らかくなってくると，**写真17** のように上へそってくることがあります．大きい材料の場合は，下にたれてきます．

写真17 上面にビニルの保護カバーがあるアクリル板は熱が加わるとそってくる

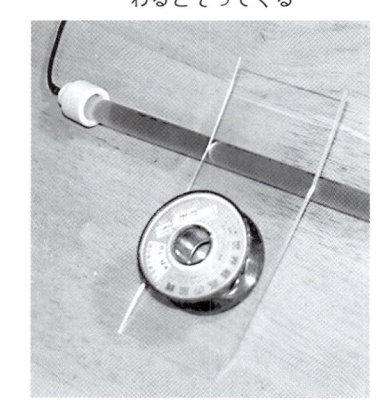

また，じっと見ていると **写真18** のようにヒータと接触してる部分がゆがんできます．そうなったら，**写真19** のように

写真18 ゆがんできた接触面

写真19 指で曲げているようす

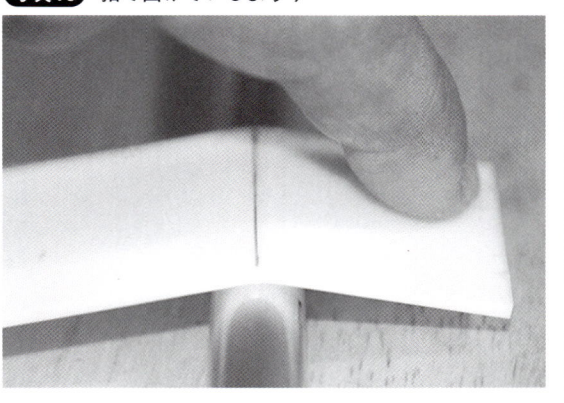

写真20 角棒材の当て木で鋭角に曲げる

角棒材

写真21 丸棒材を当ててゆるやかに曲げる

丸棒材

写真22 角度などを確かめる

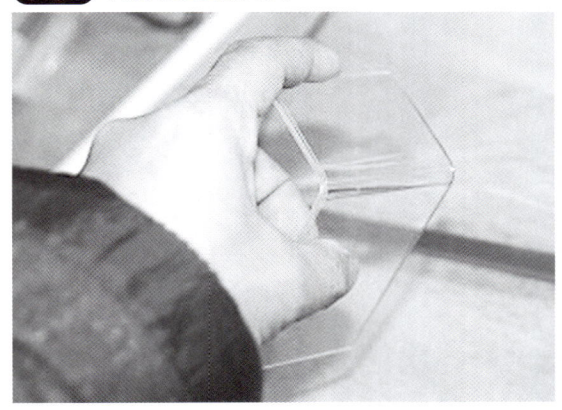

写真23 失敗したら再び温めて修正する

アクリル板がずれないように注意しながら軽く曲がるかどうか確かめます．まだ力がいるようだったら，もう少し待ちます．

▶**熱をかけた後は当て材に当ててすばやく曲げる**

軽く曲がるようでしたら，ヒータの電源を切ります．このあとはどんどんアクリルの温度が冷えて固まってくるので，すばやく作業します．アクリル板をヒータからはずすとき，少し溶けてヒータにくっついている場合があります．ヒータを押さえてアクリル板をはずす場合は，ヒータに直接さわってやけどをしないように気を付けましょう．

鋭角に曲げたい場合は，**写真20**のように角棒材などに当てて上からも角材で押さえます．**写真21**のように丸棒材を使えばゆるやかなカーブで曲げることもできます．

30秒程度で一度棒材を離し，**写真22**のように直角度などを確かめます．柔らかいうちならそのまま修正可能です．失敗したら**写真23**のように再び温めて調整することも可能です．

◆引用文献◆

*（1）アクリルサンデー㈱，主要製品ご案内Vol.5．

5-2 アクリル板を曲げる　89

5-3 穴をあける

ドリル/ルータ/やすりの使いこなしがポイント

1　穴あけ加工に必要な工具

写真24　アクリル加工に威力を発揮するミニ・ルータ

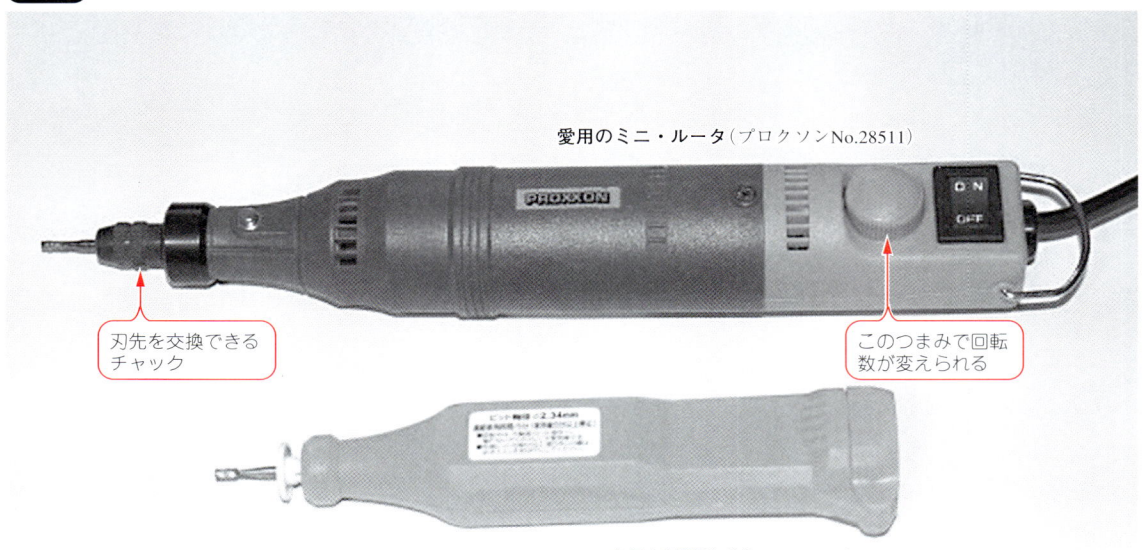

愛用のミニ・ルータ(プロクソンNo.28511)

刃先を交換できるチャック

このつまみで回転数が変えられる

安価な乾電池式ミニ・ルータ
(アクリル加工には力が弱い)

切断と曲げ加工が終わったら，次はねじ穴や窓などの穴あけです．アルミなどの金属ですと大きな穴をあけるのは大変ですが，アクリルなら簡単です．

● とても便利なミニ・ルータ

穴あけで一番重宝しているのは**写真24**のミニ・ルータです．小形の電気ドリルのようなもので，ドリルの刃以外に**写真25**に示すやすりやカッタの刃などいろいろな形の刃(ビットと呼ばれている)が用意されていて，さまざまな加工に使えます．

私が愛用しているのは，プロクソン(PROXXON)社のNo.28511です．アクリル加工に適したパワーをもち，回転数を調整できます．ホーム・センタなどで1万円程度で入手できます．最近では，電池式のものが千円以下で販売されています．模型工作向けなので，削りなどには使えないことはありませんが，アクリル加工の穴あけとなるとちょっと力不足です．

写真25　ミニ・ルータにはさまざまな種類の刃先がある

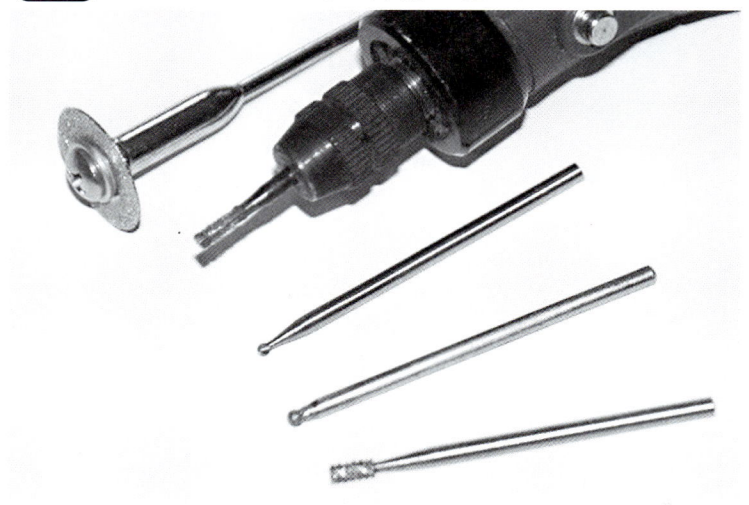

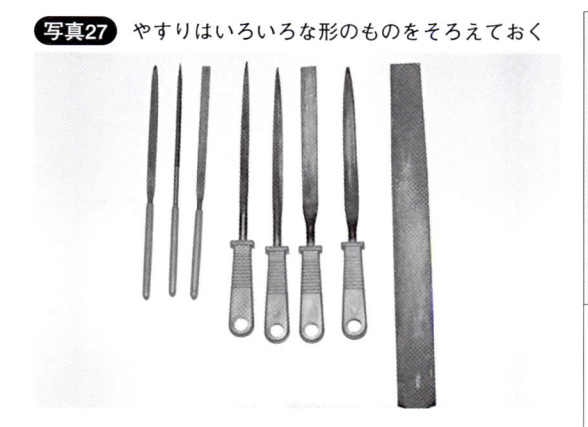

写真26 電気ドリルは安価なドライバ兼用がよい

写真27 やすりはいろいろな形のものをそろえておく

● ドリルは安い電気ドリルで十分

ミニ・ルータは削り加工を主目的に作られているようで，チャックの刃の径が限定されています．ドリルの刃もあるにはあるのですが，種類があまりありません．別にドリルを用意しましょう．

ハンド・ドリルでも良いのですが，最近はずいぶん安く入手できるようになってきた電気ドリルも準備しておけば，いろいろな径のドリルの刃が使用できます．アクリル加工には小さく力の弱いもののほうが適しています．

電動ドライバを兼ねた，回転数の比較的低く軽いものがよいでしょう．私はホーム・センタで3千円程度で購入した**写真26**の電動ドライバ兼用のタイプを使っています．

● やすり

仕上げにはやすりが必要です．**写真27**のように三角や四角や丸の棒やすりを用意しておきましょう．

目の細かいものと荒いものがあると便利です．

● あると便利なもの（**写真28**）

ピン・バイスや精密ドライバ形ドリルなどもあると細かな作

アルミのケース作りは大変　　　　　　　　　　　　　　　　　　　　　　column

真空管時代のアルミ・シャーシの穴あけは，けっこう大変でした．トランスなどを入れる四角い穴は**写真B**のようにドリルでたくさん穴をあけてつないでいきます．電気ドリルなどなかったので，手回しのハンド・ドリルでした．後にハンド・ニブラを手に入れましたが，腕力が必要です．真空管ソケットの丸い穴は，**写真C**のリーマやシャーシ・パンチであけますが，これも力がいりました．手に豆を作ったり筋肉痛になりながら工作をしたものです．

アクリル樹脂を使ったケースの工作は，とにかく簡単で手軽です．道具や材料を使いこなせば大変美しいケースができあがります．　　　　〈樋口　輝幸〉

写真B アルミ板に四角い穴をあけるのはたいへん

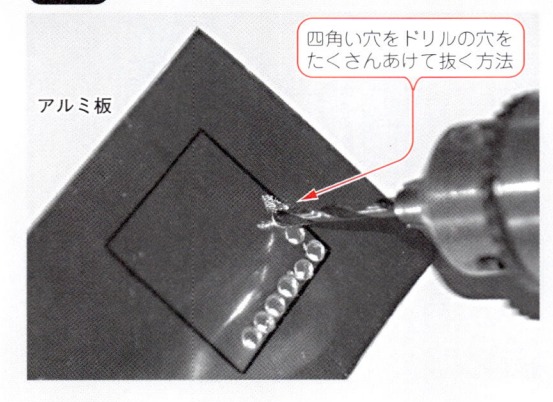

四角い穴をドリルの穴をたくさんあけて抜く方法

アルミ板

写真C アルミ板に大きな丸穴をあけるのもたいへん

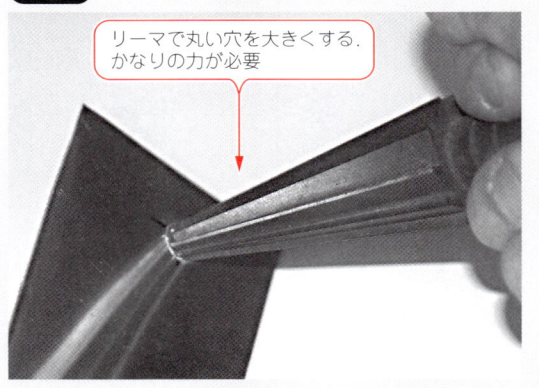

リーマで丸い穴を大きくする．かなりの力が必要

5-3 穴をあける

業に便利です．

ピン・バイスは，0.5～2 mmくらいまでのドリルの刃を手で回せるものです．

ドライバ形ドリルは，精密ドライバの先がドリルになったようなもので，最近では100円ショップなどでも見かけます．

千枚通しや目打ちは，けがき線を引いたり，ドリルで穴あけする位置の印などを付けるのに使います．なければピンなどでも代用できます．

写真28 そのほかの穴あけに便利な道具

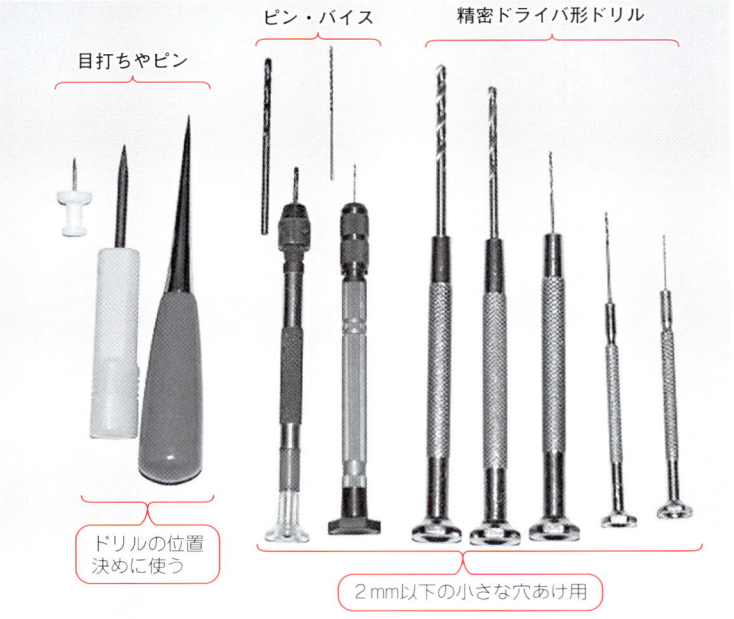

目打ちやピン / ピン・バイス / 精密ドライバ形ドリル

ドリルの位置決めに使う

2 mm以下の小さな穴あけ用

少量生産品や特注品に役立つ貼り付け銘板の簡単レシピ

column

使用する素材は，私が実際に利用しているものを具体的なメーカや型名付きで説明しますが，なぜそれを使うのかという点に注意すれば，同じものを使用する必要はありません．

写真Dは完成した銘板シールを透明アクリル・ケースに貼り付けたサンプルです．光沢があり，印字面は紫外線を受けにくいフィルムで保護されているので，長期にわたって変化しません．また素材が粘着シートなので，定格銘板だけではなく，さまざまな貼り付け銘板として利用できます．

特に，レーザ・プリンタの印字品質を利用して小形の製品の化粧パネルとしても十分な味に仕上がります．それでは早速レシピを紹介しましょう．

● 材料
▶ **レーザ・プリンタ用ラベル**

ノー・カット光沢紙タイプ No.28783（エーワン）レーザ・プリンタ用を使用します．インク・ジェット用は粘着面が熱に弱いので向いていません．またラミネート・フィルムとの融着性を高めるために光

図A Excelを使った原図の作成

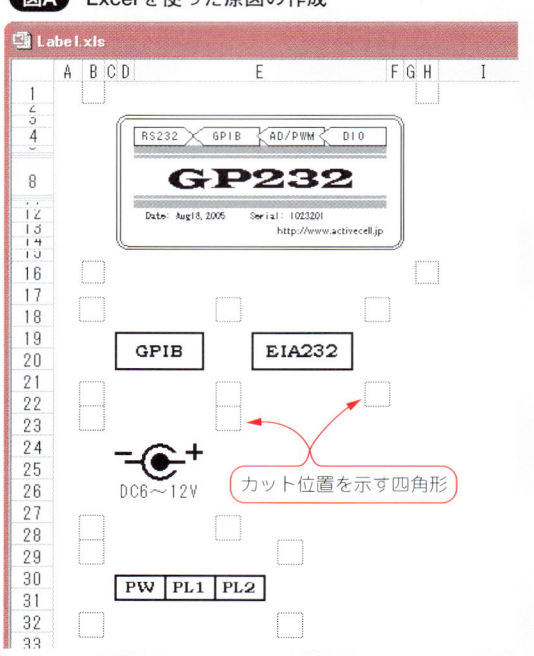

カット位置を示す四角形

写真D アクリル・ケースに貼り付けた銘板シール

92　第5章　アクリル加工の方法

写真E ラミネート・フィルムを使った簡易銘板の作成手順

(a) ラベル印刷レーザ・プリンタ，またはモノクロ・コピー機でラベルに印刷

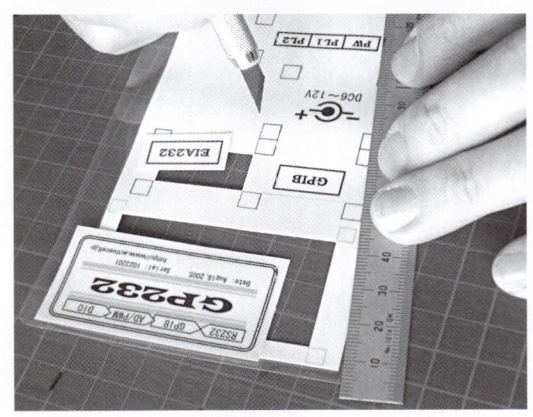

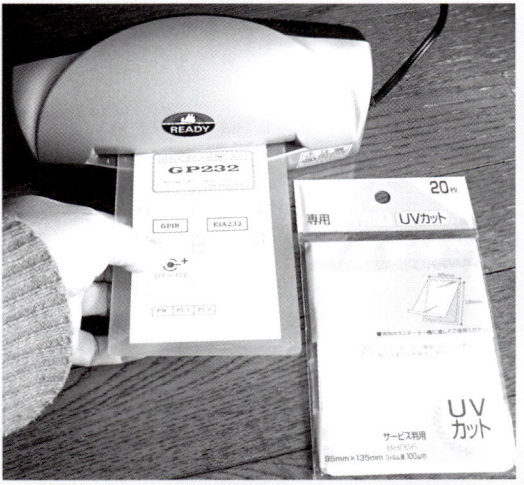

(b) カットしてラミネート

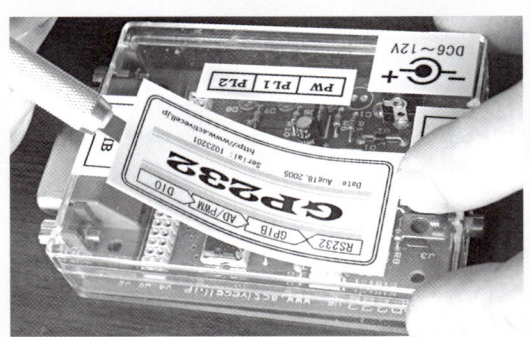

(c) 切り取る

(d) 貼り付けて完成

沢処理されているシートを選びます．

▶ラミネート・フィルム

　UVカット写真サービス判用ラミネート・フィルムBH006（アスカ）を使用します．この材料は，大は小を兼ねません．厚すぎたり大きすぎると失敗することがあります．適した大きさのなるべく薄いもので，しかもUVカット機能をもつラミネート・フィルムがベストです．

● ツール

▶作画用のソフトウェア

　Excelを使用しました．どんなソフトウェアでも作図と印刷ができれば問題ないので，ラベル・メーカからダウンロードできるフリー・ソフトウェアなども選択肢の一つです．大切なのは離れた四隅に，カット位置を示す四角形を描画しておくことです．

▶レーザ・プリンタ，またはモノクロ・コピー

　レーザ・プリンタLBP3200（キヤノン）を使用しました．インクジェット・プリンタしかない人は，普通紙に印刷したものをラベル・シートにコピーして使用してください．カラー・コピーは実験していません．

▶ラミネータ

　A6サイズ用TLH-111（OHMエレクトリック）を使用しました．安かっただけの理由で購入したので，ほかの用途にも利用する方はもっと多機能で大きなサイズのラミネータのほうがよいと思います．

▶そのほか

　カッタHA-H30Y（コクヨ），金属製定規などを用意します．

● 作りかた

　私の文章よりも **図A**，**写真E** をご覧ください．

〈木下 清美〉

5-3 穴をあける　93

2 穴あけの実際と掘り込みの方法

写真29 ドリルの位置決めは千枚通しなどで傷を付けておく

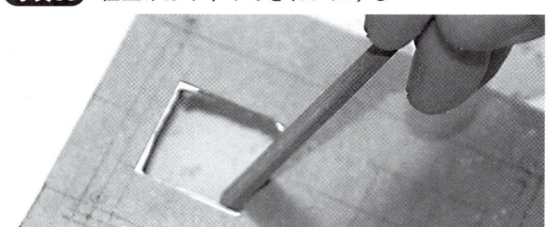

写真30 小さい穴はピン・バイスなどで手回ししてあける

写真31 電気ドリルは雑誌などの上で使う

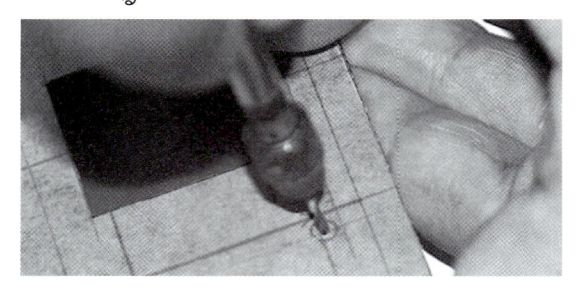

写真32 ルータで大きな穴をあける

棒状のやすり刃

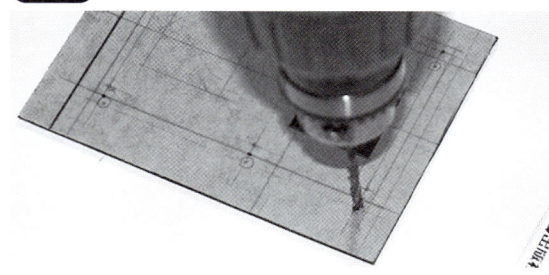

写真33 仕上げはやすりできれいにする

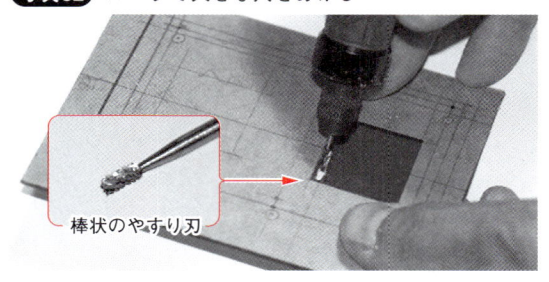

写真34 ルータなら掘り込みも簡単

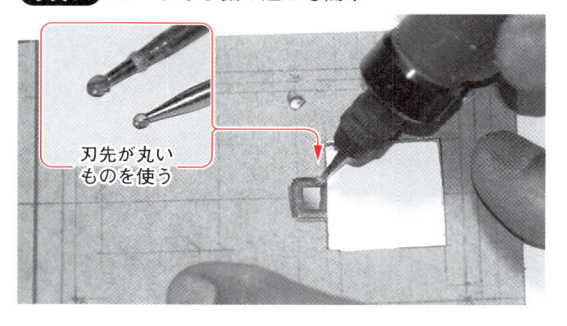

刃先が丸いものを使う

　アルミ板などにドリルで穴あけするときは，ずれないようにポンチでへこみをつけておきます．アクリル板では **写真29** のように，ポンチの代わりにもっと先のとがった千枚通しなどでへこみをつけてドリル穴の位置を決めます．

　写真30 のようにピン・バイスや，精密ドライバ形ドリルであけた小さな穴を大きくするのも正確に寸法を出す手法です．

▶ドリルによる穴あけ

　0.5～2mmくらいの小さな穴は，ピン・バイスや精密ドライバ形ドリルでも十分です．電気ドリルを使う場合は， **写真31** のように雑誌などをアクリル板の下において手などで固定してあけます．力をかけすぎるとアクリル板が割れてしまうので，ゆっくり作業します．

▶ルータによる穴あけ

　大きな穴や四角い穴は， **写真32** のミニ・ルータを使うと簡単にあけられます．これには棒状のやすり刃を使います．ペンなどで描いた線にそって穴をあけ，最後に **写真33** のようにやすりで仕上げます．削りかすがたくさん出るので息で吹き飛ばしたくなりますが，部屋を汚さないようにしましょう．

▶ルータによる掘り込み

　部品が当たるなど，場合によってはケースの一部を掘り込みたいときがあります．例えば，2mmのアクリル・ケースを1cm×1cmだけ，1mmまで薄くしたいときなどです．

　そんなときは， **写真34** のようにミニルータの丸い刃を使用すれば簡単にできます．突き抜けないように注意しながら少しずつ削っていきます．

5-4 アクリル板を接着する

溶剤の使い方がポイント

1 材料や工具の準備

写真35 アクリルどうしの接着に使える接着剤
- プラモデル用など樹脂が溶け込んでいるもの（ドロドロしている）
- アクリル専用の溶剤として市販されている塩化メチレン（さらさらしている）

写真36 接合部の補強に使えるアクリル棒
- 四角形タイプ
- 三角形タイプ

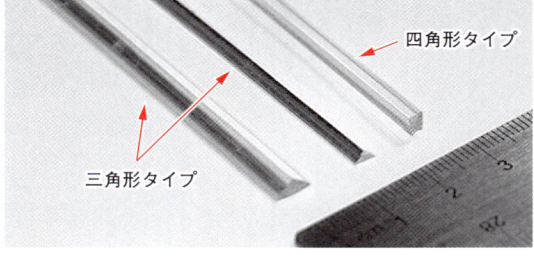

写真37 アクリル棒の切断
- アクリル棒はニッパなどで簡単に切断できる

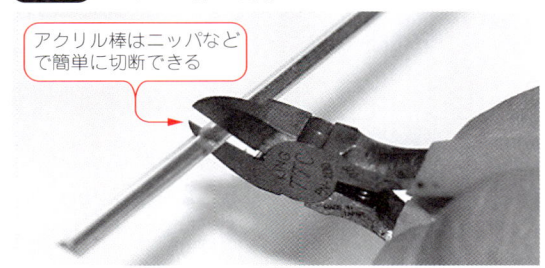

写真38 接着剤を注入したり塗ったりする注射器や刷毛
- 先が針になっている注射器は，アクリル用接着剤の塩化メチル専用
- こちらのほうが使いやすい
- 刷毛は一度に注入できないが，失敗が少なくお勧め

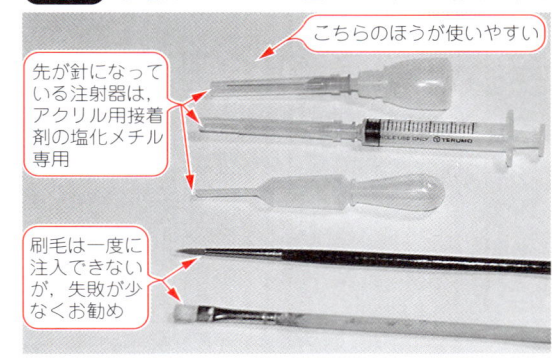

　アクリル材料どうしの接着は，とても簡単です．専用の溶剤で溶かして接合します．うまく固着すると非常に強固で，無理にはがそうとするとほかの部分が割れてしまうほどです．

　もちろん，一般のプラスチック用の接着剤や瞬間接着剤も使えますが，私の経験ではこの溶剤による接合がもっとも強くて丈夫です．しかも，接着剤がはみ出ることもなく美しく仕上がります．

● 材料の入手と準備

　この溶剤は，アクリル専用の接着剤としてホームセンタの素材コーナなどで手に入ります（**写真35**）．成分を見ると塩化メチレンとなっています．樹脂をよく溶かす性質があり，金属の洗浄などにも使われているそうです．

　ただ，表面だけ溶かして溶融するので，接着面積がある程度確保されていないと効果がありません．隙間ができてしまうところなどは，後述のような工夫をするか，樹脂が溶け込んでいるプラモデル用の接着剤などを使います．

　ホーム・センタの素材コーナなどで，**写真36**のようなアクリルの細い棒が売られています．三角や四角のものは，接着部分の補強などに使えるので用意しておきましょう．これらのアクリル棒は**写真37**のように，ニッパなどで簡単に切断できます．

● 必要な道具

　写真35の溶剤はビンに入っています．いったいどうやって使うのでしょうか．ビンのふたを開けて，たらすのでしょうか．いえいえそんなことをしたらこぼれて大変なことになってしまいます．適量を出せるように**写真38**に示すような注射器や刷毛を使いましょう．

　塩化メチレンの溶剤はさらさらした液体なので，注射器で吸い上げたり必要量を出したりできます．もちろん液体なので刷毛も使えます．

　プラモデル用などの粘性のある接着剤は，注射器では口が細くて吸い上げられません．スポイトか刷毛を使いましょう．

　写真のものは，ふたに刷毛が付いているので便利です．

2　アクリル板の接着加工

● 専用溶剤を使った接着

① 仮留め

例えば、2枚のアクリル板を垂直に接着するとします。まず、テープで仮り留めしておくとやりやすいでしょう。その場合、テープと材料の間に隙間があると、そこに溶剤が流れ込んできて汚くなってしまいます。気泡が入っていたら、よくしごいて空気を追い出します。マスキング・テープはテープ自体に溶剤が染み込んでしまうので不向きです。写真39のように、セロハン・テープを使うと溶剤にも侵されにくく便利です。

写真39　テープで仮り留めをする

- セロハン・テープが良い
- 端を折りこんでおくとあとではがしやすい
- テープに空気が入らないように注意する（これは悪い例）

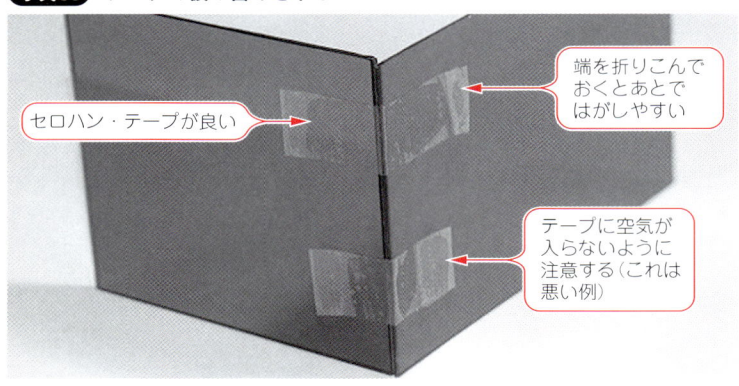

写真40　補強剤の使いかたと刷毛塗りのようす

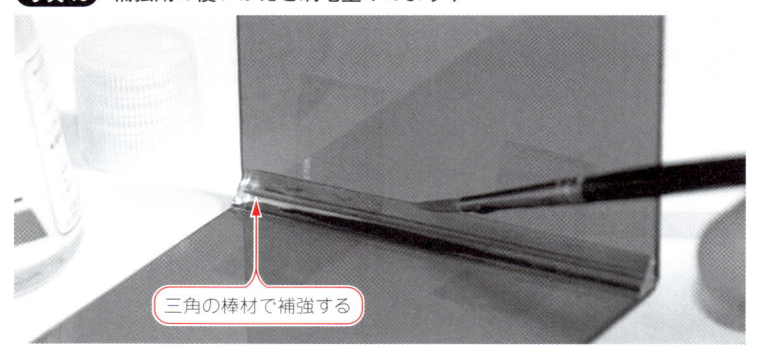

- 三角の棒材で補強する

写真41　すきまがある部分の接着方法

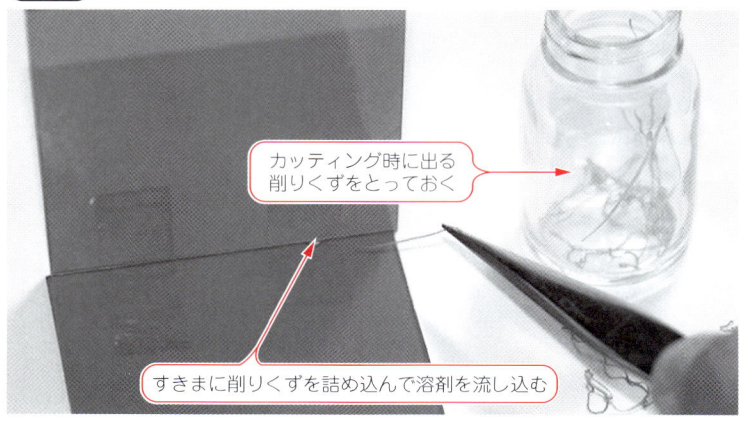

- カッティング時に出る削りくずをとっておく
- すきまに削りくずを詰め込んで溶剤を流し込む

② 溶剤の注入

写真40のように、注射器や刷毛などで溶剤を毛細管現象を利用して材料の接触面に注入します。通常の粘性のある接着剤のように、接着面に溶剤を塗ったあとで材料を接続すると、すぐに乾いてしまうので失敗してしまいます。

注射器を使う場合は溶剤が出すぎないように注意します。スポイト状の専用注入器のほうが加減がしやすいようです。刷毛は一度に注入できる量が限られていますが、失敗が少ないので私はいつも刷毛を使っています。

③ 補強

アクリルの三角棒などの補強剤を使うとより多くの溶剤を必要としますが、強度が上がります。透明な補強剤なので、溶剤が接触面にすっと入っていくようすがよくわかります。一度に必要量が入らないときは、補強剤が全体にいきわたるまで繰り返します。

● すきまがあく場合の工夫

すきまがあいた場所の接着には、強度は落ちるのですが、プラモデル用の接着剤などを使います。接着剤に溶け込んでいる樹脂がすきまをうめてくれます。

より強度を上げたいときに私がやる「ある工夫」を紹介します。まず、アクリルを切断したときなどの削りくずを大切に集めて保存しておきます。そして、このけずりくずを写真41のように隙間に入れて専用溶液で溶かして接着するのです。

写真42 ABS用とプラモデル用の接着剤は力を入れると簡単にはずれた

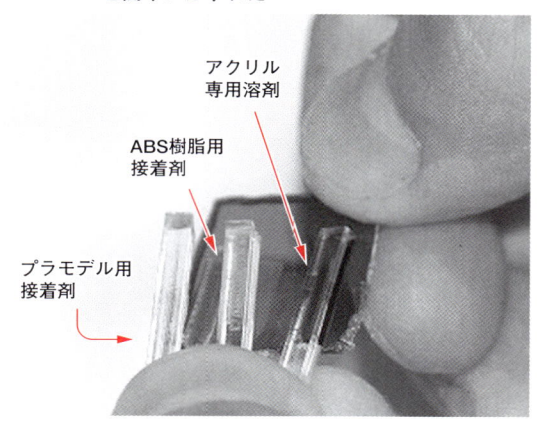

アクリル専用溶剤
ABS樹脂用接着剤
プラモデル用接着剤

写真43 アクリル専用溶剤による接着ではペンチで力を入れてもはずれない

写真44 ねじ留めしたいところはタッピングして接着する

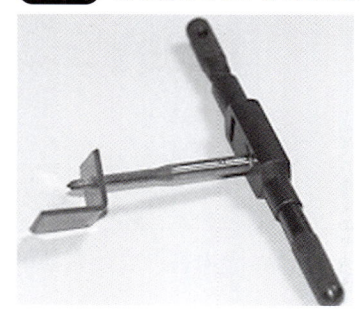

(a) L字形に曲げてタッピング 　　(b) 下面を接着

写真45 アクリル用の研磨剤と染色剤

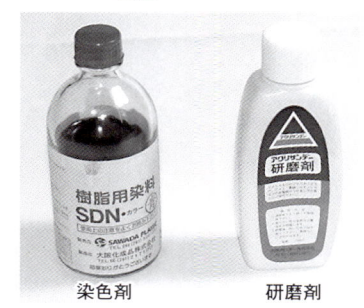

染色剤　　研磨剤

● 接着までの時間

専用溶剤による接着は1～2分で動かなくなってきます．30分程度でかなり力を入れてもはずれなくなります．プラモデル用の接着剤などでは，2～3倍の時間をみる必要があります．

● 強度テスト

ためしにプラモデル用とABS樹脂用の溶液系接着剤，そしてアクリル専用の溶剤（塩化メチレン）でアクリルの三角材料を接着して強度を比べてみました．1時間後，写真42のように力を入れると，溶液系の接着剤は「パキッ」と取れてしまいました．専用溶剤によるものは，写真43のように少々の力では押しても引いてもはずれません．

● 作業中の注意

揮発性の高い有機溶剤を使うので，作業中は換気しましょう．塩化メチレンはシンナーなどに比べると毒性は低いようですが，調べてみたら麻酔作用があるとのことです．以前，ビンごとひっくり返したあと，妙に眠くなった理由がわかりました．塗装や樹脂も侵してしまうので，こぼさないように気をつけましょう．また，極めて揮発性が高いので，保存するときはビンのふたをしっかりしめましょう．いざ使おうとしたときに，ビンが空になっていてがっかりしたことがあります．

ちなみにアクリル樹脂が健康に影響するという報告はないそうです．切断するときに臭うので気になりますが，体内に吸収されてもすぐに水と二酸化炭素に分解されるそうです．食器や衣料にも多用されていますね．

● ねじ留め

完全に接着してしまうとメンテナンスができないので，ふたなどをねじ留めしたい場合があります．その場合は，写真44のようにL字形に曲げたアクリルにねじ穴をタップであけて，片側を接着します．プラスチックねじを使うときれいですよ．

● 研磨剤と染色剤　写真45

アクリルは，傷が付いても研磨して磨けます．また，透明なものは美しく染色することもできます．

5-4 アクリル板を接着する

5-5 自由樹脂を使う
加工が簡単なお湯でやわらかくなるプラスチック

● 特徴

自由樹脂という面白い名前で販売されているプラスチック素材があります．融点が80℃と低く，お湯で簡単にやわらかくなり，粘土のように自由に形を変えることができます．冷えると軽くて硬くなります．

写真46のように，乳白色から赤，青，緑，黒，金などの色がそろっていて，米粒のようなペレット状で販売されています．

自由樹脂でアクリル・ケースに肉付けをして，補強や防水を施したり丸みをつけたりすることができます．

メーカの説明では，アクリルとは接着性がないとのことですが，自由樹脂が温かいうちに押し付けるとよくくっつきます．

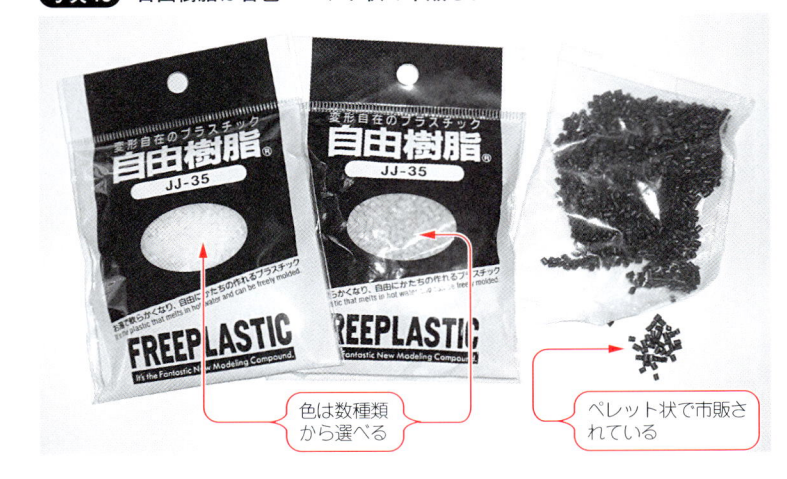

色も豊富なので，アクリル板と組み合わせれば，アイデア次第でアクリル・ケースの世界が広がります．

写真46 自由樹脂は各色ペレット状で市販されている

- 色は数種類から選べる
- ペレット状で市販されている

写真47 自由樹脂を使ってLEDの光を拡散

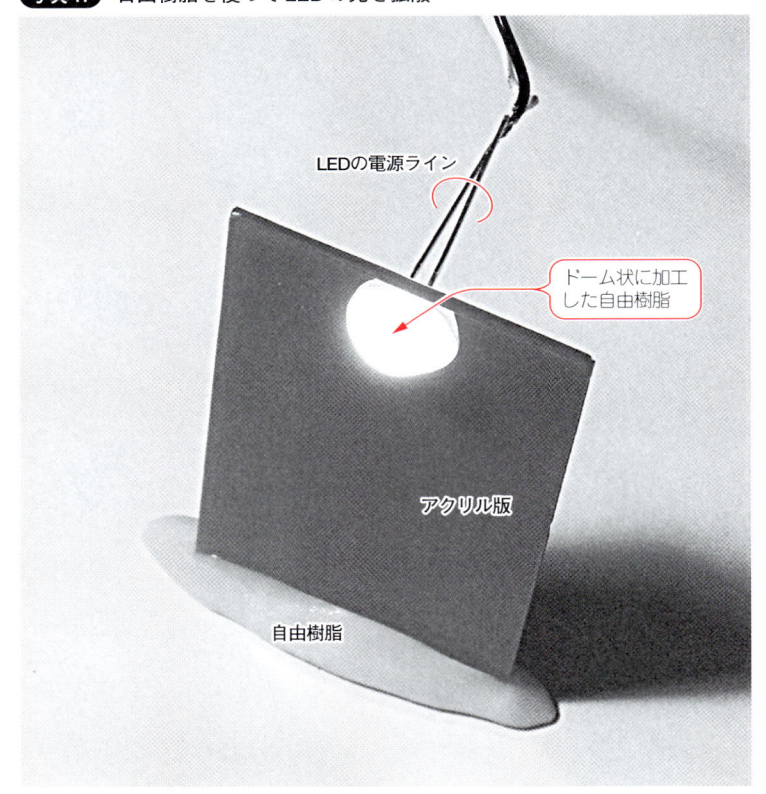

- LEDの電源ライン
- ドーム状に加工した自由樹脂
- アクリル版
- 自由樹脂

ナチュラルという色名のものは，溶けると透明ですが，固まると乳濁します．写真47のようにLED光の拡散などに効果的です．

● 使い方

① 沸騰するちょっと前ぐらいまで温めたお湯に，写真48のようにペレットを入れます．写真49のように浮いたり沈んだりするペレットをすぐに割り箸などですばやくかき集めます．きちんと溶けていれば，面白いように吸い付いてきます．

もたついていると，容器にくっついて，なかなか取れないことがあります．容器への接着が心配なときは，使い捨ての紙コップなどをお湯の入れ物に使います．

全部からめ取って，やわらかくなったらお湯から引き上げます．

② 熱い自由樹脂をいきなり握ると皮膚にくっついてやけどをするおそれがあります．さっと水をかけて表面だけ温度を下げ

ると安心です．私の場合は，手を水で濡らします．樹脂は水で濡れているものにはくっつきにくくなります．

最初は軽く触って，温度を確かめながら自由樹脂を割り箸からはずしましょう．

③ あとは，粘土細工の要領と同じです．写真50のように手でこねながらおおまかな形にして，熱いうちにアクリル板に押し当てると，写真51のようにしっかりくっつきます．

水にぬれているとくっつきにくいので，水はよくきっておきます．

④ 固まった後で形が気に入らなくても，お湯に浸けたりドライヤをかければ，再びやわらかくなるので，何度でも修正できます．

● 入手方法

ここで紹介した自由樹脂は，ダイセルファインケム社の製品です．ホビー・ショップや大きな文具店などで入手できます．インターネットで「自由樹脂」と検索すれば通販でも購入可能です．35g入りの袋が365円です．

写真48 ペレット状の自由樹脂をお湯で溶かす

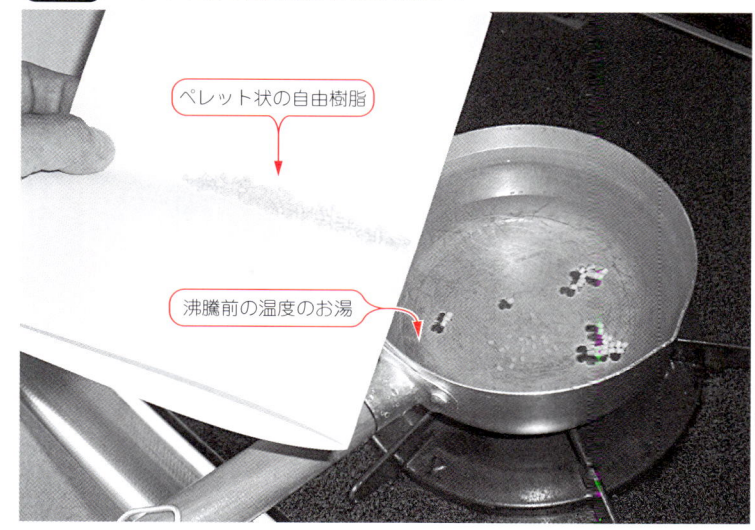

写真49 割り箸などですぐにすばやくかき集める

写真50 自由樹脂に水をかけて冷やしてからこねる

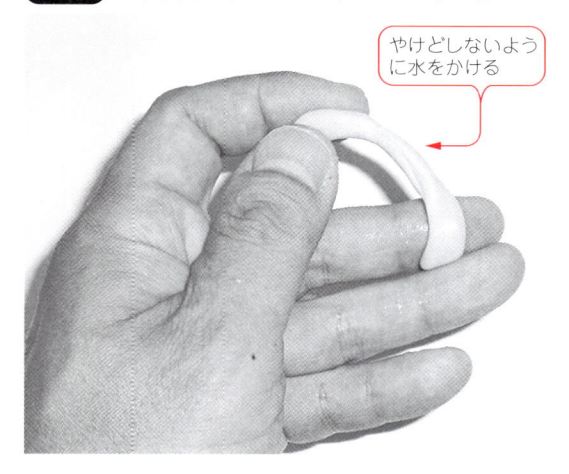

写真51 アクリル板と接着性がないとされているが熱いうちに押し付けるとくっつく

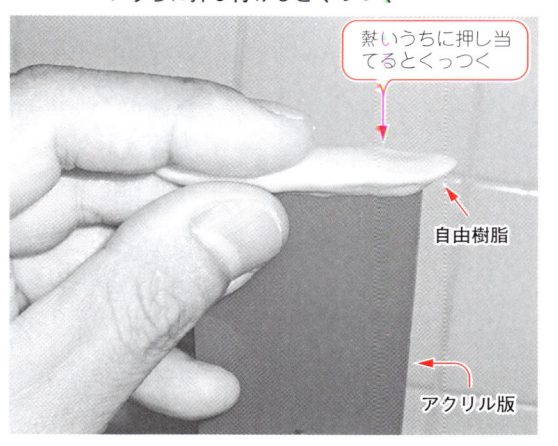

5-5 自由樹脂を使う

徹底図解★電子回路の工作テクニック

第**6**章
ユニバーサル基板を使った試作の基本

マイコン応用回路の試作術

島田 義人

6-1 リードもなくピン・ピッチも合わないICへの対応
試作ターゲットのあらまし

写真1 3軸方向の重力から傾斜を算出しパソコンで表示するディジタル傾斜計の試作基板（表面）

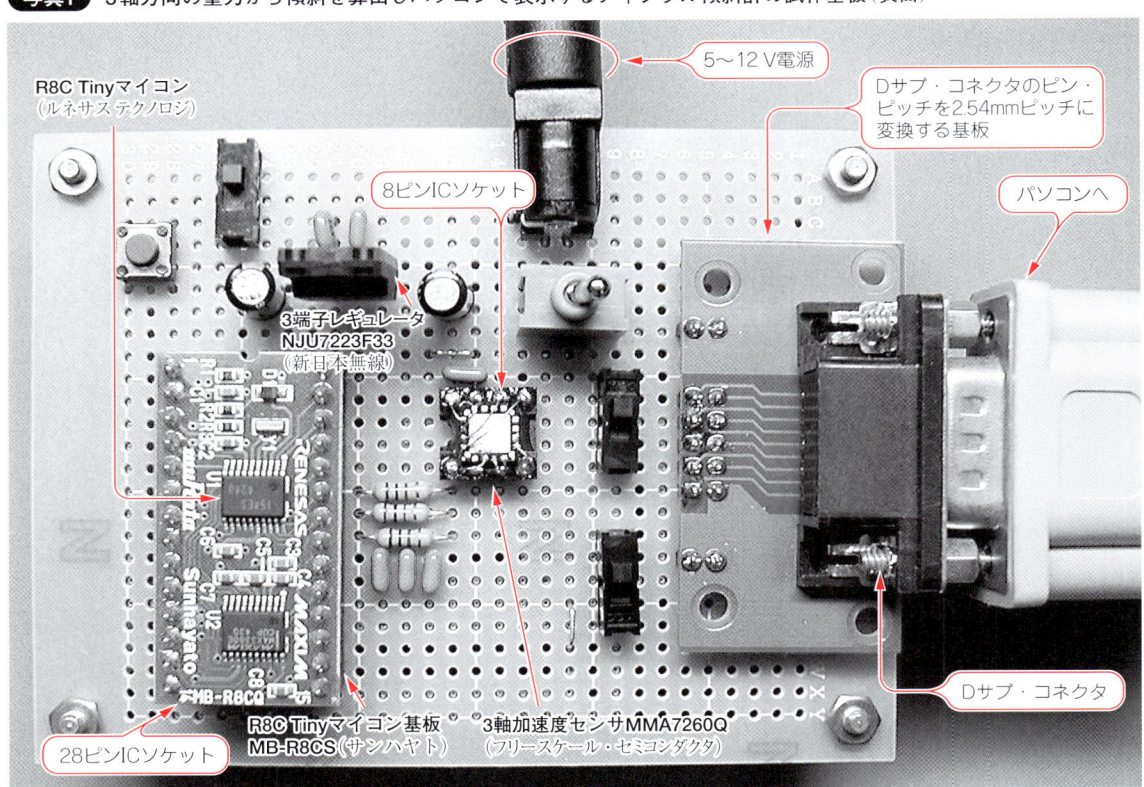

- R8C Tinyマイコン（ルネサス テクノロジ）
- 5〜12 V電源
- Dサブ・コネクタのピン・ピッチを2.54mmピッチに変換する基板
- 8ピンICソケット
- パソコンへ
- 3端子レギュレータ NJU7223F33（新日本無線）
- R8C Tinyマイコン基板 MB-R8CS（サンハヤト）
- 3軸加速度センサMMA7260Q（フリースケール・セミコンダクタ）
- Dサブ・コネクタ
- 28ピンICソケット

　リード端子がない3軸加速度センサとマイコンをユニバーサル基板に搭載して，ディジタル傾斜計を製作しました．

　3軸加速度センサは，検出した加速度に応じた電圧を，各軸ごとに3種類出力します．この信号をマイコンのA-D変換機能の入力端子に入れます．マイコンはアナログ信号をディジタル・データとして取り込み，傾斜角度を計算します．傾斜角度の算出結果は9ピンDサブ・コネクタを介して，パソコンとRS-232-C（EIA-232）準拠のデータ通信をします．

　写真1と**写真2**に製作したディジタル傾斜計の基板を，**図1**に回路図を示します．

● 3軸加速度センサのあらまし
　図2に示すように，3次元空間における加速度，傾き，振動をX，Y，Z軸の3軸成分に分けて検出します．
　MMA7260Qの内部ブロック図を**図3**に示します．

写真2 製作したディジタル傾斜計の試作基板（裏面）

- 5～12V電源
- GNDライン
- 3軸加速度センサ
- Dサブ・コネクタ
- マイコン基板

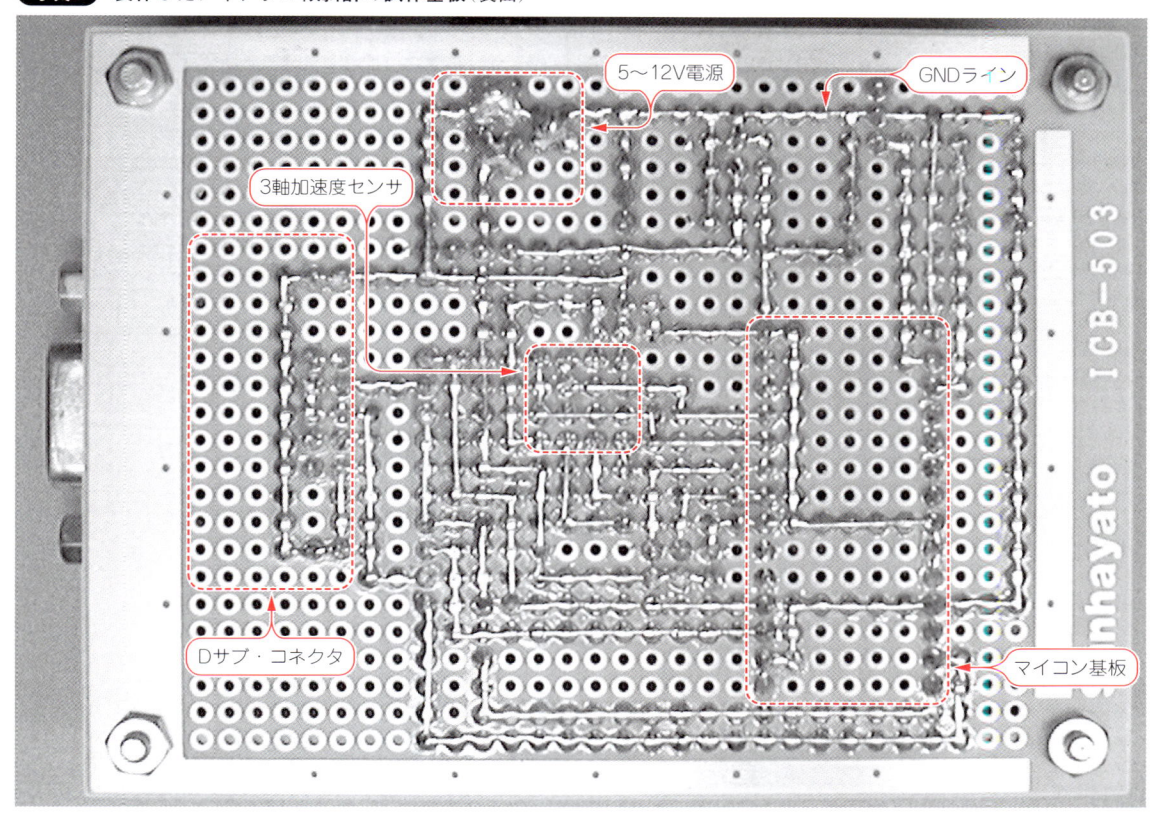

図1 試作した回路

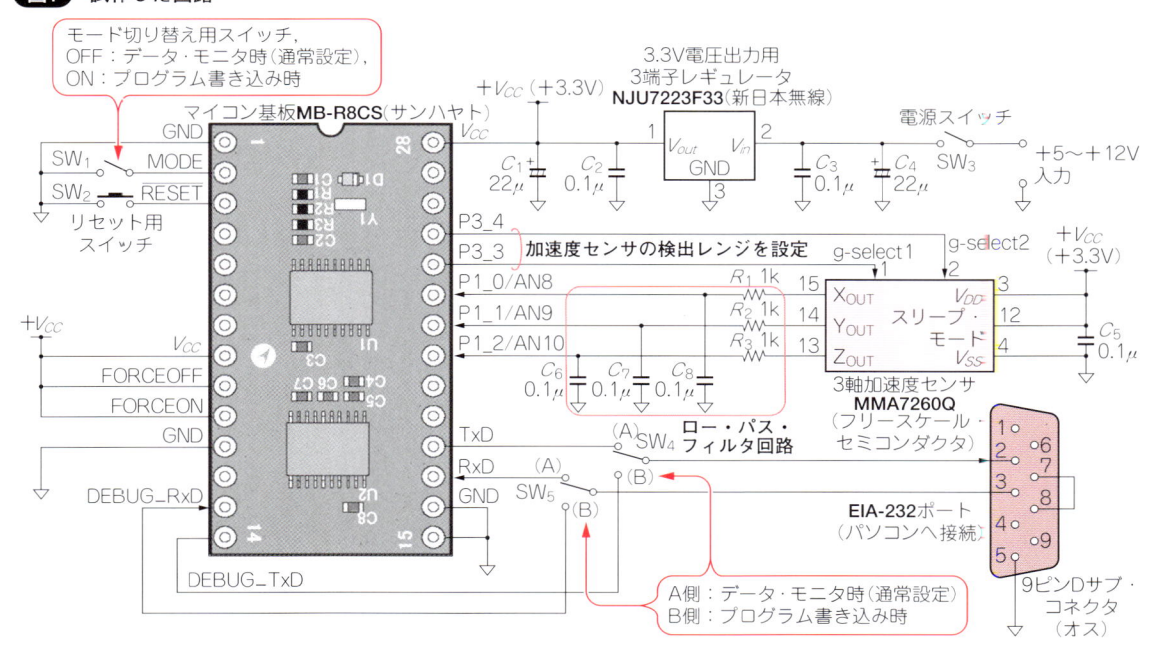

- モード切り替え用スイッチ，OFF：データ・モニタ時（通常設定），ON：プログラム書き込み時
- 3.3V電圧出力用3端子レギュレータ NJU7223F33（新日本無線）
- 電源スイッチ
- +5～+12V入力
- マイコン基板MB-R8CS（サンハヤト）
- リセット用スイッチ
- 加速度センサの検出レンジを設定
- ロー・パス・フィルタ回路
- 3軸加速度センサ MMA7260Q（フリースケール・セミコンダクタ）
- EIA-232ポート（パソコンへ接続）
- A側：データ・モニタ時（通常設定），B側：プログラム書き込み時
- 9ピンDサブ・コネクタ（オス）

● 重力加速度と傾斜角度の関係

地球には重力があり，垂直方向に重力加速度 g（$1g = 9.8$ m/s^2）が加わっています．**図4**に示すように，例えばセンサのX軸方向が θ（°）だけ傾くと，X軸方向に次式(1)に示す加速度 g_x が作用します．Y軸方向でも同様です．

$$g_x = g \sin(\theta \pi/180) \cdots (1)$$

一方，Z軸方向（斜面に垂直な方向）には，次式(2)に示す加

6-1 試作ターゲットのあらまし 101

図2 3軸加速度センサは3次元空間の加速度を検出する

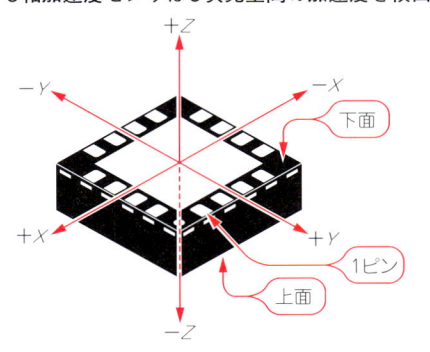

図5 マイコンで算出した傾斜をパソコンに表示する

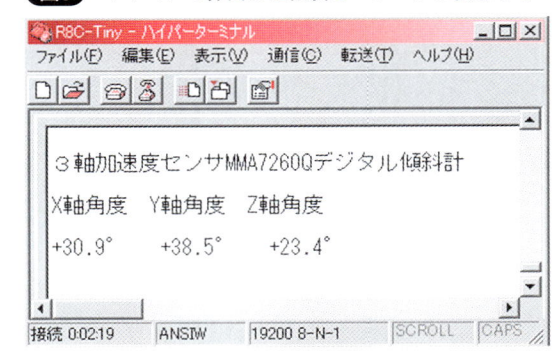

図3 3軸加速度センサMMA7260Qの内部ブロック図

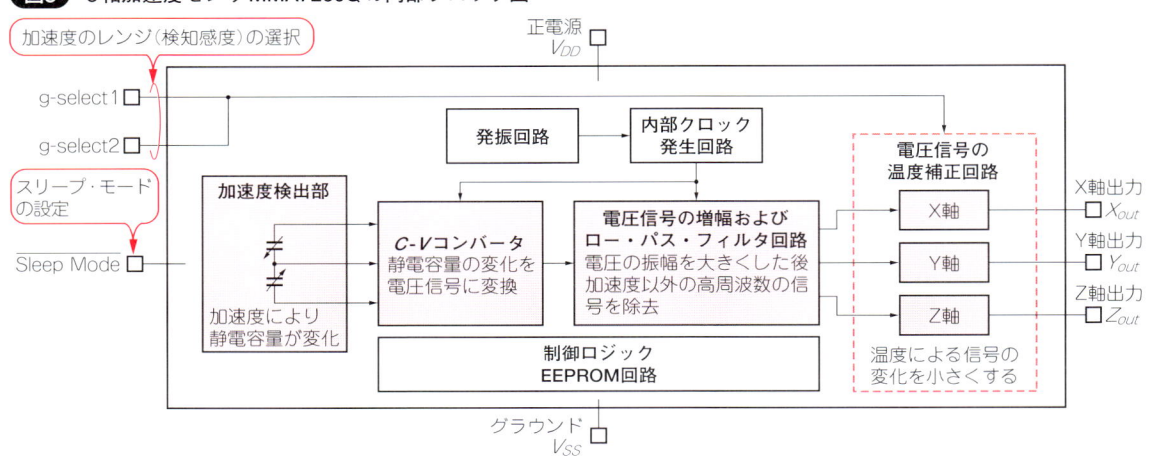

図4 3軸加速度センサの各軸で検出した重力から傾斜を算出する

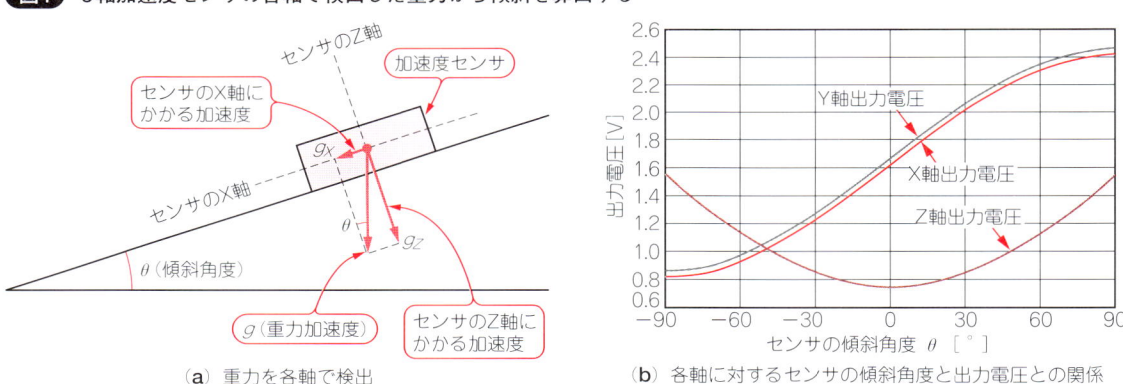

(a) 重力を各軸で検出

(b) 各軸に対するセンサの傾斜角度と出力電圧との関係

速度g_zが作用します．

$$g_z = g\cos(\theta\pi/180) \cdots (2)$$

この原理を利用したのが，加速度センサを使った傾斜計です．上式の関係より，加速度出力g_x，g_zから傾斜角度θを求めることができます．

● **試作基板とパソコンとの通信**

Dサブ・コネクタを経由してマイコンをパソコンと接続します．パソコンから加速度センサのレンジを設定したり，測定した傾斜の結果を**図5**のようにパソコンに表示したりします．

● **各部品の電源は3端子レギュレータで供給**

加速度センサの最大絶対定格3.6 Vを越えないように，3.3 V出力の3端子レギュレータICを電源回路に使っています．

マイコンのA-D変換回路の基準電圧にも3.3 Vを使います．A-D変換器の分解能が10ビットの場合，マイコンは約3.223 mV刻みで加速度センサからの信号を検出します．

6-2 ユニバーサル基板を使った試作基板製作の手順
穴あけからジャンパ配線までの7ステップ

図6 試作前に部品と配線の配置を決めるレイアウト図例（パソコンの描画ソフト使用）

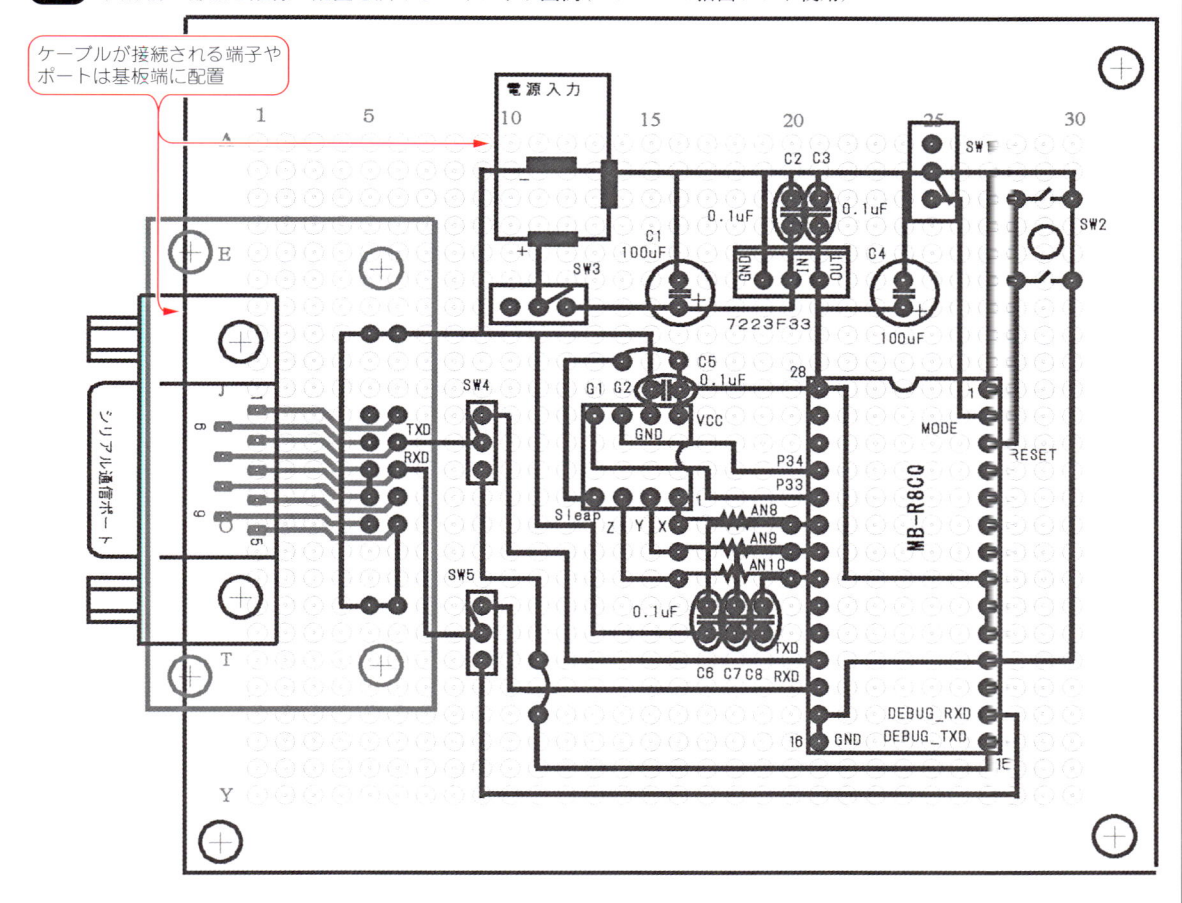

ケーブルが接続される端子やポートは基板端に配置

① 基板の選定

製作する回路規模や，使用する部品の大きさ・数などから基板の大きさを見積ります．小さすぎると部品が配置できず，レイアウトに苦慮します．慣れないうちはなるべく配置に余裕をみて基板の大きさを決定します．

今回の試作例では，サンハヤトのICB-503（72 mm × 95 mm）を使いました．基板の材質は紙フェノールです．

② 部品配置と配線のレイアウト決定

図6に部品配置と配線のレイアウト図を示します．電源端子やEIA-232ポートは，ケーブ

写真3 基板取り付けタイプのDCジャック

基板取り付けタイプ
2.1mm標準DCジャック
（マル信無線電機）

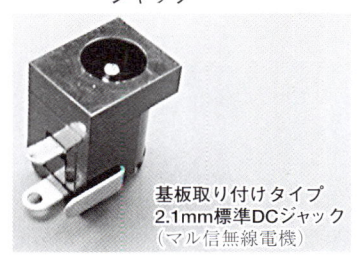

写真4 ユニバーサル基板の穴開けに使ったミニ・ドリル

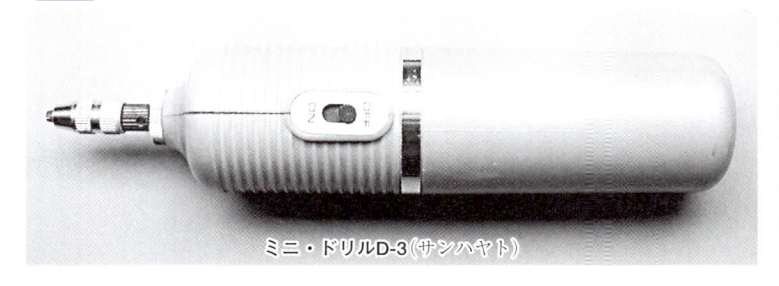

ミニ・ドリルD-3（サンハヤト）

写真5 DCジャックを挿入する穴を開けるときははんだ付けしやすいように穴周辺の銅はくを削らない

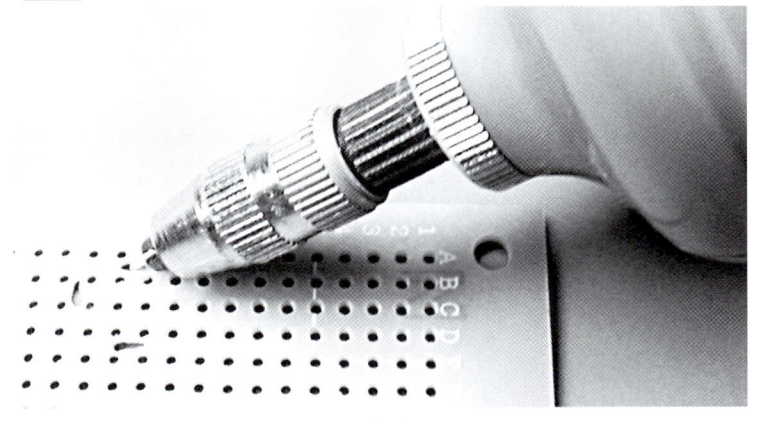

（a）部品面

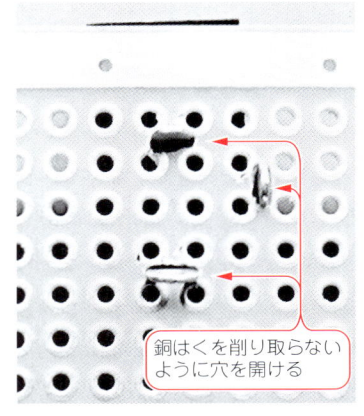

（b）はんだ面

銅はくを削り取らないように穴を開ける

ルが接続されることを考えて基板の端に配置します．その他の部品は配線の引き回しがなるべく短くなるように配置します．

ユニバーサル基板では部品間の配線ができるだけ交差しないようにレイアウトすると見栄えがよくなります．

③ ユニバーサル基板の加工

電源回路には，直流の＋5Ｖや＋12Ｖ用のACアダプタがよく使われます．ACアダプタから基板回路内へ電源を供給する場合は，**写真3** に示す基板取り付けタイプのDCジャックを使用します．

標準のACアダプタであれば，プラグの外径はφ5.5 mm，内径はφ2.1 mmです．基板取り付けタイプのDCジャックの端子は，ユニバーサル基板の穴に合いません．そこで基板を加工します．

穴を開けるには，**写真4** のミニ・ドリルなどを使います．このとき，**写真5** に示すように，穴周囲のランド（銅はく）をなるべく削らないことがポイントです．銅はく部分を削ってしまうとはんだ付けできず，DCジャックを固定できません．

▶DCジャック端子のはんだ付けのポイント

削った穴とDCジャック端子間に隙間ができますが，はんだを多めに付けると，**写真6** に示す富士山のような綺麗な形に仕上がります．

このとき，DCジャックの端子をはんだごてで十分に過熱してから，はんだを流し込むようにします．加熱不足は，いもはんだの原因になります．

ランドの銅はくは，加熱により基板からはがれてしまうので加熱しすぎないようにします．

④ 部品の端子と基板のピッチをあわせこむ

写真6 DCジャックを十分に余熱してはんだを流し込む

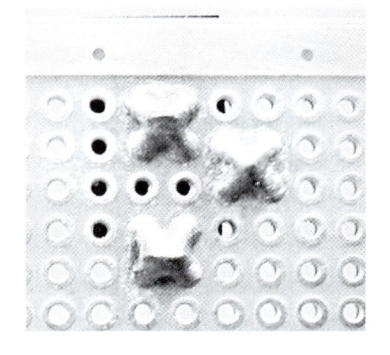

写真7 Dサブ9ピン・コネクタ

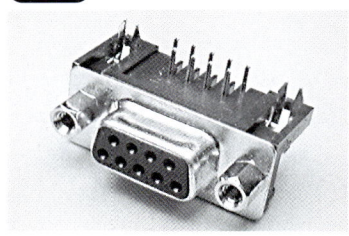

写真8 Dサブ9ピン・コネクタのピン・ピッチを2.54mmピッチのユニバーサル基板へ実装できる変換基板

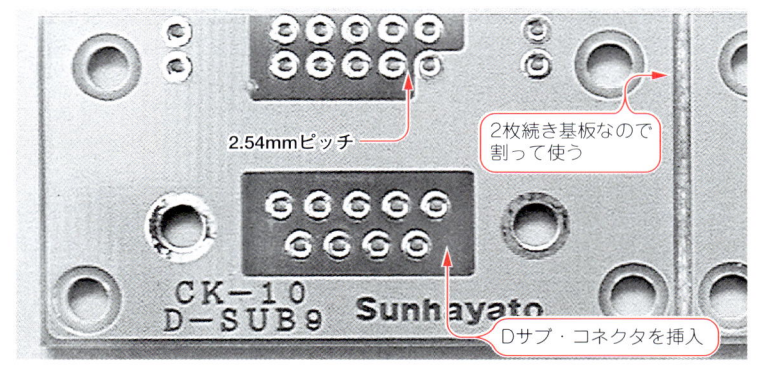

2.54mmピッチ

2枚続き基板なので割って使う

CK-10 D-SUB9 Sunhayato

Dサブ・コネクタを挿入

写真9 2×40のピン・ヘッダ

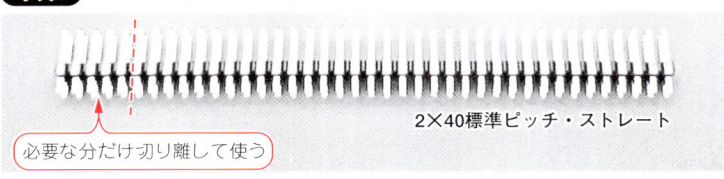

2×40標準ピッチ・ストレート

必要な分だけ切り離して使う

写真10 Dサブ9ピン・コネクタとピン・ヘッダは変換基板を十分に加熱してから実装する

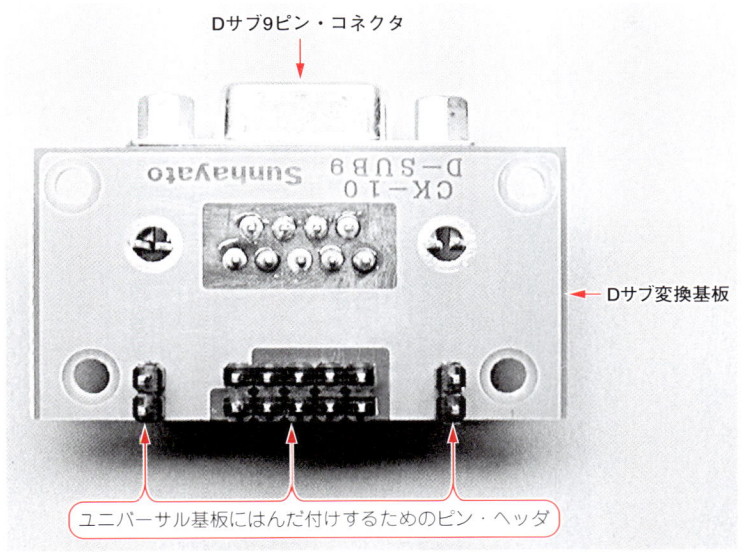

Dサブ9ピン・コネクタ

Dサブ変換基板

ユニバーサル基板にはんだ付けするためのピン・ヘッダ

写真11 リード端子がないQFNパッケージの加速度センサ

16ピンQFNパッケージ

6mm / 6mm

上面　下面

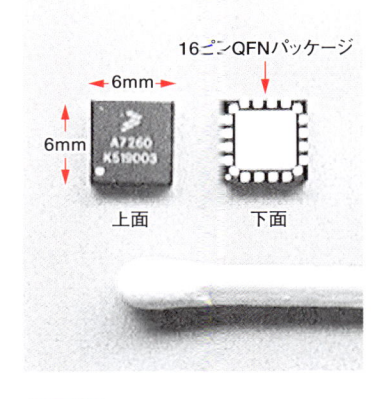

写真12 8P丸ピンICソケット

8P丸ピンICソケット

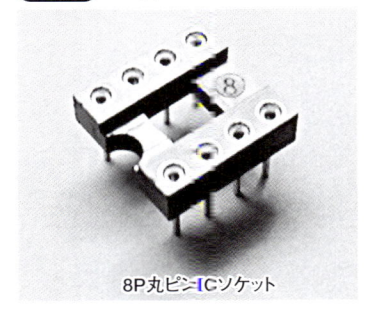

写真13 センサとICソケットをエポキシ系接着剤で固定する

(a) 上面

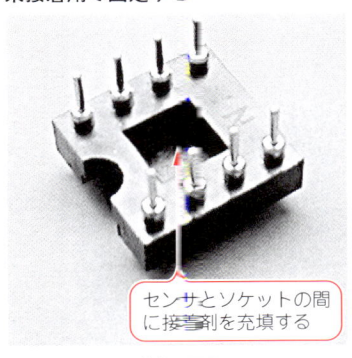

(b) 下面

センサとソケットの間に接着剤を充填する

▶Dサブ9ピン・コネクタの実装方法

　パソコンとのシリアル通信ケーブルを接続するため**写真7**に示すDサブ9ピン・コネクタを使用します．コネクタのピン配置はユニバーサル基板のピッチと多少ずれています．

　ここでは，Dサブ・コネクタ

写真14 センサとソケット端子間をワイヤで接続

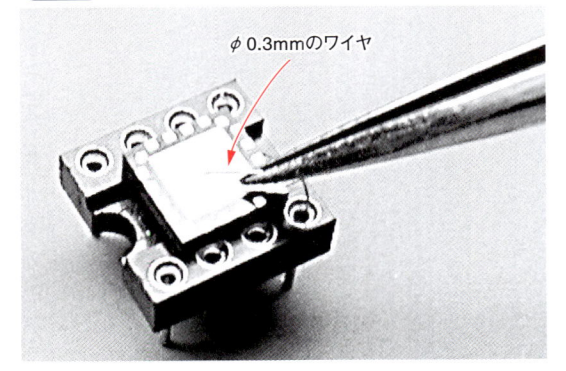

φ0.3mmのワイヤ

(a) ピンセットを使うと作業しやすい

接着剤で固定

QFNパッケージの加速度センサ

8P丸ピンICソケット

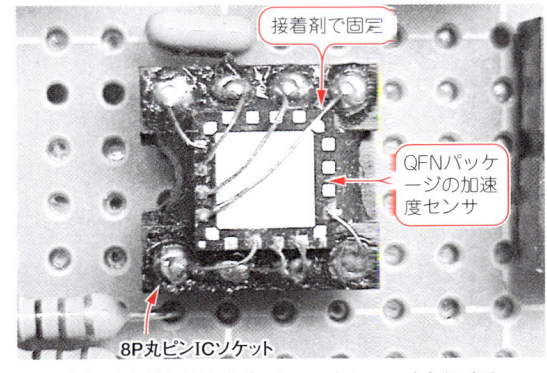

(b) はんだを付けすぎてショートしないようにする

6-2　ユニバーサル基板を使った試作基板製作の手順　105

を2.54 mmピッチのユニバーサル基板へ実装するため 写真8 のような変換基板を使います．

写真17 銅はく面側の配線は錫めっき線を基板にはわせる

φ0.6mmの錫めっき線

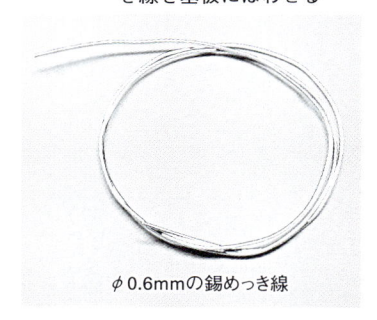

写真15 背の低い部品から実装する

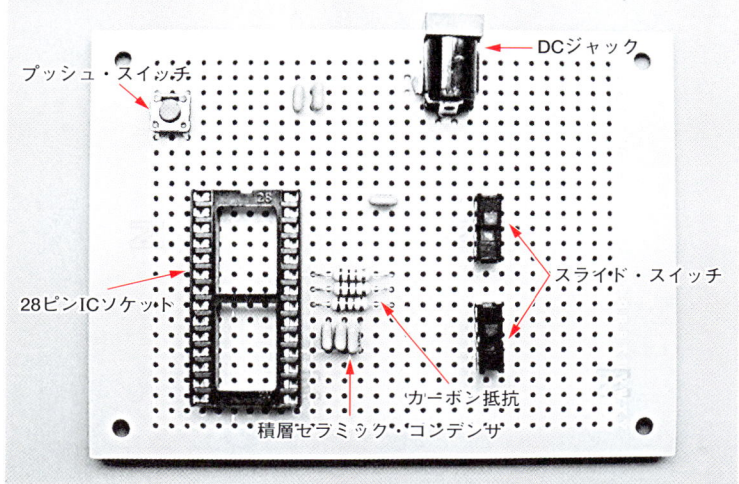

プッシュ・スイッチ
DCジャック
28ピンICソケット
スライド・スイッチ
カーボン抵抗
積層セラミック・コンデンサ

写真16 3端子レギュレータ以外は基板に密着させる

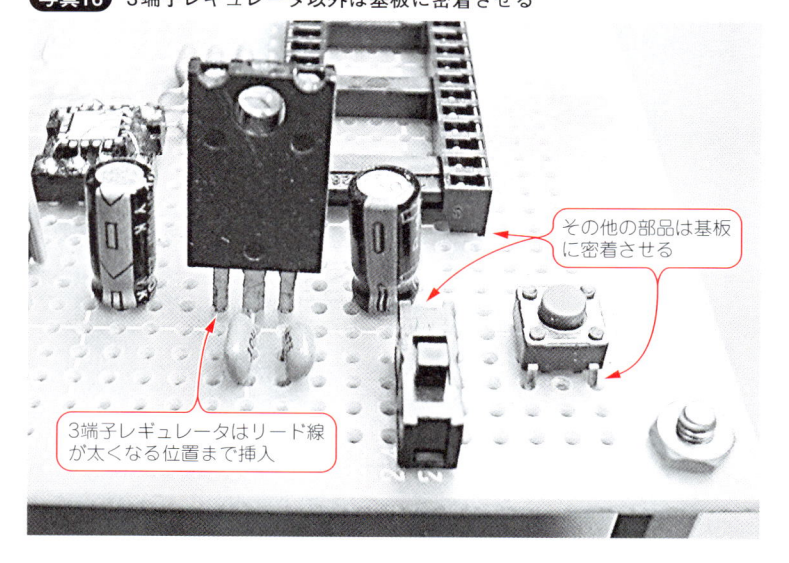

その他の部品は基板に密着させる
3端子レギュレータはリード線が太くなる位置まで挿入

変換基板とユニバーサル基板間は， 写真9 に示すようなピン・ヘッダを使います．端子は必要なピン数だけ切り離して使うことができます．

　変換基板は両面スルー・ホール基板となっています．グラウンド端子は両面ベタ・パターンになっているため，はんだ付けの際は銅はく面を通じて熱が奪われて加熱不足になる場合があります．ここでは十分に基板を加熱してからスルー・ホールにはんだを流し込むようにするの

が製作のポイントです． 写真10 にコネクタを実装した変換基板を示します．

▶ 加速度センサを丸ピンICソケットに接着する

　加速度センサ（MMA7260Q）は， 写真11 に見るように小型16ピンQFNパッケージのため，そのままでは2.54 mmピッチのユニバーサル基板に実装できません．そこで， 写真12 に示す8P丸ピンICソケットを使いました．

　 写真13 に示すように，センサの端子底面側を上にしてICソケット上に乗せ，隙間にエポキシ系接着剤を充填して確実に固定します．このとき，センサの面とICソケットの上面はなるべく平行にします．

▶ 加速度センサの端子とICソケットのピン穴間をはんだ付け

　センサの未接続端子を除くと，使用する端子はちょうど8ピンになります． 写真14 のように配線はφ0.3 mm程度の線材を使って，最寄りのソケットのピン穴とセンサ端子間をはんだ付けします．センサの端子間は狭いため，はんだを付けすぎてショートしてしまわないように細心の注意が必要です．

⑤ **部品の実装**

　 写真15 に示すように，背の低い部品から取り付けていくと実装しやすくなります．

　抵抗はユニバーサル基板の穴の位置に合うようにリードを曲げて取り付けます．

　 写真16 に示すように3端子レギュレータ（NJU7223F33）は，リード線が基板の穴に入る部分まで挿入して取り付けます．その他，スイッチ類や電解コンデ

写真18 あらかじめ配線する長さに切断しておく

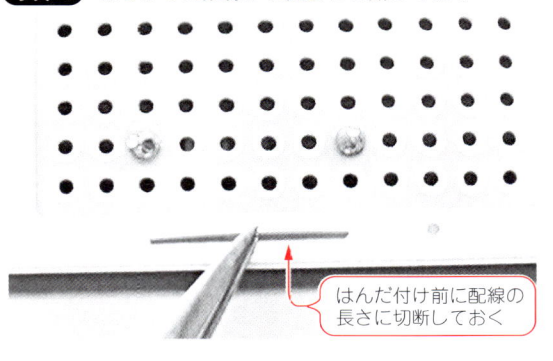

はんだ付け前に配線の長さに切断しておく

写真19 はんだ付けされた部品の端子間を接続する

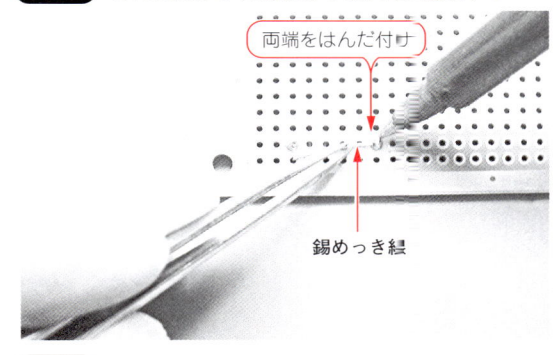

両端をはんだ付け

錫めっき線

写真20 錫めっき線下のランドにもはんだを付けて固定する

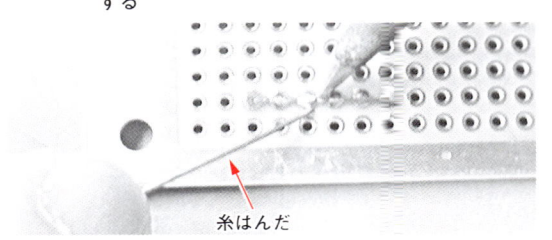

糸はんだ

ンサなどの部品は基板上に密着させて取り付けます．

加速度センサが装着されたソケットは，なるべく基板とセンサの面が平行になるように固定します．基板面を傾斜計の基準

初めて試作する場合に陥りやすい失敗 column

● **リード線が長めのもやし配線基板**

もやし配線とは，**写真A**に示すように部品のリード線を長めにして基板に取り付けてしまうことです．リード線を長くした部品がならんでいる様子がもやしのように見えます．誤結線があっても，リード線を長くしておけばあとで配線の手直しができるのではないか，と失敗を恐れた心理状態が影響していると思われます．部品の再利用など考えずに，予備の部品を用意しておくと安心でしょう．ヒョロヒョロしたもやしのような余分に長い配線は，ショートの原因になるだけでなく，扱う周波数が高くなると回路が期待どおりに動作しないことがあります．

● **ビニル線が交錯するやきそば配線基板**

やきそば配線とは，**写真B**に示すように，多数のビニル配線が交差して入り乱れてしまった基板の配線を言います．やきそば配線を多用すると結線の確認がしにくくなります．

サイズが小さい基板に多くの部品を実装しようとした場合，やきそば配線になりがちです．

配線が極力交差しないように部品のレイアウトを考えて実装することで防げます．簡単な下書き程度でもよいので，部品配置と配線を書いてみると良いでしょう．

〈島田 義人〉

写真A もやし配線

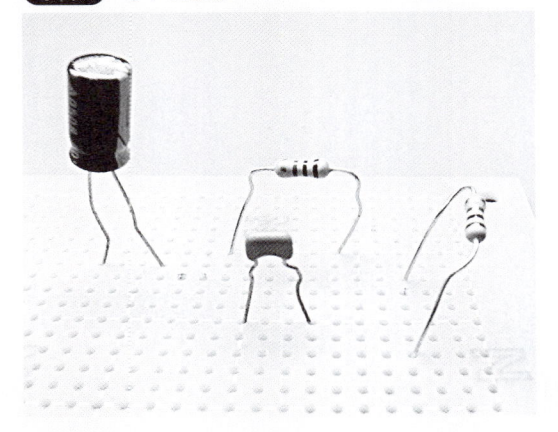

写真B やきそば配線

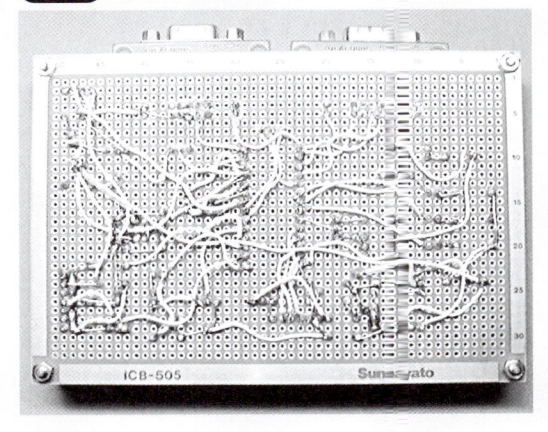

6-2 ユニバーサル基板を使った試作基板製作の手順

写真21 銅はく面側で配線が交差する場合は部品面側に錫めっき線を通してはんだ付けする

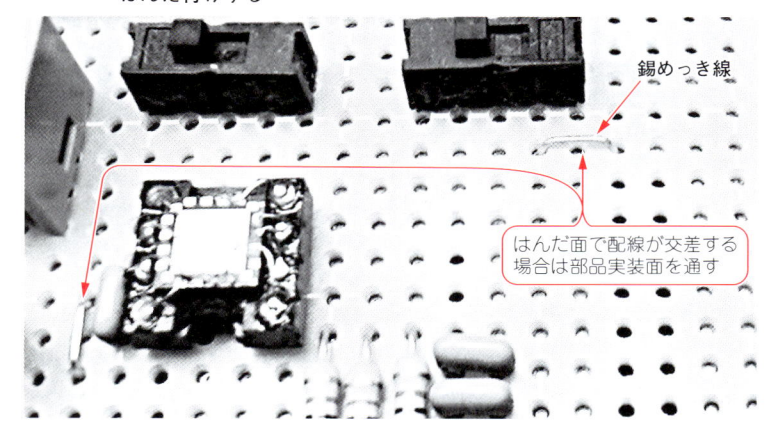

錫めっき線

はんだ面で配線が交差する場合は部品実装面を通す

写真22 回路図通りに配線されているかをハンディ・テスタで確認する

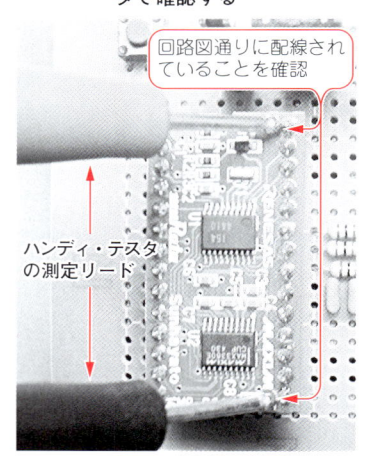

回路図通りに配線されていることを確認

ハンディ・テスタの測定リード

としているので，基板とセンサの面が平行にならないと，その傾き分が誤差となります．

⑥ 銅はく面側の配線

写真17のような φ0.6mm 程度の錫めっき線を使います．配線長が短い場合には，部品のリード線の切れ端を使ってもよいでしょう．

錫めっき線はあらかじめ，**写真18**のように配線する長さに合わせて切断しておきます．

写真19に示すように，それぞれはんだ付けされた部品の端子間に錫めっき線の両端を配線します．ここでは，**写真20**に示すように，錫めっき線下のランドにもはんだを付けて確実に固定します．

⑦ ジャンパの配線

銅はく面側で配線が交差する場合は，**写真21**に示すように部品を実装している面に錫めっき線を通してはんだ付けします．錫めっき線と部品が接触する恐れがある場合は，被覆線材を使います．

あるいは，被覆線材を銅はく面側で交差して配線してもかまいません．

ただし，被服線材の使いすぎは「やきそば配線」の温床となり，見栄えが良くないばかりか，あとで配線の確認がしにくくなります．

● 動作前に接続を確認

写真22のようにハンディ・テスタを使い，回路図どおりに配線されていることを確認します．特に電源配線がグラウンドとショートしていないことを確認します．導通チェックは抵抗レンジを使います．

DIPパッケージのマイコンを使った試作基板製作のアドバイス

column

● 縦方向1cm以内には背の高い部品を配置しない

PICなどのマイコンを使用するとき，オンボードでインサーキット・プログラミングができるような回路構成になっていればよいのですが，そうでないときやICEなどを使用するときは，デバッグ作業中に頻繁にICを抜き差しすることがあります．

私もデバッグのことをあまり考慮せずにパターンを起こして，デバッグ中にマイコンの足を取り返しがつかないほど曲げてしまったり，周りの部品に傷をつけてしまったことがあります．

DIPパッケージのマイコンでデバッグをする際は，近隣の縦方向には部品を配置しないほうがよいようです．

特に，パスコンなどはパターンの関係でもっともじゃまな位置に配置しがちですが，私は**写真C**のように電気的に効果が高いほかの位置に配置して，ICの上下方向1cm程度は背の高い部品を配置しないように心がけています．

● デバッグに便利な自作エキスパンダ

ICのピンやICソケットは何度も抜き差しを繰り

column

写真C 縦方向1cm以内には背の高い部品を配置しない

この領域には，背の高い部品は配置しない

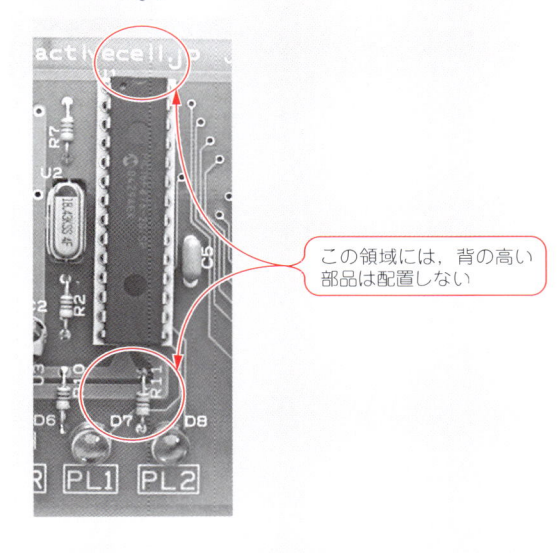

写真D ゼロ・プレッシャ・ソケットを使ってデバッグ

ゼロ・プレッシャ・ソケット

エキスパンダ

写真E 自作エキスパンダの構造

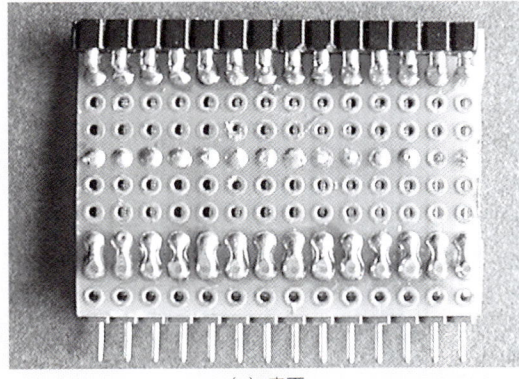

（a）表面

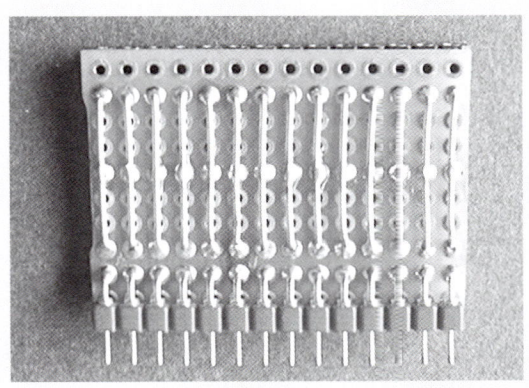

（b）裏面

返すようなものではないので，デバッグ時にはレバー付きのゼロ・プレッシャICソケットを使用します．ただし，通常のICソケットよりも形状が大きいので実際に使用するときはエキスパンダ（げた）を使って引き出して実装します．

私が使用しているエキスパンダやICソケットを紹介します．

写真Dは28ピンDIP型PICマイコンのデバッグを行っているところです．この写真で使用しているICソケットは，28ピンDIP用で600 milと300 milのいずれも実装できるように，勘合部が幅広にあいているタイプです．このソケットのピンは600 milの幅になっているので，そのままでは基板上の300 mil幅のICソケットには実装できません．使用しているエキスパンダはピン幅の補正の役割もっています．

ゼロ・プレッシャ側のソケットはPM-5（マックエイト），基板のICソケット側のピンはOZ-001（マックエイト）を**写真E**のように両面スルー・ホールのユニバーサル基板の表裏に実装して，対向するピンどうしを接続しています．

これを2枚用意してソケットに差し込みますが，差し込む向きによって300 milと600 milの補正が行えます．ゼロ・プレッシャ側の幅は計算上，多少ずれが生じますが，実用上はまったく問題になりません．

〈木下 清美〉

徹底図解★電子回路の工作テクニック

第6章 Appendix
はんだ付け不要の試作専用基板で前検討

リード・タイプの部品を使った実験回路の試作手順
島田 義人

6-A 部品点数が少なくて目で見て動作を確認できる回路を例に
試作ターゲットのあらまし

写真A 赤色LEDを交互に点滅するマルチバイブレータ回路の試作基板

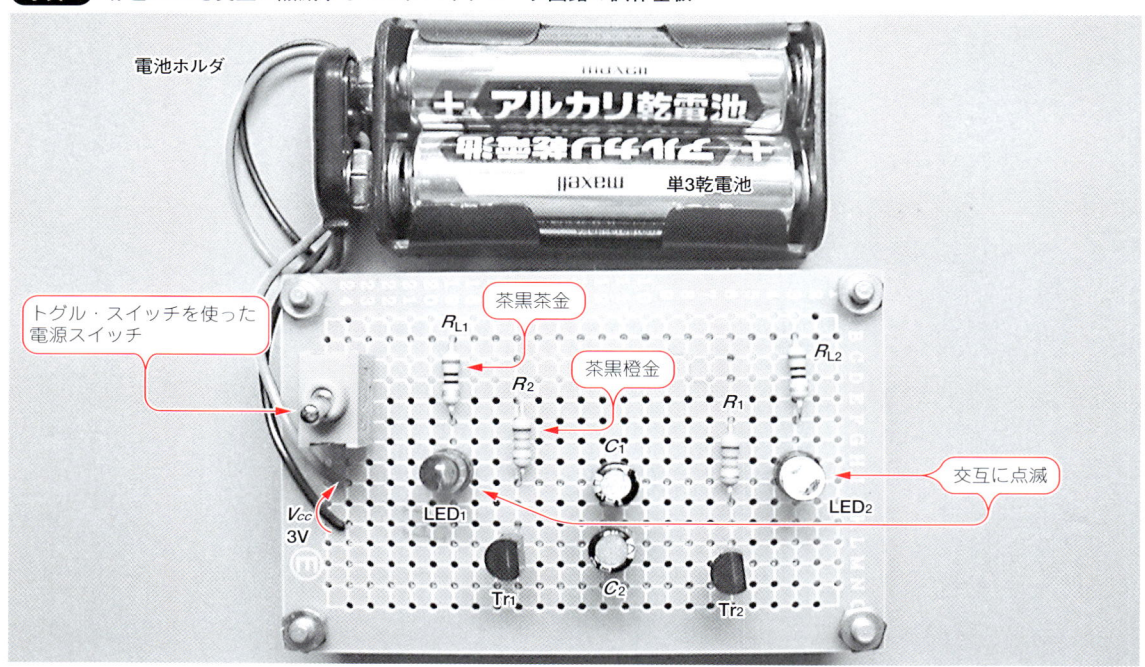

- 電池ホルダ
- アルカリ乾電池 単3乾電池
- トグル・スイッチを使った電源スイッチ
- 茶黒茶金
- 茶黒橙金
- 交互に点滅
- V_{CC} 3V
- R_{L1}, R_{L2}, R_1, R_2, C_1, C_2, LED$_1$, LED$_2$, Tr$_1$, Tr$_2$

(a) 部品面

- はんだ付けしない
- 電源スイッチ
- V_{CC} 3V

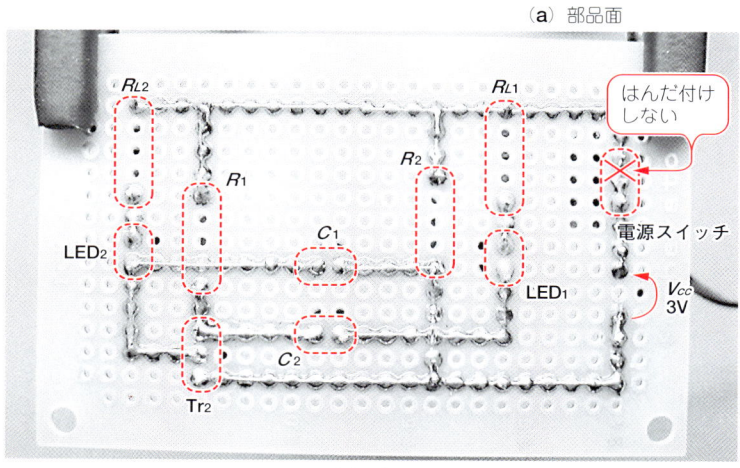

(b) 裏面

リード・タイプのディスクリート部品を使って二つの赤色発光ダイオード（赤色LED）を交互に点滅する回路を製作します．

写真Aに製作した回路基板の外観を示します．**図A**に回路図を示します．

● 製作した回路の動作

二つのトランジスタTr$_1$とTr$_2$が0.5秒間隔で交互にON（導通）/OFF（非導通）します．これにより，二つの赤色LED

図A 試作する回路

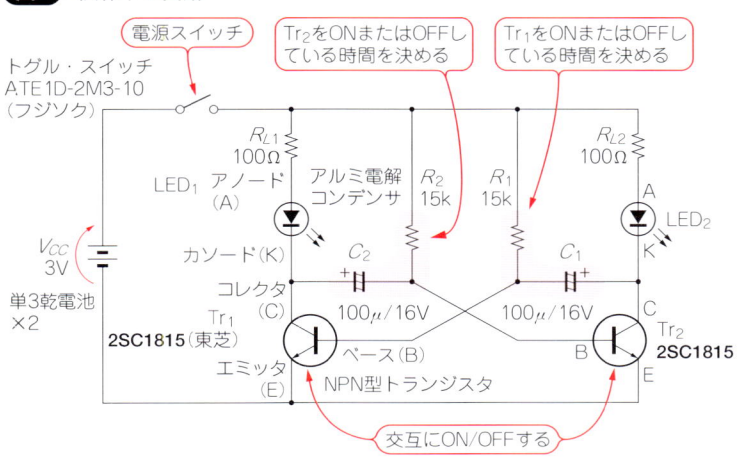

電源スイッチ / Tr_2をONまたはOFFしている時間を決める / Tr_1をONまたはOFFしている時間を決める

トグル・スイッチ ATE1D-2M3-10（フジソク）
R_{L1} 100Ω, R_{L2} 100Ω
LED_1 アノード(A), カソード(K)
アルミ電解コンデンサ
R_2 15k, R_1 15k
LED_2 A, K
V_{CC} 3V 単3乾電池×2
C_2 100μ/16V, C_1 100μ/16V
Tr_1 2SC1815（東芝）, コレクタ(C), ベース(B), エミッタ(E), NPN型トランジスタ
Tr_2 2SC1815
交互にON/OFFする

図B LEDの順電圧は赤/黄緑系の約2Vと青/白系の約3.4Vに分かれる

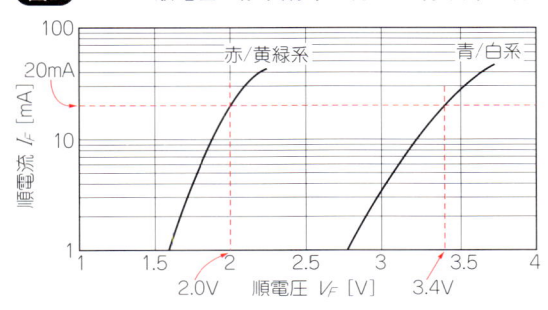

順電流 I_F [mA] / 順電圧 V_F [V]
赤/黄緑系 2.0V, 青/白系 3.4V, 20mA

図C マルチバイブレータの動作イメージ

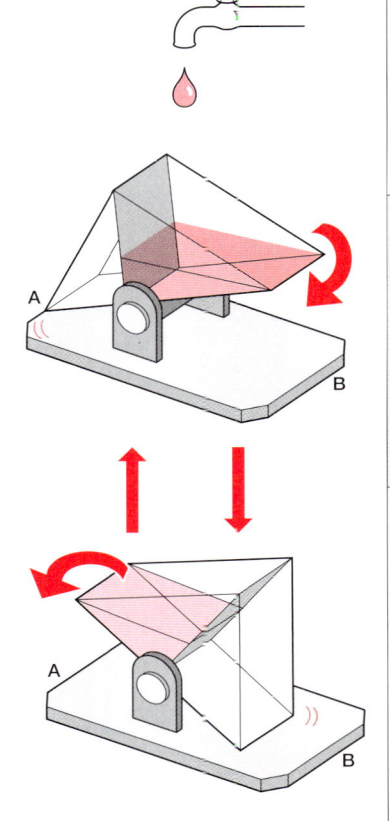

（LED_1とLED_2）へ交互に電流を流して点滅します．点滅周期はC_1とR_1，およびC_2とR_2によって決まります．

▶**青/白系のLEDは乾電池2本では点灯しない**

電源電圧は約3Vで，単3乾電池2本を直列につないで作りました．

LEDは，材料によって赤，黄緑，青などと，発光する色が違います．また，光の3原色により，さまざまな色を表現できます．

LEDのアノードからカソードに電流を流すと，カソード-アノード間に電圧が発生します．この電圧を順電圧といいます．

LEDの順電圧は，**図B**に示すように発光色によって異なります．赤/黄緑系は約2V，青/白色系は約3.4Vです．

青/白色系のLEDを動作させる場合は，単3乾電池2本では電圧が足りません．単3乾電池を3本（約4.5V）使う必要があります．

▶**回路の動作イメージは水シーソー**

製作する回路の動作は，**図C**に示す水シーソーのようなものです．

水滴が右側の受け皿に落ちて水が溜まってくると，その重みで受け皿がB側に傾いて水が排出されます．今度は，左側の受け皿に水滴が溜まり，その重みでA側にシーソーが傾いて水を排出します．この動作が繰り返されます．

シーソーの受け皿がコンデンサC_1とC_2に，水滴が電流（電荷）に相当します．このような発振回路をマルチバイブレータと呼びます．

6-B STEP1 ソルダレス・ブレッドボードで回路を前検討

部品を抜き差ししながら回路動作をパパッと確認

写真B 赤色LEDを交互に点滅する回路をソルダレス・ブレッドボードに組む

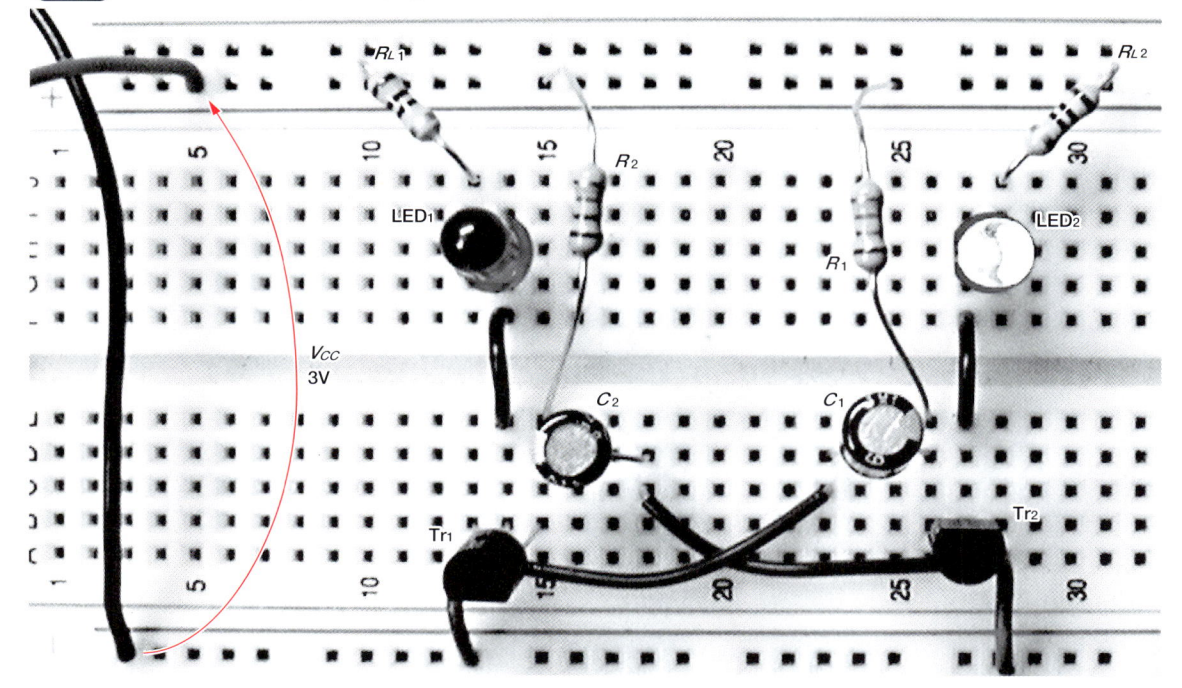

写真C 試作に使ったトランジスタ 2SC1815

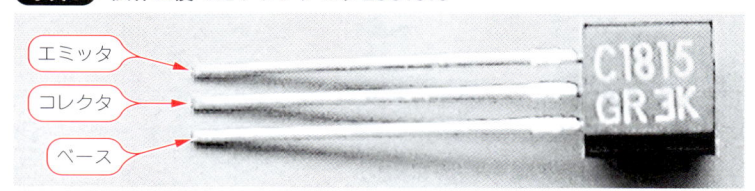

リード部品の場合，定数や回路構成を変えながら動作を確認するのに，いちいちユニバーサル基板にはんだ付けしていては大変です．**写真B**に示すソルダレス・ブレッドボードを使うのが便利です(2-7節参照)．

● 使用した部品

トランジスタには，定番の**写真C**の2SC1815を使いました．部品のリード線をソルダレス・ブレッドボードの穴に装着し，部品間の接続はビニル線で配線します．**写真D**の赤色LEDや**写真E**の電解コンデンサは，極性があるので間違えないように挿入します．

● 部品を差し替えて特性を確認

実際に部品や回路構成を変えて動作を確認してみましょう．

▶コンデンサと抵抗の定数を変えてみる

マルチバイブレータのトランジスタがON/OFFする周期(発振周期)は，赤色LED(LED_1, LED_2)を接続しない場合，C_1とR_1およびC_2とR_2の値により決まります．**図D**に回路に流れる電流を示します．

トランジスタTr_1がON，またはOFFしているおおよその

写真D 試作に使った赤色LED

アノード(リードの長いほう)
カソード

写真E 試作に使ったアルミ電解コンデンサ

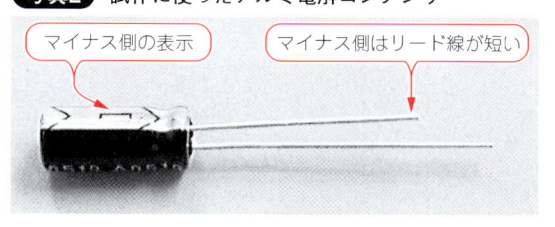

マイナス側の表示
マイナス側はリード線が短い

図D トランジスタがON/OFFする周期はコンデンサと抵抗の定数で決まる

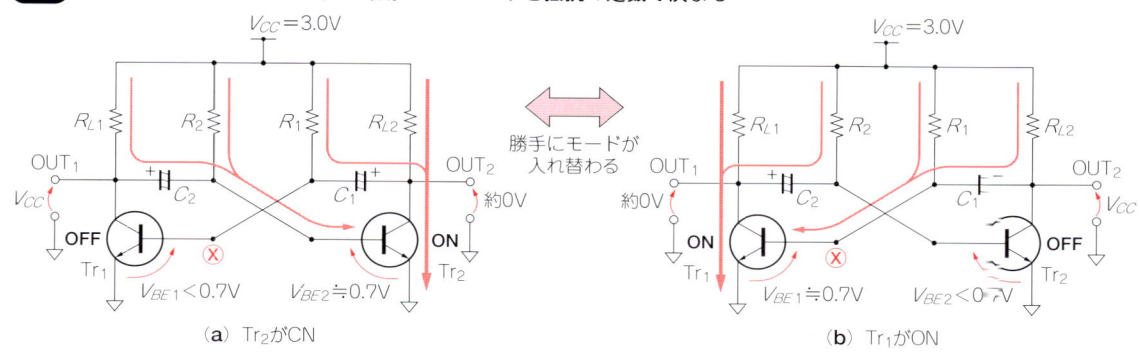

(a) Tr_2がON

(b) Tr_1がON

写真F 試作したマルチバイブレータのトランジスタの動作波形（2 V/div.）

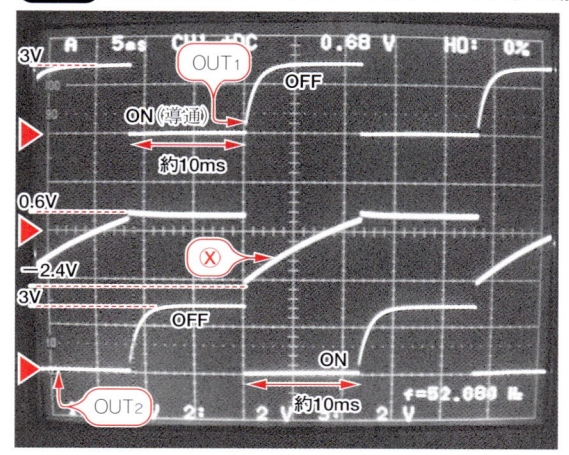

(a) 赤色LEDを接続していない抵抗負荷（R_{L1}, R_{L2}）のみの場合

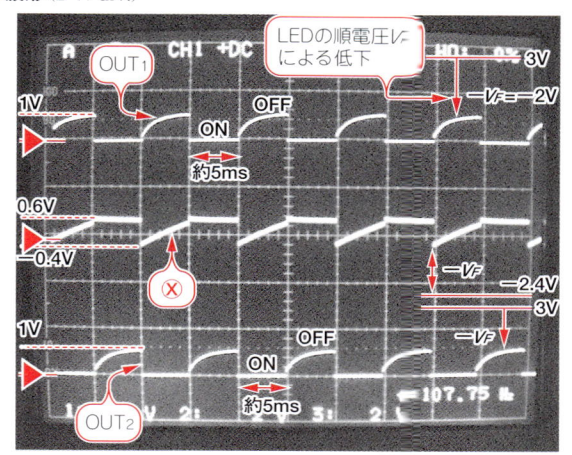

(b) 赤色LEDを接続すると順電圧によりコレクタ電圧が低下し，半周期が短くなる

時間 t（半周期）は，次式で求められます．

$t = 0.69 C_1 R_1$

写真F(a) に示すのは，発振回路各部の電圧波形です．コンデンサと抵抗の定数は，$R_{L1} = R_{L2} = 100\ \Omega$（抵抗負荷），$R_1 = R_2 = 1.5\ k\Omega$，$C_1 = C_2 = 10\ \mu F$としています．トランジスタのON/OFF時間を計算すると

$t = 0.69 C_1 R_1 = 10\ ms$

となり，実際の波形とほぼ一致していることがわかります．

▶ **LEDを接続してみる**

LEDを接続した場合は，**写真F(b)** に示すように半周期 t は短くなります．

LEDに電流が流れることで発生するアノードとカソード間の約2Vの順電圧によって，トランジスタのコレクタ電圧が約1Vまで減少します．コレクタ電圧が下がるとコンデンサの充電量が減り，放電時間も短くなります．そのため，実際の半周期 t が短くなります．

発光ダイオード(LED)

発光ダイオードは，電流を流すと光る化合物半導体をパッケージの中に収めた素子です．

光る化合物半導体には **表a** のようにいろいろなものがあり，電気エネルギーを光エネルギーに変換することができます．また化合物の種類によって生じる光の波長が異なります．つまり色が違います．

〈島田 義人〉

column

表a LEDのパッケージに封入されている化合物半導体とその発光色

化合物	発光色	波長 [μm]
GaAlAs	赤	0.66
GaAsP	黄/橙/赤	0.5〜0.8
GaP	黄緑	0.565
GaN	青	0.49

注▶ GaAsPはGaAsとGaPとの混合結晶．混合率の変化によって特定範囲の任意の色（波長）で発光する．

6-C STEP2 検討済みの回路をユニバーサル基板に組む

ソルダレス・ブレッドボードを使って動作確認した回路をはんだ付け

ソルダレス・ブレッドボードを使った検討によって回路を決定したら，ユニバーサル基板に，部品を背の低い順にはんだ付けしていきます．**表A**に，製作した回路の部品表を示します．

基板のランドから出ているリード線は，指に刺さったり，回路をショートさせる恐れがあります．**写真G**のように，一つの部品をはんだ付けし終えたら，その都度リード線をニッパなどでカットします．

すべての部品のリード線をはんだ付けしたら，次に部品間の配線をします．カットした部品のリード線や，錫めっき線などを使って，配線をはんだ付けします．

最後に，ソルダレス・ブレッドボードで組み立てたときと同様に動作することを確認します．

写真G 基板のランドから出ているリード線をニッパなどでカットする

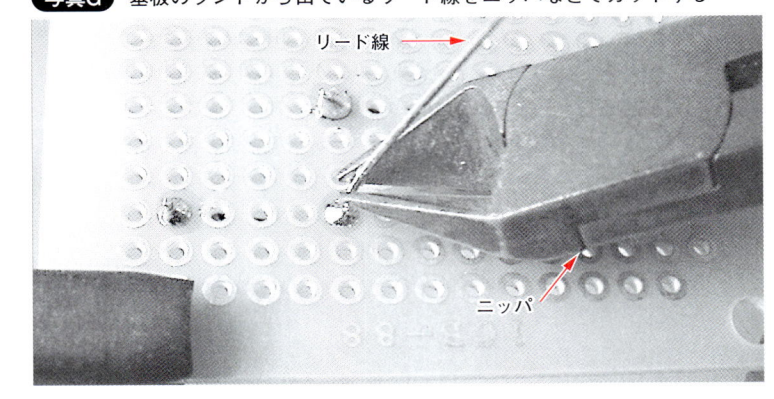

表A 試作した回路の部品表

品 名	メーカ名	型名・仕様	数量
トランジスタ	東芝	2SC1815，汎用NPNタイプ	2
赤色LED	—	赤色，φ5，V_F =2.0V	2
カーボン皮膜抵抗	—	100Ω，±5%，1/4W（茶黒茶金）	2
		15kΩ，±5%，1/4W（茶黒橙金）	2
アルミ電解コンデンサ	日本ケミコン	100μF，16V	2
トグル・スイッチ	フジソク	単極双投，ATE1D-2M3-10	1
ユニバーサル基板	サンハヤト	ICB-88	1
電池ホルダ	—	単3乾電池用	1
電池	—	単3乾電池	2

いろいろな色で発光するLEDのしくみ　　column

図aに示すように，赤，緑，青の三つの色を混ぜ合わせることでさまざまな色を表現できます．この三つの色を「光の3原色」と呼びます．

身近な例は，液晶ディスプレイの色再現の手法です．液晶ディスプレイの白く映っているエリアは，そこに白く光る発光体があるのではありません．ディスプレイ全体には，赤，緑，青の発光素子がセットになった小さな発光部がたくさんちりばめられています．白く見えるエリアは，赤，緑，青の発光素子が同時に光っている発光部が集まっているわけです．

この原理をLEDに適用すると，白色LEDができあがります．

図bに示すように，内部に青色を出すLEDチップが一つだけ入っている白色LEDも多く存在します．チップの上には蛍光体層があり，チップから出た青色の光の一部がこの蛍光体に吸収されて黄に変化します．**図b**から，黄と青を合成すると白になります．蛍光体は赤色や緑色LEDチップよりもずっと安く作れるのです．

〈島田 義人〉

図a 赤，青，緑の三つを組み合わせるとたくさんの色を表現できる

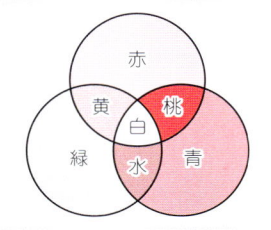

図b 発光素子が一つしかないのに白で発光するコスト・パフォーマンスの良いLEDの構造

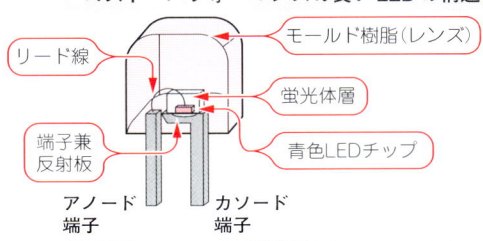

徹底図解★電子回路の工作テクニック

第7章
大電流による配線の影響と部品の発熱に対処する

パワー回路の試作術
浅井 紳哉

7-1 試作ターゲットのあらまし
出力電力が250Wと大きい電源回路を例に

写真1 AC 100V$_{RMS}$入力，250W出力の昇圧型PFC回路の完成基板

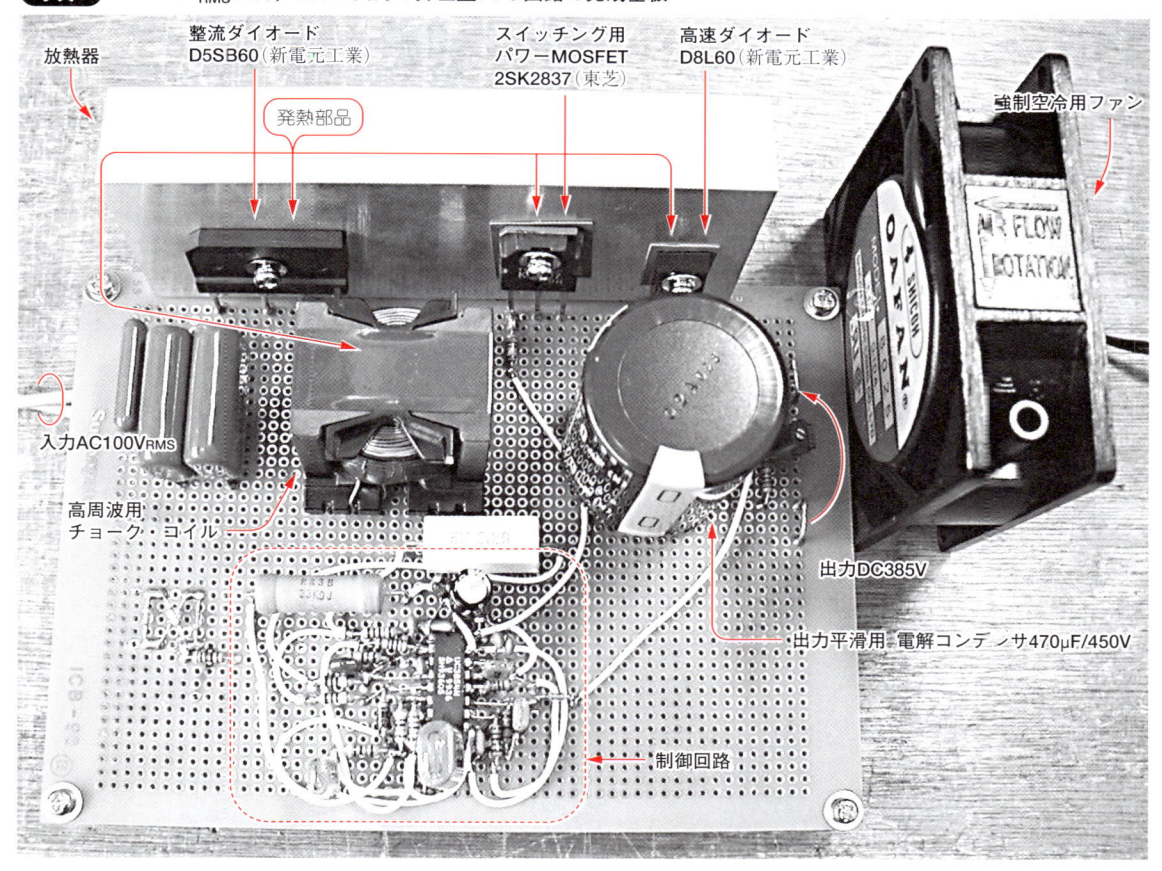

- 放熱器
- 整流ダイオード D5SB60（新電元工業）
- 発熱部品
- スイッチング用パワーMOSFET 2SK2837（東芝）
- 高速ダイオード D8L60（新電元工業）
- 強制空冷用ファン
- 入力AC100V$_{RMS}$
- 高周波用チョーク・コイル
- 出力DC385V
- 出力平滑用 電解コンデンサ470μF/450V
- 制御回路

　入出力電力が大きいパワー回路は，試作基板の配線の抵抗分が回路動作に影響を与えるうえ，部品の発熱を考慮する必要があります．パワー回路の例として，**写真1**の250W出力のPFC(Power Factor Correction)回路を製作します．

● 電流のピークを抑えて送電線での損失を減らすPFC回路

　家庭のコンセントから出ている100 V$_{RMS}$(50 Hzまたは60 Hz)の交流電圧は，発電所→送電線→変電所→送電線→柱上トランス→送電線→ブレーカ→コンセントというルートで供給されています．コンセントからの交流出力は，平滑回路によって直流に変換し，電子回路の電源とします．

　コンセントから出力される

7-1 試作ターゲットのあらまし　115

写真2 PFC回路を設けると入力電流の実効値が小さくなる

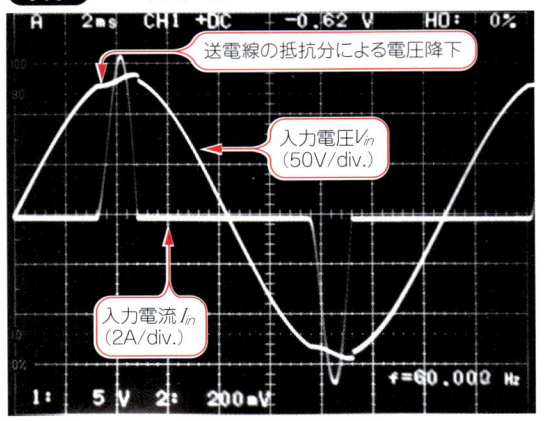

(a) 整流ダイオードと平滑コンデンサのみでPFC回路を使わない場合は局所的に大きい入力電流が流れている

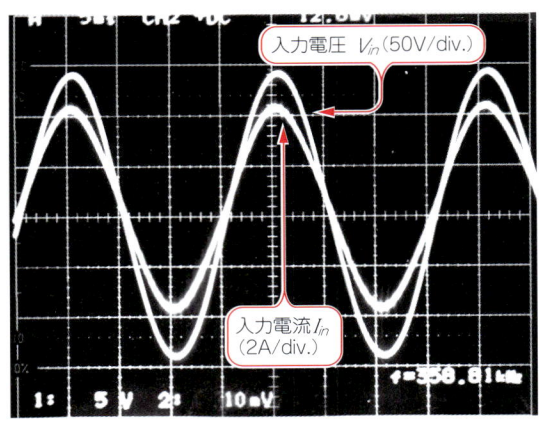

(b) PFC回路では入力電流のピーク値が抑えられている

図1 試作するPFC回路例の構成

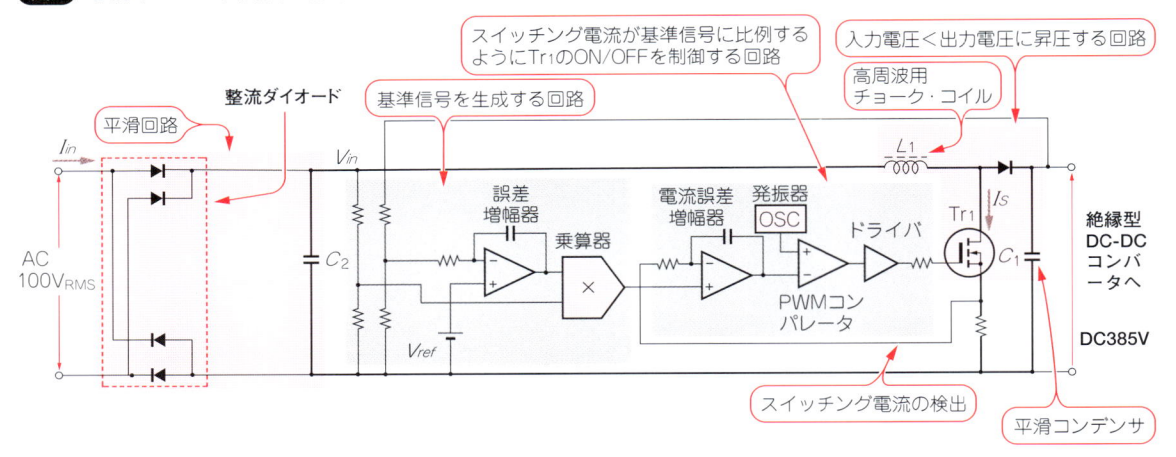

$100\,V_{RMS}$ の電圧は正弦波ですが，電流のほうは正弦波とは限りません．**写真2(a)** のように局所的に大電流が流れています．

流れる電流が大きいと，変電設備や柱上トランスで無駄な電力が消費されます．また，送電線の抵抗成分による電圧降下が発生し，**写真2(a)** の入力電圧波形のように，電圧のピーク部がへこみます．この電圧降下が大きいと，出力電圧が下がり，電子回路の誤動作の原因となります．

写真2(b) のように入力電流のピーク値を小さく抑える回路をPFC（力率補正）回路といいます．本章では，250W出力のPFC回路を製作します．

● PFC回路の動作

PFC回路を **図1** に示します．入力電圧と入力電流が比例するように，パワーMOSFET Tr_1 をON（導通）します．スイッチング電流（Tr_1に流れる電流），入力電流，入力電圧の波形は **図2** のようになっています．

図2 PFC回路の入力電流波形

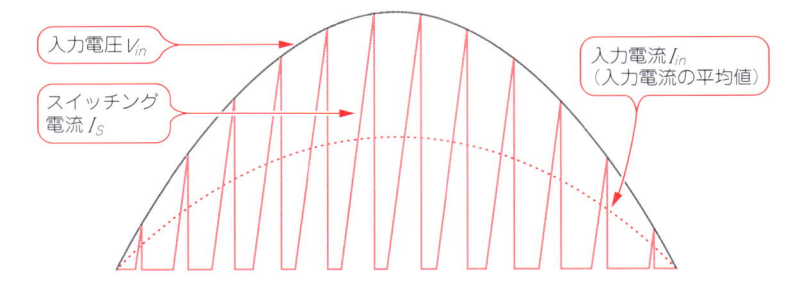

7-2 パワー部品のはんだ付けに使う道具と材料

試作前に用意するもの

写真3 温度制御型はんだごての420℃型がパワー回路に向く

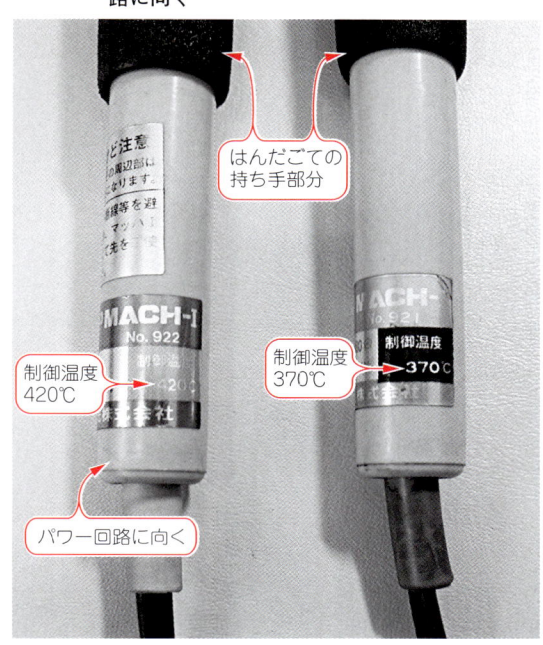

- はんだごての持ち手部分
- 制御温度 420℃ … パワー回路に向く
- 制御温度 370℃

写真4 こて先が平らで面になっているほうが熱容量が大きい部品を扱うパワー回路に向く

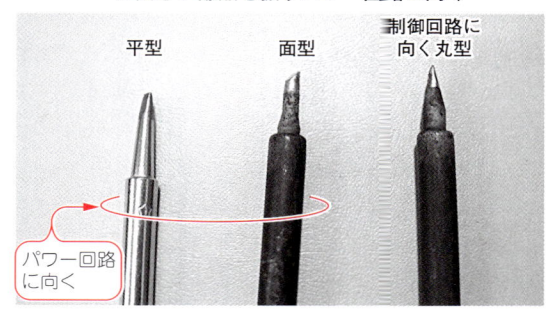

平型／面型 … パワー回路に向く／制御回路に向く丸型

写真5 はんだは太いほうがパワー回路に向く

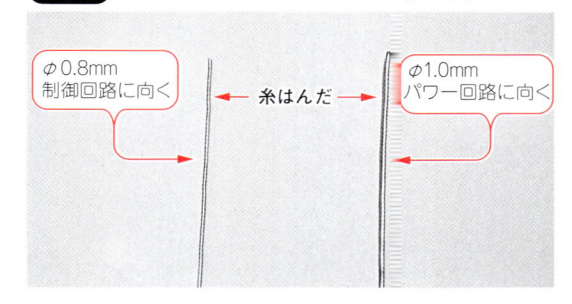

- φ0.8mm 制御回路に向く
- 糸はんだ
- φ1.0mm パワー回路に向く

パワー回路で使う部品は比較的形状が大きく，熱容量も大きくなっています．それに合わせて，**写真3**のように熱容量が大きくヒータ電力が大きいはんだごてを用意します．こて先は**写真4**のように，面で部品のリード線を温められる平らなものが向いています．

部品のリード線が太い場合は，部品を搭載する基板の銅はく部やランドも大きくなり，はんだ付けに多量のはんだを使います．

写真5のように太い糸はんだを使うと便利です．

プリント配線基板の基板材質は，**写真6**のように，民生用機器で低周波数の場合は紙フェノール基板（FR-1）が，民生用機器で高周波数や産業用機器の場合はガラス・コンポジット基板（CEM3）やガラス・エポキシ基板（FR-4）が多く利用されています．

FR-4に比べてCEM3は熱膨張率が大きいため，面実装のパワー部品などで熱を基板に逃がす使い方をする場合は，FR-4が適しています．積極的に基板で放熱するためのアルミニウム基板もあります．

写真6 発熱に強いFR-4がパワー回路に向く

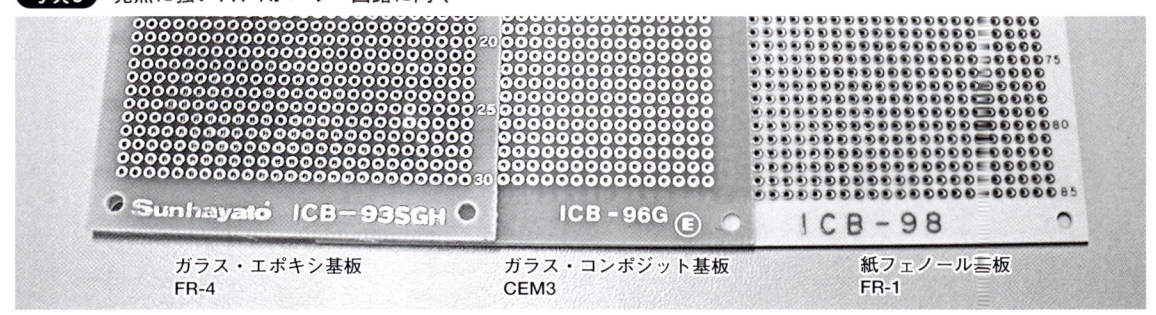

ガラス・エポキシ基板 FR-4 ／ ガラス・コンポジット基板 CEM3 ／ 紙フェノール基板 FR-1

7-3 パワー回路試作のための手引き
大電流と発熱を考慮した試作基板の作り方

1　パワー回路部の試作

写真7 大電流が流れる配線には電流容量が十分な電線を利用する

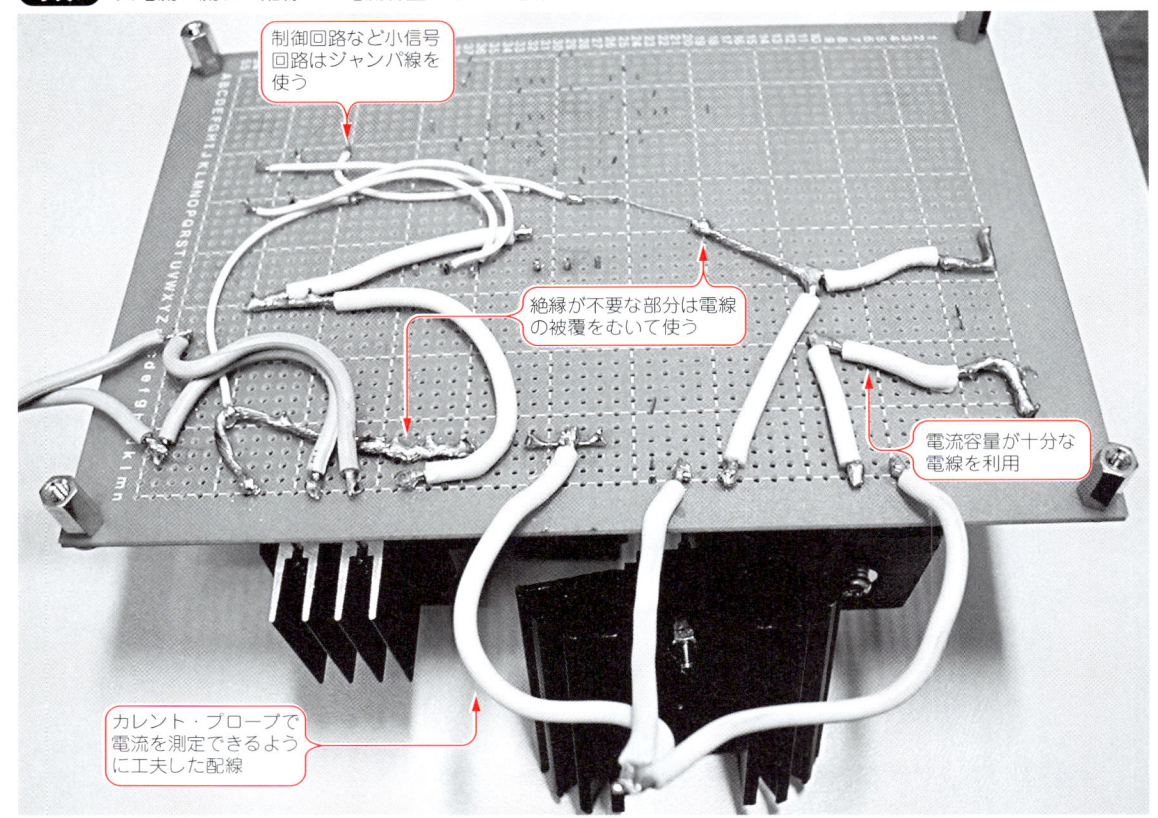

- 制御回路など小信号回路はジャンパ線を使う
- 絶縁が不要な部分は電線の被覆をむいて使う
- 電流容量が十分な電線を利用
- カレント・プローブで電流を測定できるように工夫した配線

● 配線を太くする技法

　大電流が流れる回路は，太く短く配線します．細く長く配線すると，配線の抵抗値が大きくなり損失が増えてしまいます．

　特にスイッチング回路の場合は配線が長いと，配線のインダクタンス値が大きくなり，サージ電圧が大きくなります．スイッチング電流が流れる部品はなるべく近くに配置し，配線に囲まれる面積ができるだけ小さくなるようにします．また，配線は十分な電流容量をもった太さにします．

　実験用の試作基板では**写真7**のように太い線材を使って配線しています．電流容量を満たす太さの電線や編組線を使うと，簡単に配線を太くできます．

図3 発熱する部品の配置

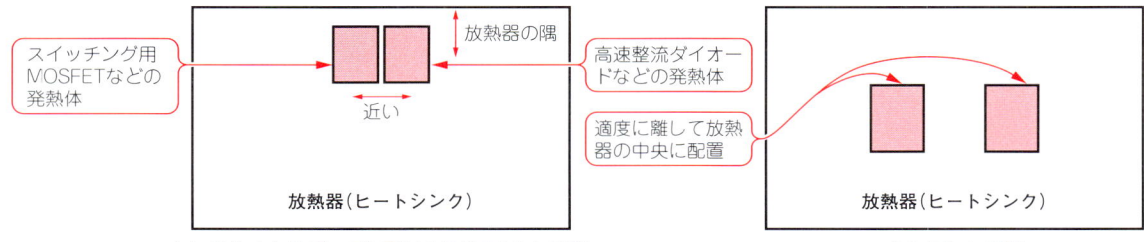

- スイッチング用MOSFETなどの発熱体
- 放熱器の隅
- 近い
- 高速整流ダイオードなどの発熱体
- 適度に離して放熱器の中央に配置
- 放熱器(ヒートシンク)

(a) 熱集中を起こして必要な冷却ができない配置　　(b) 正しい配置

図4 強制空冷時の電解コンデンサの配置

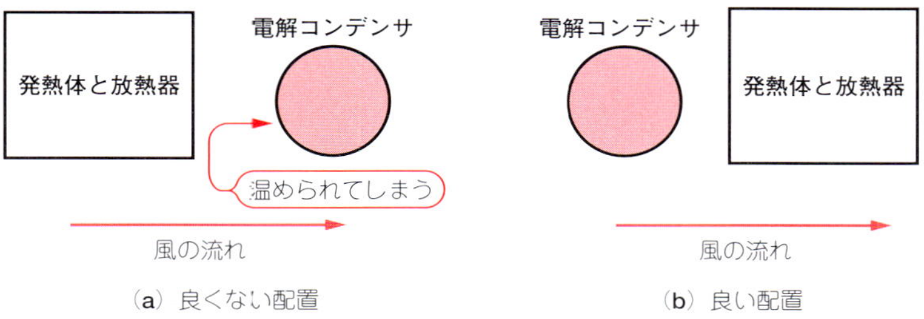

(a) 良くない配置 — 発熱体と放熱器 → 電解コンデンサ（温められてしまう）, 風の流れ

(b) 良い配置 — 電解コンデンサ → 発熱体と放熱器, 風の流れ

● ソルダレス・ブレッドボードはパワー回路に使える？

ソルダレス・ブレッドボードの許容電流を満たす回路であれば，動作確認には利用できます．ただし，ジャンパ線が細く，比較的長くなるため，サージ電圧が大きくなります．効率の確認や，雑音を抑えるスナバ回路の定数検討には不向きです．

● 発熱部品の配置を決定

パワー部品は，スイッチング電流が流れる配線が短くなるように配置を決めます．同時に発熱部品は，**写真1**のように放熱器(ヒートシンク)などに取り付けられるよう，放熱を考慮して配置します．

図3(a)のように発熱体を1カ所に集中させると，放熱器(ヒートシンク)の熱抵抗により，熱集中が発生してしまいます．このため，発熱体の位置は**図3(b)**のように適度に散らす必要がありますが，配線は短くしなければなりません．

● 熱により寿命が縮まる電解コンデンサのレイアウト

電解コンデンサは，温度が10℃上昇すると寿命が半分になるので，発熱部品に近づけないように配慮します．

入力や出力平滑用の電解コンデンサはスイッチング電流が流れるため，パワー回路に近く発熱部品による熱の影響が少ない位置に配置します．

強制空冷の場合は，**図4(b)**のように電解コンデンサを風上に配置します．

銅はく面を使って部品交換を簡単に　column

基礎実験では，頻繁に部品の定数を変更します．このとき，部品のリード線をスルー・ホールなど穴を通してはんだ付けすると，部品を外すときにはんだ吸い取り器ではんだを除去しなければなりません．これでは手間が掛かるため，**写真A**のようにはんだ面を上面にしてはんだを盛り，そこに部品リード線を接続します．基板の穴にリード線を通さないため，すぐに部品を外せます．

はんだ面を上面にしてリード線をスルー・ホールに通す場合，はんだ付けするときの作業性は悪いですが，**写真B**のようにリードを基板裏面で曲げずにはんだ付けしておくと交換するときに楽です．切断した部品のリード線は，部品リード間の接続に利用すると，めっき線やジャンパ線などの使用を減らせます．

〈浅井 紳哉〉

写真A 部品の変更が多発する試作回路はユニバーサル基板のはんだ面に部品を実装

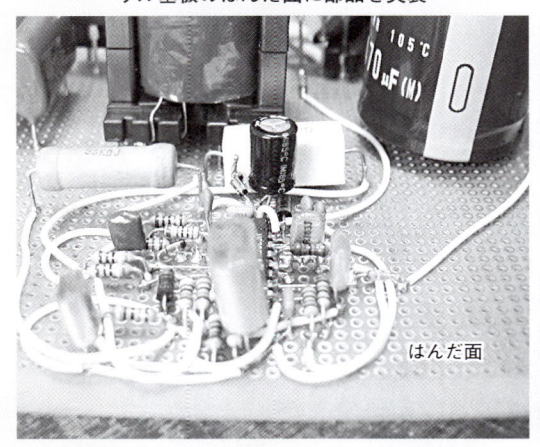

写真B 調整時に部品を抜き差ししやすいようにリード線は裏で曲げない

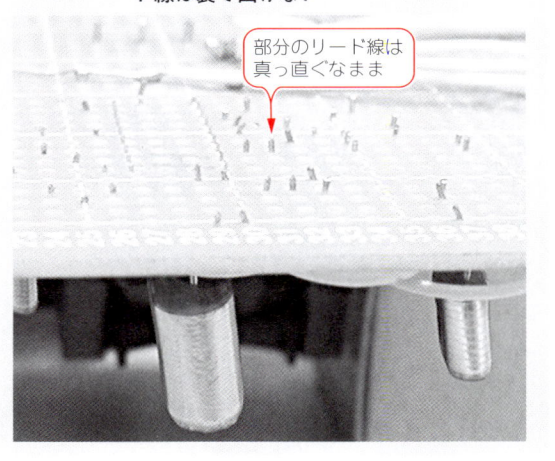

部分のリード線は真っ直ぐなまま

2 制御回路部の試作

　制御回路は，**写真8**のようにパワー回路のスイッチング電流が流れている外側の離れた場所に配置します．

● パワー回路の影響が小さい位置にレイアウト

　制御用ICは，MOSFETのドライブ信号が配線しやすいように周辺部品を考慮して配置します．

　周波数を決定するコンデンサや抵抗器は微小信号を扱うことが多いため，グラウンドを太く接続して，パワー回路からのスイッチング・ノイズの影響を受けにくいようにします．

　スイッチング電流の流れるパワー回路部と，小信号を扱う制御回路のグラウンドは，**写真9**のように分けて1点で接続します．回路図上では同電位でも，大電流が流れる箇所は配線の抵抗分やインダクタンス分により電位差が発生します．このため，グラウンドを分けないと制御回路が誤動作する場合があります．

● 検討しやすくなるような部品の実装を心がける

　写真10のように，抵抗はカラー・コードが読みやすいように，同一方向で実装します．部品定数などが記載されている部品は，定数などが読みやすいように，部品上面に捺印部がくるように部品のリード線をフォーミングします．

写真8 制御回路などの小信号回路はスイッチング電流が流れている外側に配置する

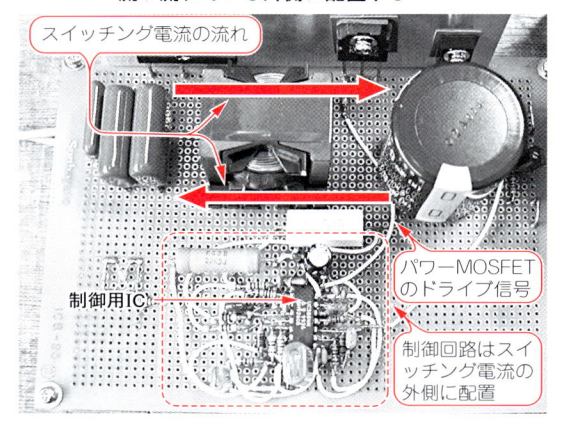

写真10 部品定数がわかりやすいように実装する

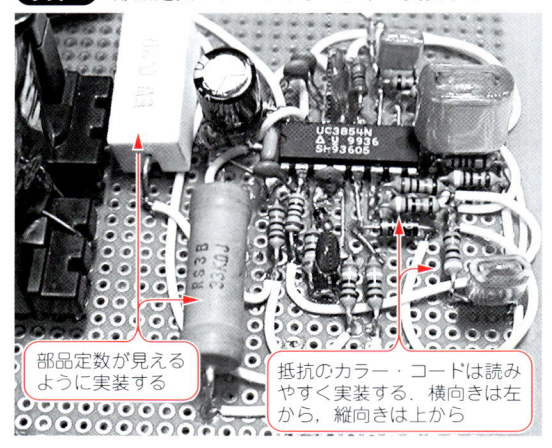

写真9 制御回路はスイッチング・ノイズの影響を受けやすいのでグラウンドを分けて1点でつなぐ

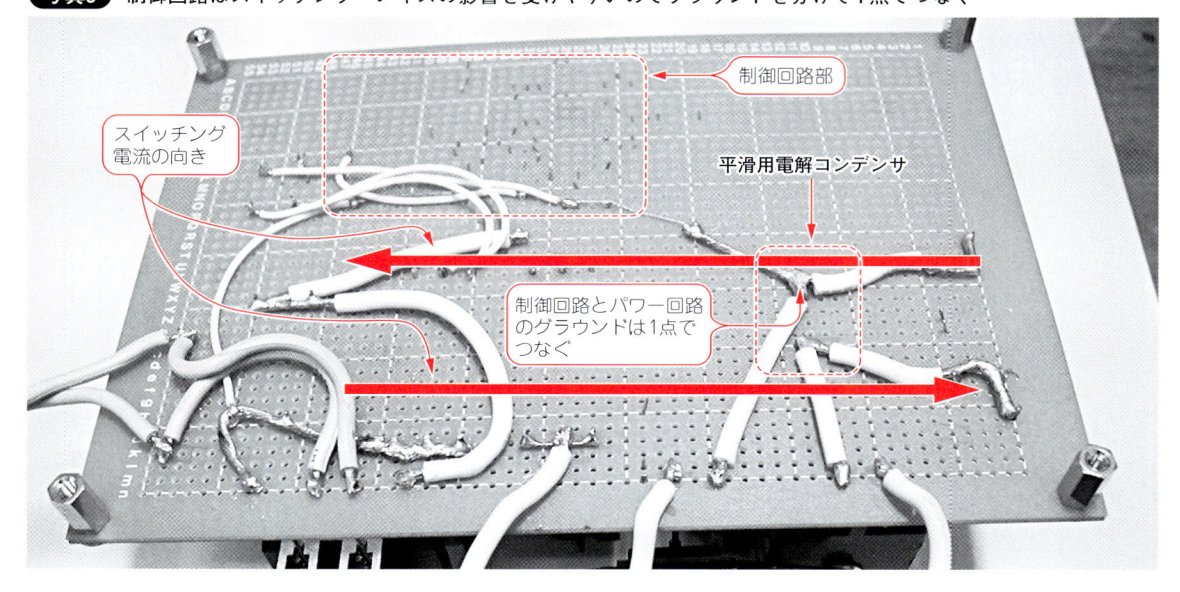

徹底図解★電子回路の工作テクニック

第8章
配線パターンと部品配置が特性を左右する

高周波回路の試作術

市川 裕一

8-1 基板の素材が信号の伝わり方や損失に影響する
試作用の基板を選ぶ

数百MHz以上の信号を扱う高周波回路では，基本的に面実装部品で回路を構成します．また，グラウンドが非常に重要になり，広いグラウンド面を確保する必要があります．そのため，ユニバーサル基板で回路を試作することはほとんどありません．

通常，**写真1**に示す両面基板を使って試作します．部品とパターンを配置した反対側の面はベタ・グラウンド（全面グラウンド）にします．

高周波回路の試作では，基板材料の選択も必要になります．数GHzあたりまでFR-4基板が使われることもありますが，一般には周波数帯や用途に応じた高周波専用の基板を使います．

写真1 高周波回路の試作ではユニバーサル基板ではなく全面が銅はくの両面基板を使う

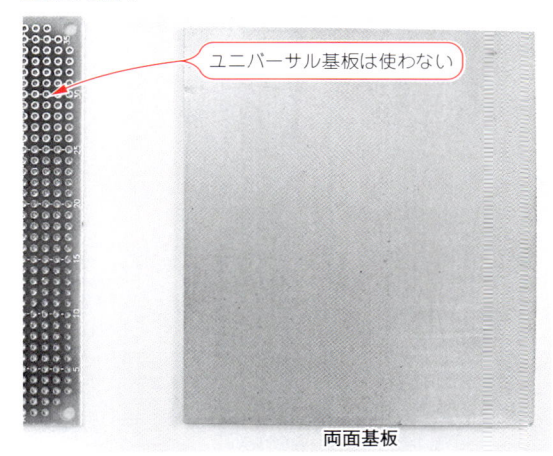

ユニバーサル基板は使わない

両面基板

高周波回路基板材料メーカと主要製品を**表1**に示します．

高周波回路用基板は高価というイメージがありますが，少量購入する場合にはFR-4基板と大差ありません．例えば，私が使っているARLON社の25Nは，16×36インチ（約41cm×91cm）の両面基板が2万円ほどです．5cmだと約140円になります．

表1 高周波回路基板材料のメーカと主要製品

メーカ	品名	誘電率
ARLON	25N	3.38 @10GHz
	DiClad 870	2.17 @10GHz
	AR1000	10 @10GHz
	CLTE-XT	2.94 @10GHz
ROGERS	RT/Duroid 5880	2.2 @10GHz
	RT/Duroid 6006	6.15 @10GHz
	TMM 10	9.8 @10GHz
	ULTRLAM 2000	2.4～2.6 @10GHz
中興化成工業	CGS-500	2.15
	CQF-500	2.3

メーカ	品名	誘電率
日立化成工業	MCL-LX-67Y	3.4～3.6 @1GHz
	MCL-LX-67F	3.65～3.75 @1GHz
松下電工	R-4726	3.4 @2GHz
	R-4728	10.2 @2GHz
	MEGTRON6	3.5 @2GHz
三菱ガス化学	CCL-HL950K Type SK	3.4 @1GHz
利昌工業	CS-3376C	3.3 @1GHz
	CS-3376CN	3.1 @1GHz

※参考　汎用基板FR-4の誘電率：4.5@10GHz

8-2 高周波回路の試作の流れとパターン作成
配線が部品と同様に機能をもつ

図1 高周波回路の試作基板発注の流れ

- 回路が単純な場合
- 急ぐ場合

回路設計
- シミュレータなどを活用し，十分に回路の検討と検証を行う
- 使用基板材料を決め，伝送線路を設計する

生基板を使った手作り基板

基板形状 端子配置決定
- 回路構成や信号の流れを考えて端子配置を決める
- 最初の試作では，変更や調整を考え，余裕をもった形状にする

パターン設計
- 両面基板や4層基板程度であればフリーのパターン設計ソフトで設計できる
- パターンで回路を構成する場合には，寸法をわずかに変えた数パターンをいくつか作成する

ガーバ・データ作成
- パターン設計ソフトから基板作成に必要なガーバ・データを出力する
  両面基板の場合：部品面パターン，はんだ面パターン，部品面レジスト・パターン etc

基板試作指示書作成
- ガーバ・データに添付する基板の試作指示書を作成する
  基板材質，基板板厚，表面処理（はんだレベラ，金めっきなど），スルー・ホール指示 etc

基板メーカで作成
- FR-4基板であれば，ネット上で基板発注できる（P板.comなど）
- 高周波回路用基板を使う場合には，対応可能な基板メーカに発注する必要がある
- 納期は，両面基板で通常1週間程度

部品実装
- ホット・プレートが必要な部品や背の低い部品（ICなど）から実装する
- リスト・バンドなどによる静電気対策を行う

図2 フリーのパターン設計ソフト「プリント基板エディタPCBE」の設計画面

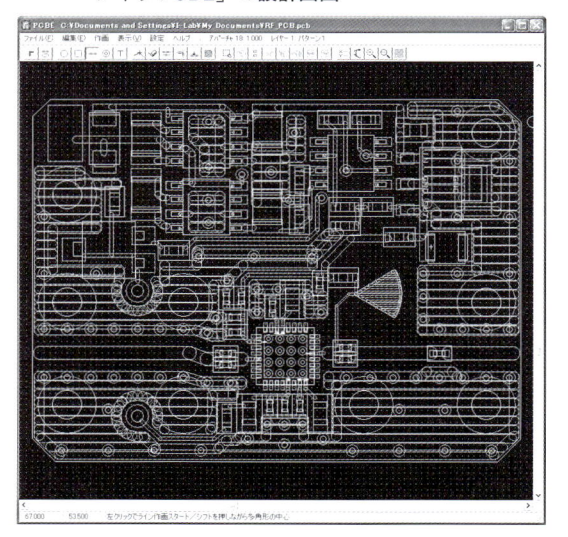

写真2 設計した高周波回路を基板メーカに発注して試作した基板

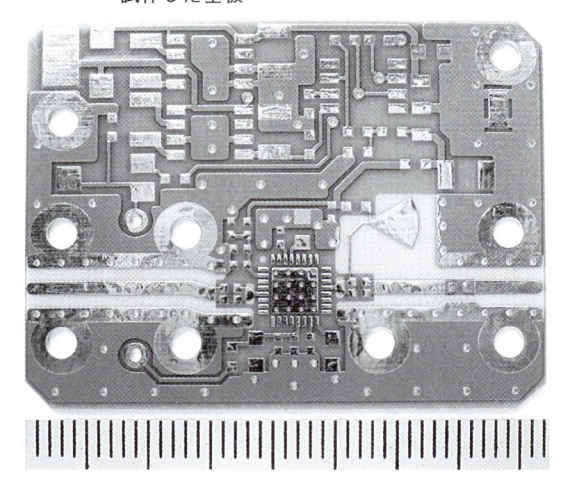

ユニバーサル基板を使うことができない高周波回路の試作は，通常，**図1**の手順で新たな基板を発注します．両面基板や4層の多層基板であれば，プリント基板エディタPCBE（http://www.vector.co.jp/soft/win95/business/se056371.html）など，**図2**に画面を示すようなフリーのパターン設計ソフトを使って，十分に設計できます．**写真2**は設計した高周波回路（アンプ）を基板メーカで試作したものです．

高周波回路の場合，パターン設計の良し悪しで，回路の特性が大きく変わってしまうことがよくあります．

まず，高周波回路の基板設計で最も重要なのがグラウンドの確保です．両面基板で設計する場合には，裏面をできるだけベタ・グラウンドにします．また，多層基板で設計する場合には，

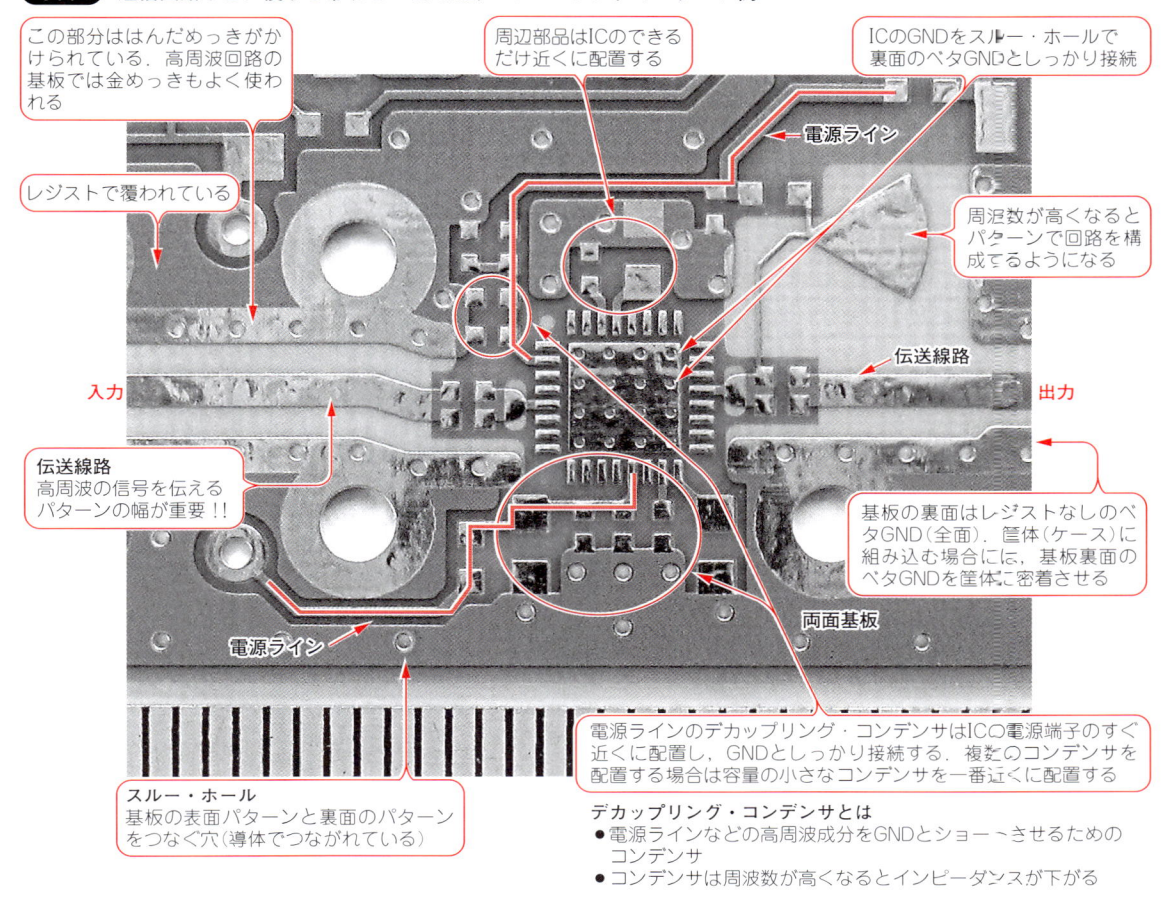

写真3 送信回路などに使うC帯(4 G～10 GHz)パワー・アンプのパターン例

- この部分ははんだめっきがかけられている．高周波回路の基板では金めっきもよく使われる
- 周辺部品はICのできるだけ近くに配置する
- ICのGNDをスルー・ホールで裏面のベタGNDとしっかり接続
- 電源ライン
- レジストで覆われている
- 周波数が高くなるとパターンで回路を構成するようになる
- 伝送線路
- 入力
- 出力
- 伝送線路　高周波の信号を伝えるパターンの幅が重要!!
- 基板の裏面はレジストなしのベタGND(全面)．筐体(ケース)に組み込む場合には，基板裏面のベタGNDを筐体に密着させる
- 両面基板
- 電源ライン
- スルー・ホール　基板の表面パターンと裏面のパターンをつなぐ穴(導体でつながれている)
- 電源ラインのデカップリング・コンデンサはICの電源端子のすぐ近くに配置し，GNDとしっかり接続する．複数のコンデンサを配置する場合は容量の小さなコンデンサを一番近くに配置する

デカップリング・コンデンサとは
- 電源ラインなどの高周波成分をGNDとショートさせるためのコンデンサ
- コンデンサは周波数が高くなるとインピーダンスが下がる

1 GHzにもなると同じ配線上でも位置によって信号のようすが違う　column

交流信号は，その周波数をf［Hz］，波長をλ［m］，光速をc［m/s］とすると，次式で表されます．

$$\lambda = \frac{c}{f}$$

光速cは3×10^8m/sですから，$f = 1$MHzの信号の場合，その波長λは300 mになります．ただし，これは自由空間(真空中)での話です．

プリント基板上での信号の波長は，基板の誘電率の影響を受けます．信号の波長は，誘電率の平方根($\sqrt{}$)をとった値にほぼ反比例します．つまり，基板の誘電率が大きくなれば，基板上の波長は短くなります．一般に使われているFR-4(ガラス・エポキシ)基板上では，基板のもつ誘電率の影響によって，1 MHz信号の波長は約160 mになります．皆さんが普段使っている基板は，160 mの1 MHzの波長と比べたらとても小さなものです．つまり，1 MHz以下

の信号を扱う回路を設計する場合には．その波長を意識しなくてもまったく不都合は感じませんし，回路の特性にも影響は現れません．

信号の周波数が1000 MHzになったらどうなるか見てみましょう．

自由空間での波長は1 MHzの1/1000の30 cmになります．FR-4基板上での波長もほぼ1/1000の約16 cmになってしまいます．16 cm程度の基板であれば，普段よく見かけます．皆さんが何気なく使っている基板で1 GHzの信号を扱おうとすると，配線上の位置が4 cmずれただけで，位相に90°も変わります．振幅が最大の場所から4 cmずれると，振幅はなんとゼロになります．コンデンサやインダクタなど，位相を変化させる部品があるわけではありません．　〈市川 裕一〉

写真4 受信回路などに使う2GHz帯低雑音アンプのパターン例

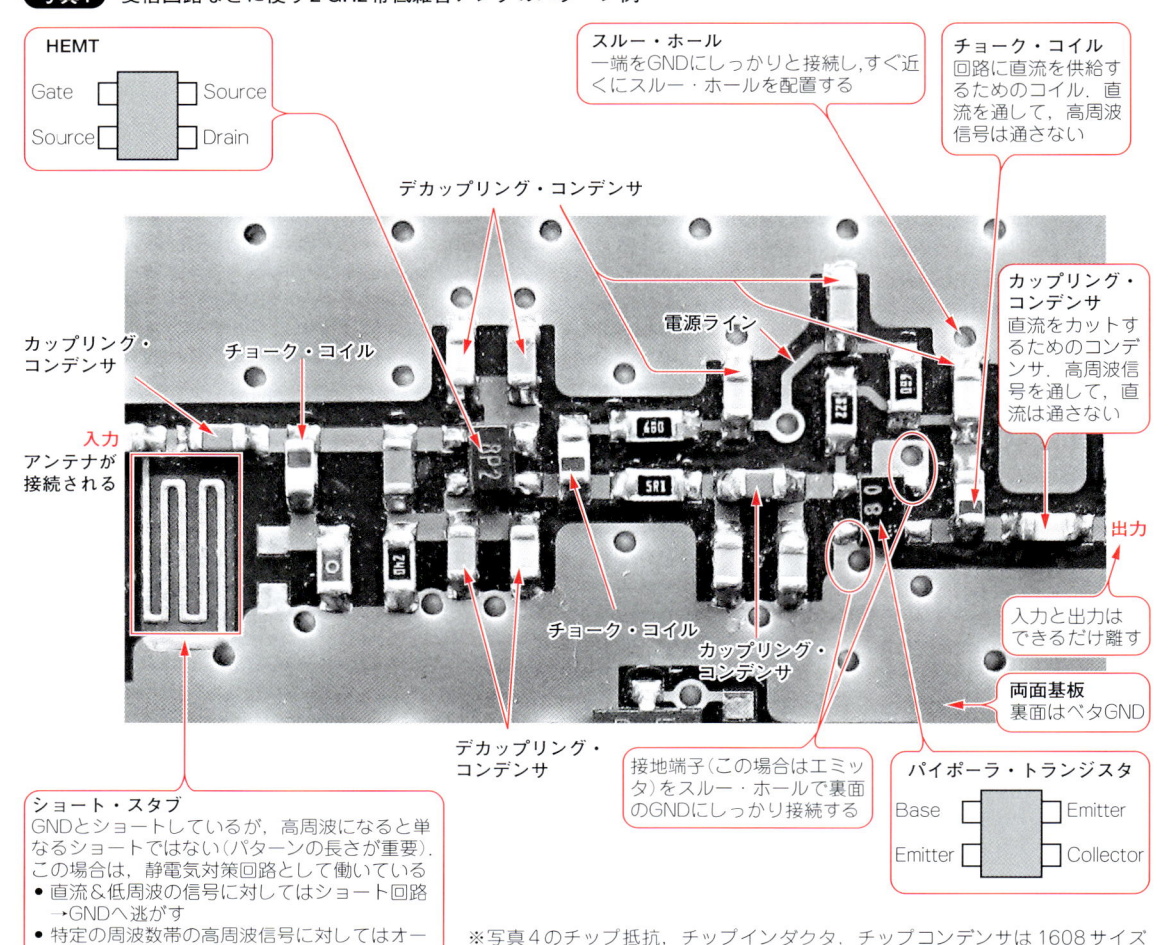

HEMT
Gate / Source / Source / Drain

デカップリング・コンデンサ

スルー・ホール
一端をGNDにしっかりと接続し，すぐ近くにスルー・ホールを配置する

チョーク・コイル
回路に直流を供給するためのコイル．直流を通して，高周波信号は通さない

カップリング・コンデンサ
入力 アンテナが接続される

チョーク・コイル

電源ライン

カップリング・コンデンサ
直流をカットするためのコンデンサ．高周波信号を通して，直流は通さない

出力

チョーク・コイル

カップリング・コンデンサ

入力と出力はできるだけ離す

両面基板
裏面はベタGND

ショート・スタブ
GNDとショートしているが，高周波になると単なるショートではない（パターンの長さが重要）．この場合は，静電気対策回路として働いている
● 直流&低周波の信号に対してはショート回路→GNDへ逃がす
● 特定の周波数帯の高周波信号に対してはオープン回路として働く

デカップリング・コンデンサ

接地端子（この場合はエミッタ）をスルー・ホールで裏面のGNDにしっかり接続する

バイポーラ・トランジスタ
Base / Emitter / Emitter / Collector

※写真4のチップ抵抗，チップインダクタ，チップコンデンサは1608サイズ（1.6mm × 0.8mm）

しっかりとしたグラウンド層を確保します．

部品配置とパターン設計では，次の点を考慮します．
① 信号レベルの異なる信号ライン（入力と出力など）は，できるだけ離して配置する．
② 能動回路，ICのグラウンドは，スルー・ホール，ビア・ホールでしっかりとベタ・グラウンドまたはグラウンド層に接続する．
③ 電源ラインのデカップリング・コンデンサは，ICの場合は電源端子のできるだけ近くに配置する．ディスクリート回路の場合は，チョーク・コイルのすぐそばに配置する．グラウンドは，②と同様にしっかりと接続する．
④ 信号ラインとグラウンド間に部品を配置する場合も，②と同様にグラウンドにしっかりと接続する．
⑤ パターン（伝送線路，信号ライン）が最短になるように，部品配置，引き回しを行う．

写真3に5GHz帯無線LANやUWBの送信部分などに使う最大10GHz対応の汎用パワー・アンプのパターン例を，写真4にPHSや無線LAN，PF IDの受信部分などに使う2GHz帯のロー・ノイズ・アンプのパターン例を示します．

8-3 試作基板を手作りする方法
生基板を使ってすぐに検討

写真5 プリント基板を必要な大きさに切り出すカッタがあると便利

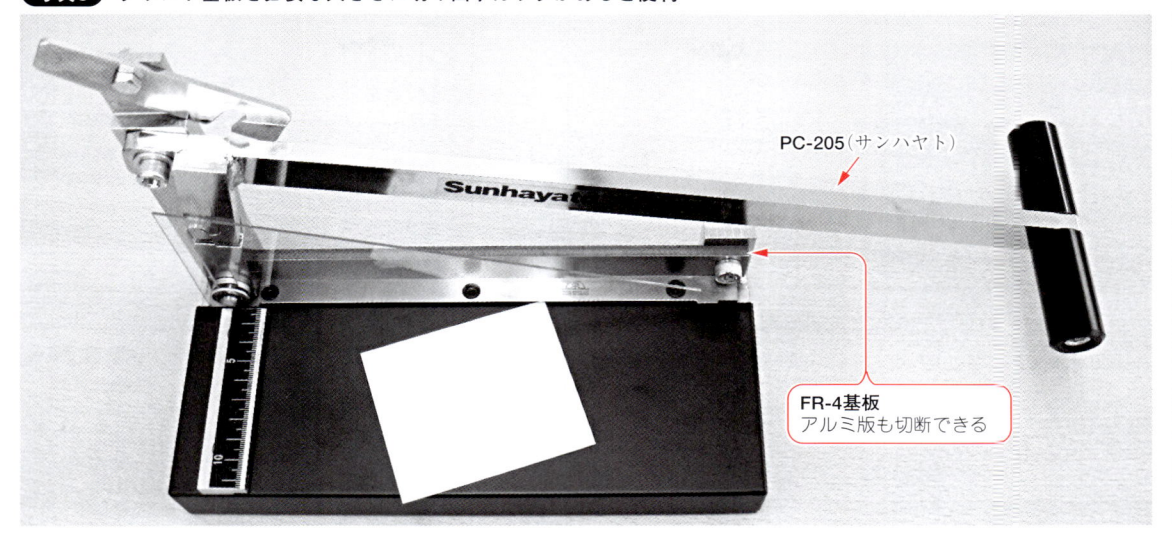

PC-205（サンハヤト）

FR-4基板
アルミ版も切断できる

写真6 パターンの輪郭を描く

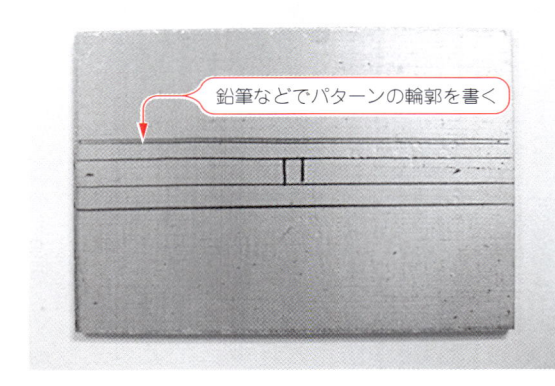

鉛筆などでパターンの輪郭を書く

写真7 パターンの輪郭に沿ってカッタで切り込みを入れる

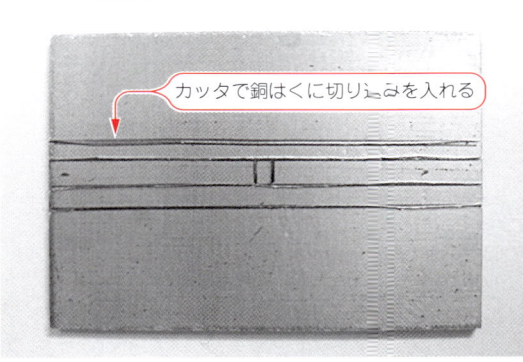

カッタで銅はくに切り込みを入れる

写真8 銅はくをはぎ取る

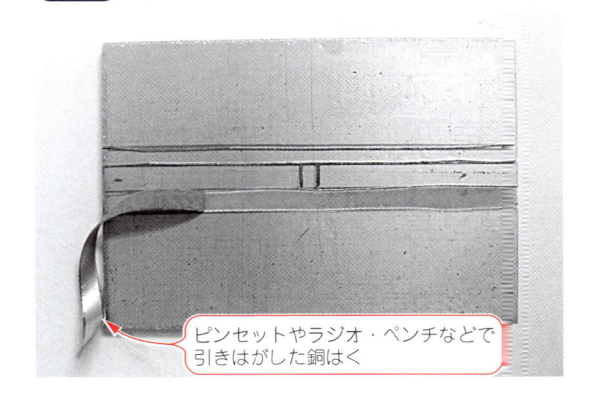

ピンセットやラジオ・ペンチなどで引きはがした銅はく

　高周波回路の設計・試作を行っているなかで，すぐに回路の試作検討をしなければならない場合があります．ユニバーサル基板を使うことができない高周波回路の場合，いったいどうしたらよいのでしょう？

　こんなときは，**写真1** 右側のような何もパターン加工されていない生基板さえあれば何とかなります．

　基板加工の手順を，3素子のロー・パス・フィルタ（LPF，低域通過フィルタ）の試作で見てみましょう．

STEP1：必要な大きさに生基板を切り出します．このとき，**写真5** に示す，プリント基板

8-3　試作基板を手作りする方法　125

写真10 部品とコネクタを取り付ける

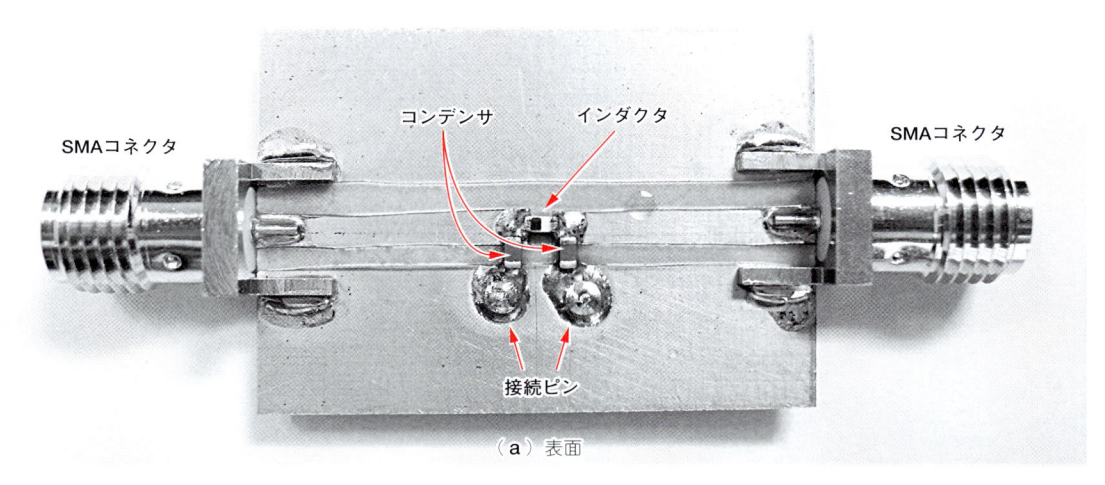

(a) 表面

ハンド・カッタ(サンハヤト：PC-205)があると非常に便利です．

STEP2 写真6 ：切り出した生基板に，鉛筆などでパターンの輪郭を描きます．

STEP3 写真7 ：描いた輪郭に沿って，カッタで銅はくに切り込みを入れます．

STEP4 写真8 ：不要な銅はくを，ピンセット，ラジオ・ペンチ，カッタなどを使ってはぎ取ります．銅はくがはぎ取りにくい基板の場合には，はんだごてで銅はくを熱しながらはぎ取ると，比較的スムーズにできます．

STEP5 写真9 ：スルー・ホールが必要な部分に卓上ドリルなどで穴を開け，プリント基板用接続ピンを挿入してはんだ付けし，基板の表面と裏面を接続します．

STEP6 写真10 ：部品を実装し，コネクタを取り付けて完成です．

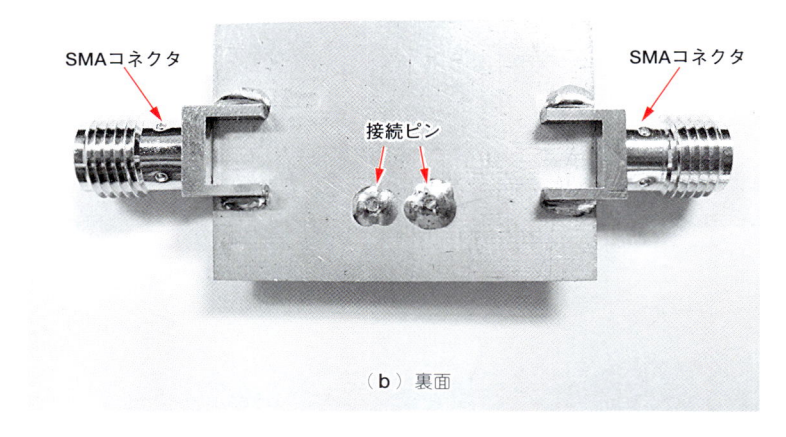

(b) 裏面

写真9 プリント基板用接続ピンで基板の表面と裏面を接続する

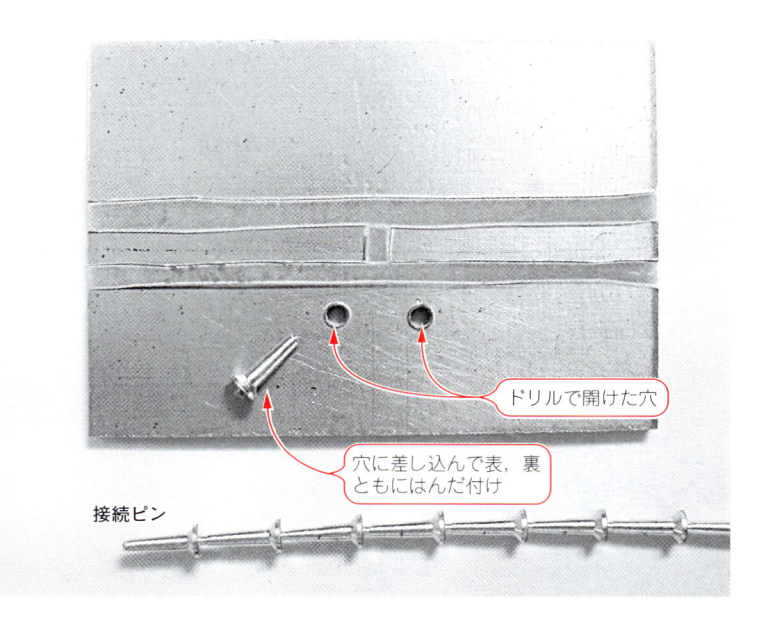

8-4 高周波用の部品をはんだ付けする道具

静電気に弱い表面実装部品を扱うために

● 静電気対策をして部品の破損を予防する

　高周波の半導体は静電気に対して非常に弱いものが多いので，部品実装時には取り扱いに十分な注意が必要です．最低限の静電気対策として，**写真11**のようなリスト・バンドを必ず装着します．部品を実装するときに使用するはんだごても，当然静電気対策が施されたものを使用します．

　私が愛用しているのは**写真12**に示す，オーケー・インターナショナル（METCAL）製の高周波はんだごてです．

　はんだ付けする箇所，部品によって**写真13**に示すこて先を取り替え，最適な条件ではんだ付けができるように注意しています．高周波回路の場合，ベタ・グラウンドのパターンに部品を接続する場合が非常に多くあります．したがって，はんだごてには十分なパワーが必要です．

● 裏面電極がある部品を確実に実装する方法

　高周波回路でもIC化が非常

写真11 リスト・バンドで静電気に弱い高周波部品の破壊を予防する

グラウンドに接続
リスト・バンド

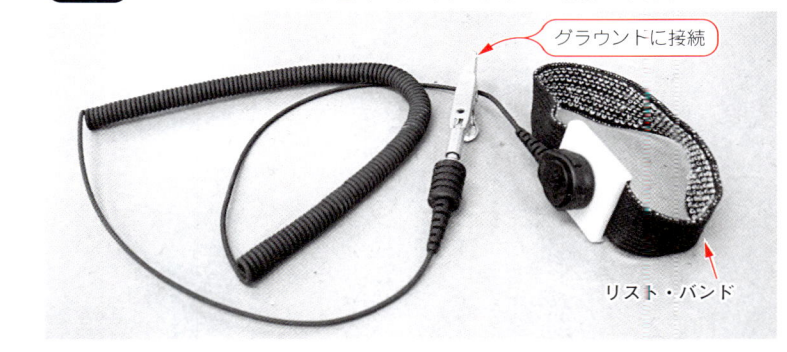

写真12 静電気対策が施された高周波はんだごて

表面実装部品取り外し用ツィーザ
はんだごて
高周波はんだごて（オーケー・インターナショナル）

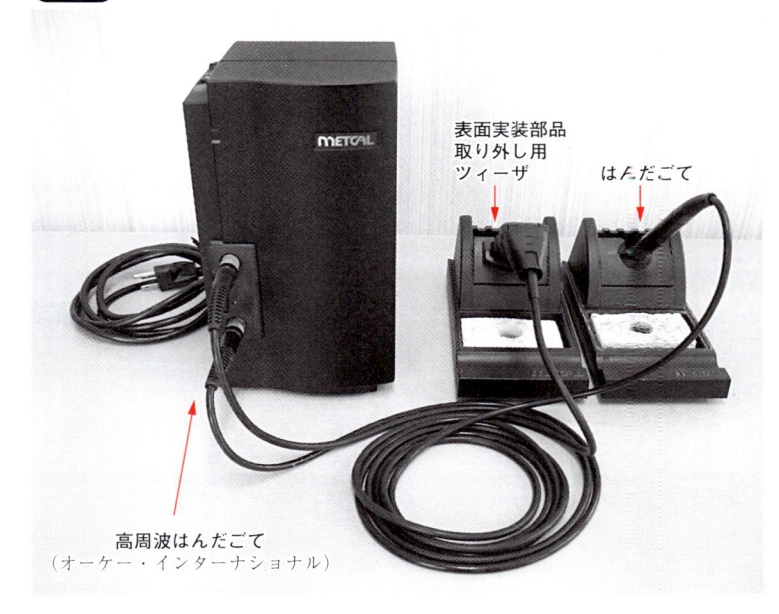

写真13 用途によってこて先を取り替える

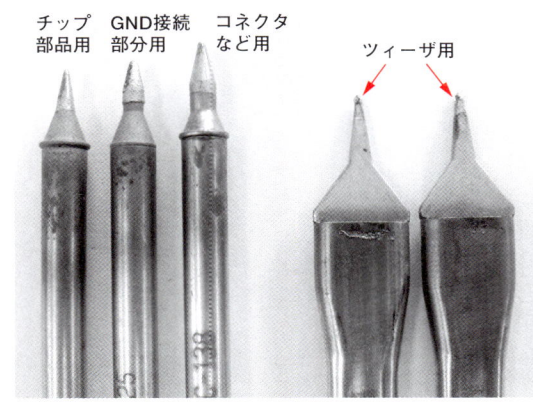

チップ部品用　GND接続部分用　コネクタなど用　ツィーザ用

はんだ付けされたチップ部分を挟んで取り外す

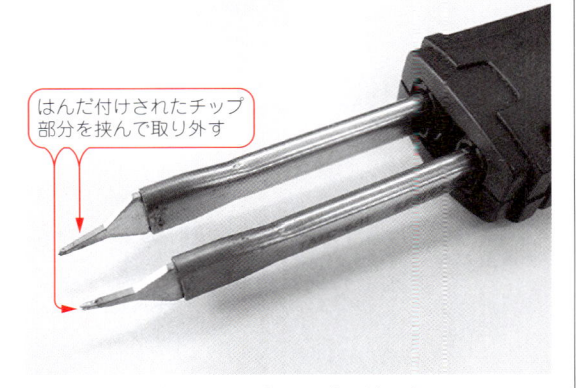

（a）はんだごてのこて先　　　　（b）ツィーザ用こて先の使い方

写真15 はんだ溶融用のホット・プレート

基板をのせる

温度調節用ダイヤル

写真14 はんだごてでは実装できない裏面電極のICが増えている

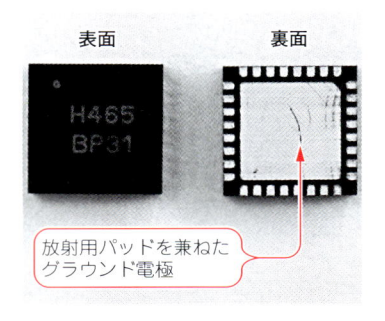

表面　　裏面

放射用パッドを兼ねたグラウンド電極

写真16 ICの裏面電極の位置の基板に穴を開けて裏面からはんだを流し込んで接続する

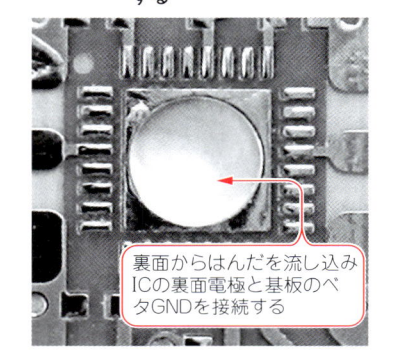

裏面からはんだを流し込みICの裏面電極と基板のベタGNDを接続する

に進み，回路の設計は簡単になりましたが，部品実装は大変になりました．例えば**写真14**のように，リード線がなく，裏面にグラウンド＆放熱用パッドが設けられたパッケージの半導体が増えています．

このようなパッケージのICは，はんだごてを使って実装するのはほとんど不可能なので，**写真15**のようなホット・プレートを使ってはんだ付けを行います．

ICの端面電極に何とかはんだ付けできる場合には，**写真16**のように，ICの裏面パッドの真下に大きなスルー・ホールを設け，基板の裏面からスルー・ホールにはんだを流し込み，ICの裏面とスルー・ホールをはんだで接続する方法もあります．

試作発注回数を減らすための知恵　　column

写真Aの伝送線路フィルタのように，パターンで回路を構成する場合があります．所望の特性が得られない場合，パターンを調整する必要があります．設計した回路に不安が残る場合は，**図A**のように，わずかに寸法を変えたパターンをいくつか用意すると安心かつ確実です．基板を発注すると初期費用が高いので，1枚の基板としてまとめて作れば，数回に分けて発注するよりも安価です．　〈市川 裕一〉

写真A パターンで構成する伝送線路フィルタ

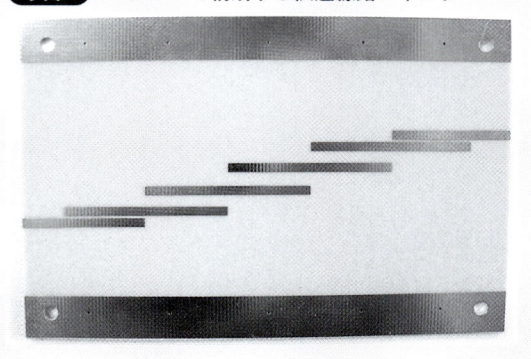

図A 数パターンをまとめて1枚の基板で発注しておくと安心かつ安価

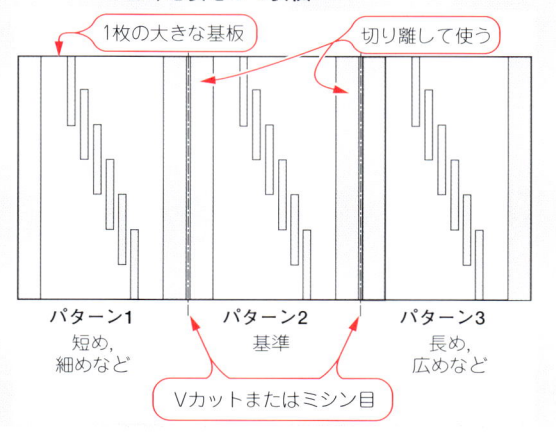

1枚の大きな基板　　切り離して使う

パターン1　　パターン2　　パターン3
短め，　　　基準　　　　長め，
細めなど　　　　　　　　広めなど

Vカットまたはミシン目

第**8**章　高周波回路の試作術

8-5 配線の変更

基板上の回路を専用のケーブルを使って変更する

試作した高周波回路の特性を調整する際，はんだ付けした部品を取り外したりパターンを大きく改造したりしなければならない場合があります．

● 実装済み部品の取り外し

写真14 のような面実装のICのうち，特に端子数が多いものを取り外す場合は前出の 写真15 のようなホット・プレートを使い，基板全体を温めて一気に取り外します．

チップ抵抗，チップ・コンデンサ，チップ・インダクタの取り外しには，前出の 写真13(b) のようなリワーク用のこてがあると便利です．

● パターン変更の方法

不要なパターンや不要な接続はカッタを使ってカットします．不要なパターンをカットしたあとに，他のパターンへ配線したい場合はどうしたらよいのでしょう？

低周波回路やディジタル回路であれば，リード線で簡単につなぎ変えできます．しかし高周波の信号線路の場合，単純にリード線などでつないでしまうと特性が滅茶苦茶になってしまいます．

高周波回路の配線には，写真17 の右側のようなセミリジッド・ケーブルや，同写真の左側のようなセミフレキシブル・ケーブルを使います．

写真18 はセミリジッド・ケーブルを使って配線をした例です．

このとき，セミリジッド・ケーブルの外部導体はグラウンドにしっかりとはんだ付けします．

外径の太いケーブルは加工や引き回しが大変なので，外径の細い（1mm前後）ケーブルをストックしておくとよいでしょう．

写真17 高周波回路の配線に使うケーブル

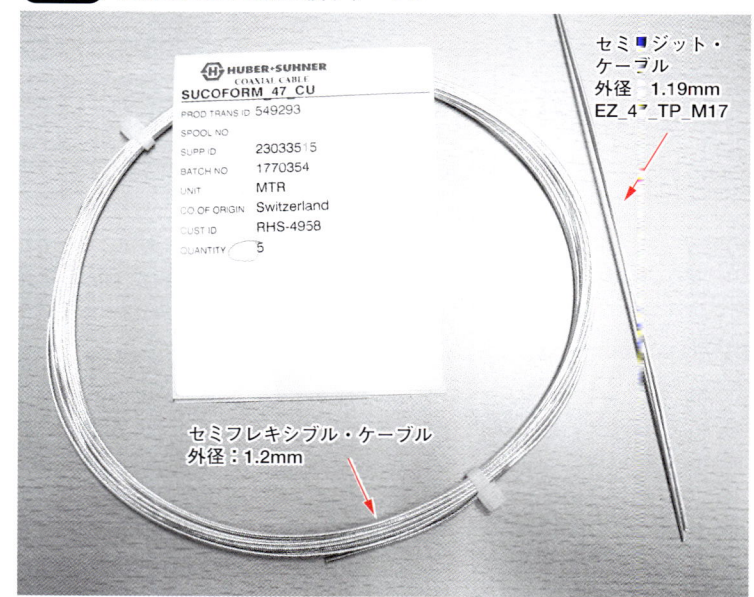

セミリジッド・ケーブル
外径 1.19mm
EZ_4_TP_M17

セミフレキシブル・ケーブル
外径：1.2mm

写真18 セミリジッド・ケーブルで配線をしたところ

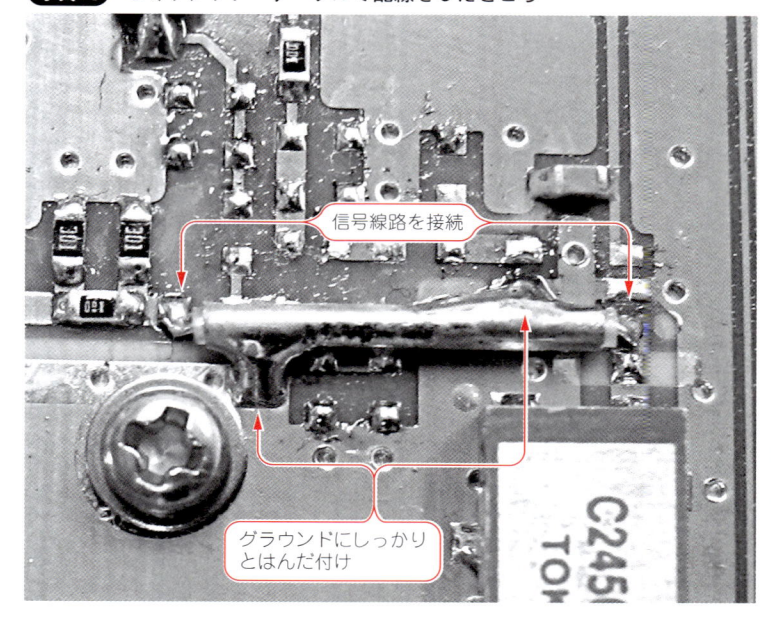

信号線路を接続

グラウンドにしっかりとはんだ付け

徹底図解★電子回路の工作テクニック

第**9**章
数十μA以下を扱う電流増幅器の製作を通して理解する

微小信号を扱う計測回路の試作術

遠坂 俊昭

9-1 センサの微小な出力電流を電圧に変換して増幅
試作ターゲットのあらまし

写真1 試作した電流入力アンプ

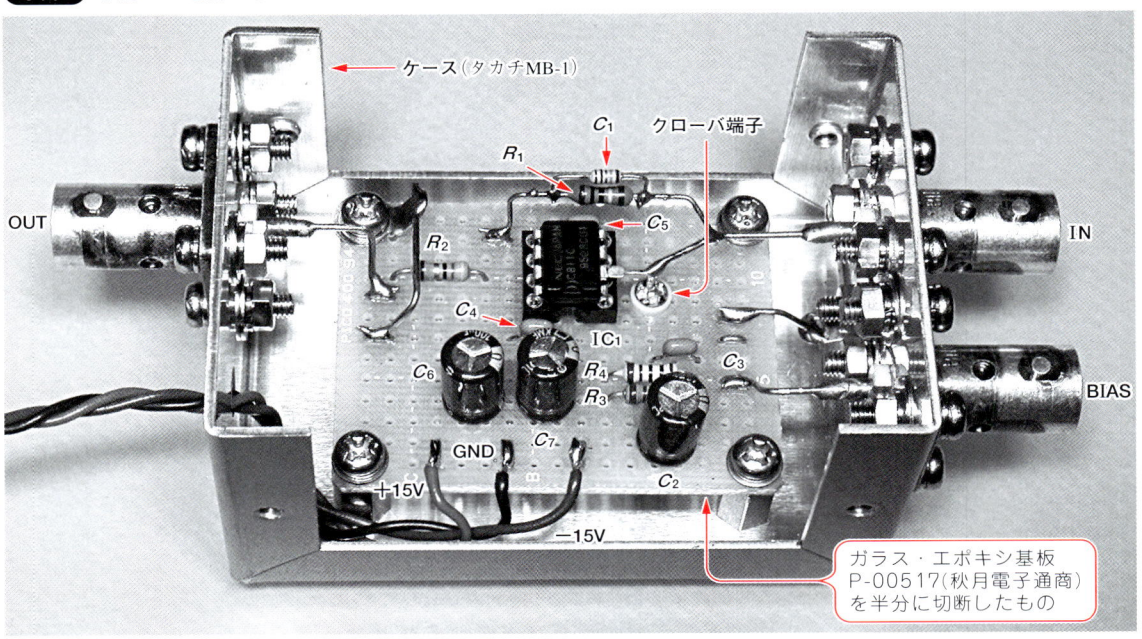

（a）部品面

（b）はんだ面

図1に試作した電流入力アンプの回路図を，**写真1**に製作したアンプの内部を示します．非常に簡単な回路ですが，微小な電流を扱うので漏れ電流が発生しないように注意しなくてはなりません．

● センサには電圧源と電流源がある

物理量を電気信号に変換するセンサには，熱電対やマイクロフォンのように電圧信号に変換するものと，フォト・トランジ

130　第**9**章　微小信号を扱う計測回路の試作術

図1 試作した電流入力アンプの回路図

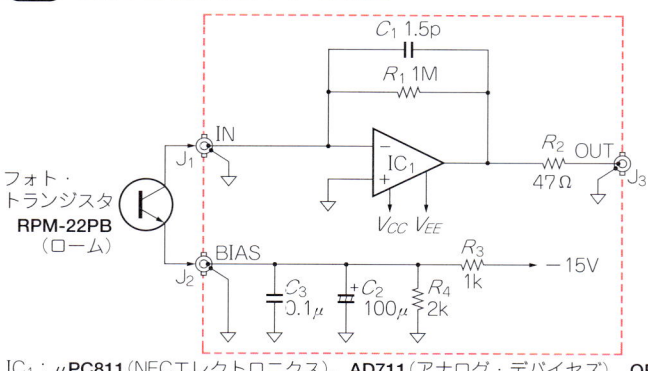

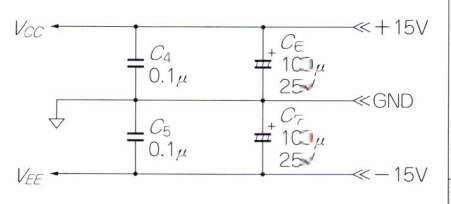

IC_1: μPC811（NECエレクトロニクス），**AD711**（アナログ・デバイセズ），**OPA134**（テキサス・インスツルメンツ）など

スタのように電流信号に変換するものとがあります．それぞれ検出信号が微少な場合には，増幅器で処理しやすい電圧値にまで増幅します．

信号周波数の1/4波長に比べて信号線路の長さが無視できない高周波では，反射波と進行波による定在波が発生し周波数特性が乱れるため，信号源，ケーブル，増幅器のインピーダンスを同一にするインピーダンス・マッチングを行います．これに対し，低周波（同軸ケーブル1mでは1MHz程度まで）では定在波が無視できるのでインピーダンス・マッチングは不要です．

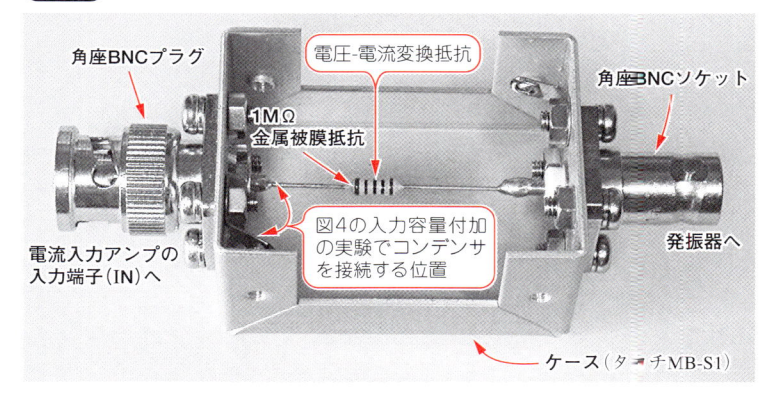

● 電流入力増幅器の入力インピーダンスは低いのがいい

図2は電圧・電流出力のセンサと増幅器の接続図です．電圧出力の場合はセンサで発生した信号が信号源インピーダンスと増幅器の入力インピーダンスとで分圧されます．このため信号が減衰しないように増幅器の入力インピーダンスが高いことが望まれます．

これに対し，電流出力の場合は発生した電流が信号源のインピーダンスと増幅器の入力インピーダンスに分流します．した

図2 センサの出力が電圧の場合は高入力インピーダンス，電流の場合は低入力インピーダンスの増幅器が望まれる

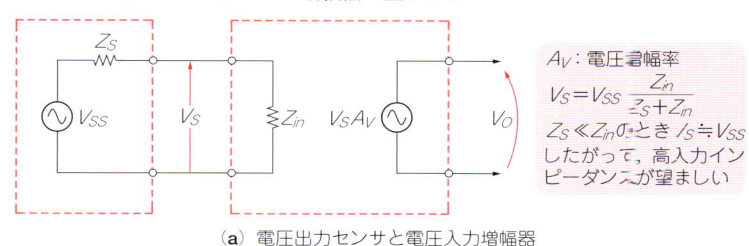

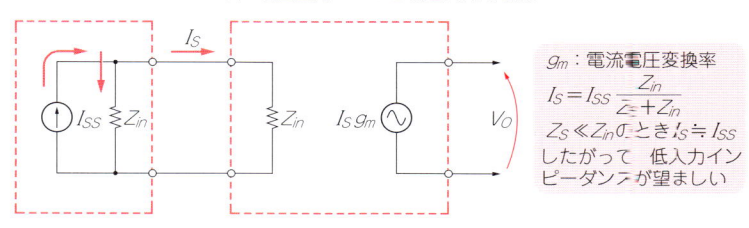

A_V：電圧増幅率
$V_S = V_{SS} \dfrac{Z_{in}}{Z_S + Z_{in}}$
$Z_S \ll Z_{in}$ のとき $V_S \fallingdotseq V_{SS}$
したがって，高入力インピーダンスが望ましい

（a）電圧出力センサと電圧入力増幅器

g_m：電流電圧変換率
$I_S = I_{SS} \dfrac{Z_{in}}{Z_S + Z_{in}}$
$Z_S \ll Z_{in}$ のとき $I_S \fallingdotseq I_{SS}$
したがって，低入力インピーダンスが望ましい

（b）電流出力センサと電流入力増幅器

写真2 電流入力アンプと発振器の間に接続する治具

がって増幅器の入力インピーダンスはできる限り低いことが望まれ，低いほど正確になりS/N（信号対雑音比）も良くなります．

● 得られた特性

電流入力アンプのゲイン-周波数特性は**写真2**に示す治具を入力端子に接続して計測します．使用するセンサの出力イン

9-1 試作ターゲットのあらまし　131

図3 試作する電流入力アンプは C_1 のわずかな容量の変化で高域の特性が大きく変化する（実測）

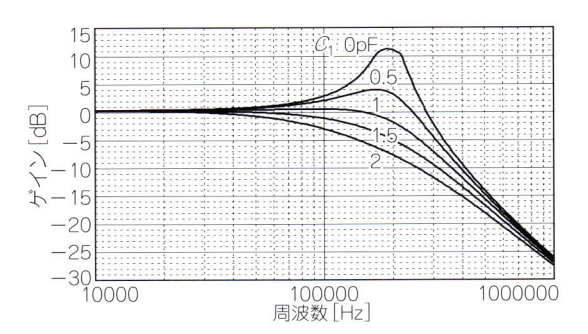

図4 試作する電流入力アンプは入力容量が加わると高域の特性が大きく変化する（R_1：1 MΩ，C_1：1.5 pF）

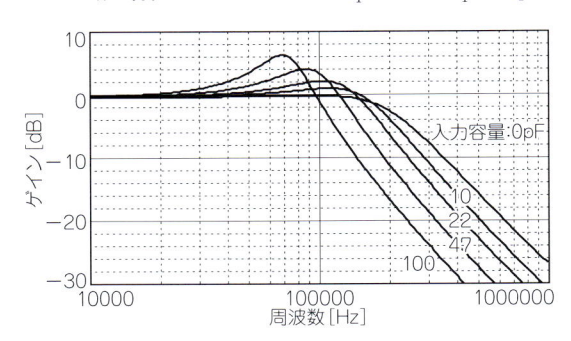

図5 FET入力OPアンプは抵抗による熱雑音が支配的でOPアンプの種類による差異はほとんど現れない

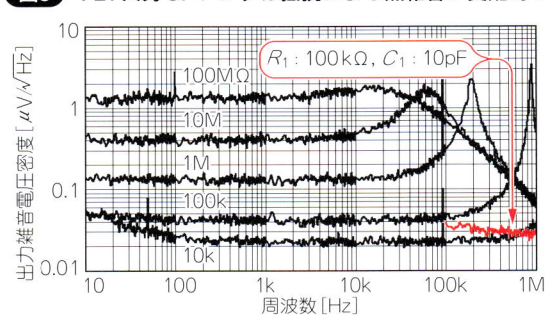

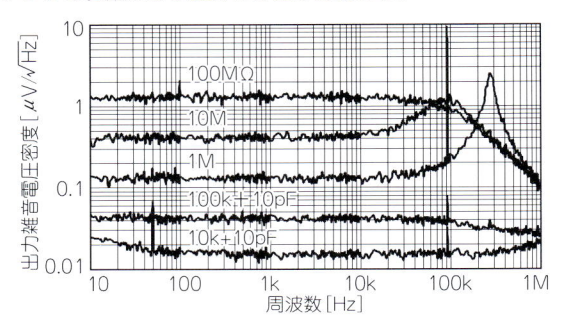

（a）μPA811使用時の出力雑音電圧密度-周波数特性

（b）OPA134使用時の出力雑音電圧密度-周波数特性

ピーダンスに合わせて治具の抵抗値を決定します．今回は1 MΩにしました．得られた特性が **図3** です．データが示すように，C_1 のわずかな容量差で高域のゲインが大きく変化します．

使用するセンサが無視できない出力容量を含む場合や，センサとの接続にシールド・ケーブルを使用する場合は，グラウンドと信号入力との間に浮遊容量が生じます．この浮遊容量によってもゲイン-周波数特性が大きく変化します．これは出力信号が R_1 を通して帰還される際に，R_1 と入力浮遊容量によって位相が遅れるためです．**図4** が入力容量を付加したときの周波数特性です．

50 Ωの同軸ケーブルでは約100 pF/m，75 Ωでは約70 pF/m，一般的なシールド・ケーブルでは約150 pF/mの容量が含まれます．したがってセンサと電流入力アンプの間のケーブルは最短にし，可能ならセンサと電流入力アンプは同一のケースに組み込みます．

入力浮遊容量の影響が避けられない場合は，C_1 の容量を増やしてゲイン-周波数特性を平坦にします．C_1 の容量の目安は下記の式から求められます．

$$C_1 \simeq \frac{\sqrt{C_i}}{2\pi R_1 G_{BW}}$$

ただし，G_{BW}：使用するOPアンプのゲイン帯域幅，C_i：入力容量，$R_S \gg R_1$，$C_i \gg C_1$ のとき

図5 は入力を開放したときの R_1 の値による出力雑音電圧密度の特性です．入力換算雑音電圧密度がμPC811では 20 nV/$\sqrt{\text{Hz}}$，OPA134では 8 nV/$\sqrt{\text{Hz}}$ です．この特性により R_1 が 10 kΩ のときには差がみられますが，100 kΩ以上ではOPアンプによる差はみられません．R_1 が 100 kΩ以上になると，R_1 自体が発生する熱雑音が支配的になります．このため，入力雑音電流の小さなFET入力OPアンプでは，入力換算雑音電圧による差異が現れません．

抵抗による熱雑音の大きさは次のとおりです．

10 kΩ：12.9 nV/$\sqrt{\text{Hz}}$
100 kΩ：40.7 nV/$\sqrt{\text{Hz}}$
1 MΩ：129 nV/$\sqrt{\text{Hz}}$
10 MΩ：40.7 nV/$\sqrt{\text{Hz}}$
100 MΩ：129 nV/$\sqrt{\text{Hz}}$

出力雑音電圧密度の高域のピークは C_1 を調整することで平坦になります．

● フォト・トランジスタを接

写真3 赤外発光ダイオードの光をフォト・トランジスタで検出し増幅する実験回路

フォト・トランジスタ RPM-22PB
10cm
フォト・ダイオード SIM-22ST
受光部 図1
投光部 図6

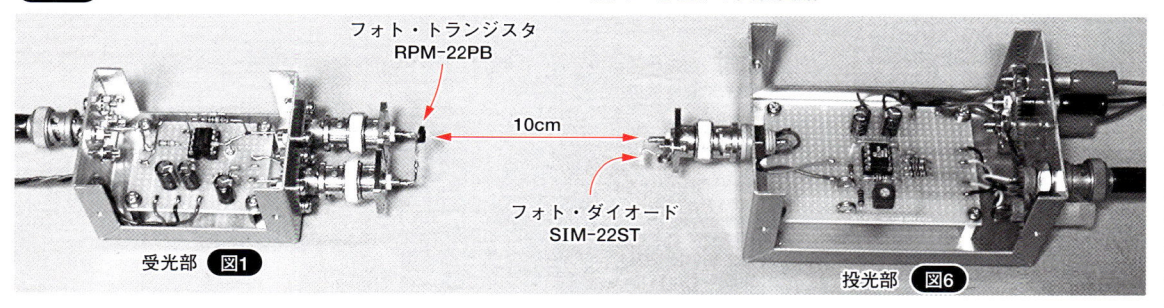

図6 発光ダイオードのドライブ回路

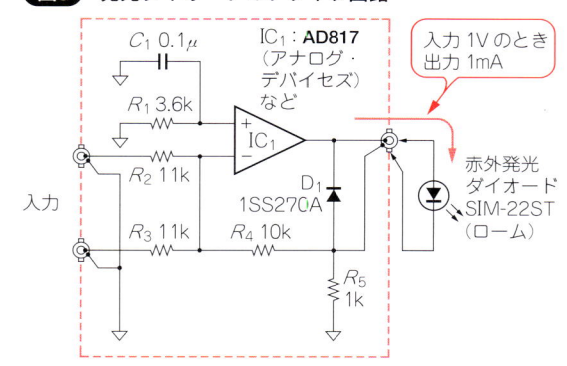

C_1 0.1μ
R_1 3.6k
IC_1：**AD817**（アナログ・デバイセズ）など
R_2 11k
入力
R_3 11k
D_1 1SS270A
R_4 10k
R_5 1k
入力1Vのとき出力1mA
赤外発光ダイオード SIM-22ST（ローム）

図7 フォト・トランジスタRPM-22PBのコレクタ電流-応答時間特性

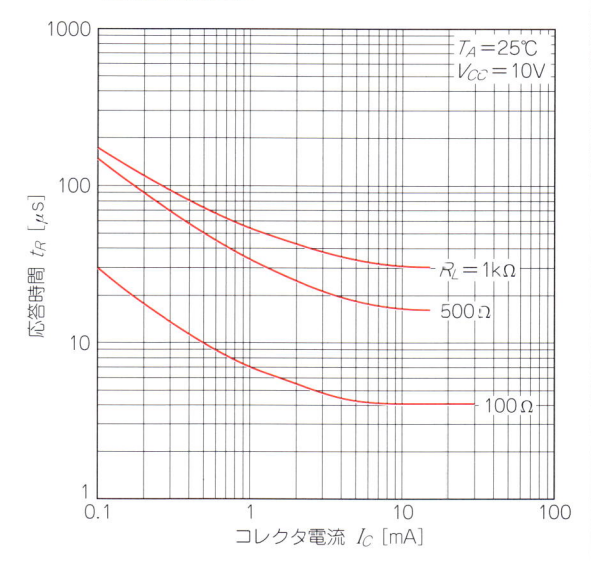

$T_A=25℃$
$V_{CC}=10V$
応答時間 t_R [μs]
$R_L=1kΩ$
500Ω
100Ω
コレクタ電流 I_C [mA]

続いて光を検出

ローム社の赤外発光ダイオード（SIM-22ST）とフォト・トランジスタ（RPM-22PB）を使用して，**写真3**のように本器で光を検出してみました．

図6は赤外発光ダイオード（LED）のドライブ回路でバイアス電流と信号を個別に入力できるようにしました．**図7**に示すフォト・トランジスタ RPM-22PBの応答時間特性例から，微弱な光ではフォト・トランジスタのI_Cが少ないため時間応答が遅くなることがわかります．

図8が赤外LEDドライブ波形と電流入力アンプの出力波形です．赤外LEDには直流5 mAのバイアス電流に2 mA$_{P-P}$の方形波電流を流しています．赤外LEDとフォト・トランジスタ

図8 LEDドライブ波形（投光部）と電流入力アンプ（受光部）の出力波形

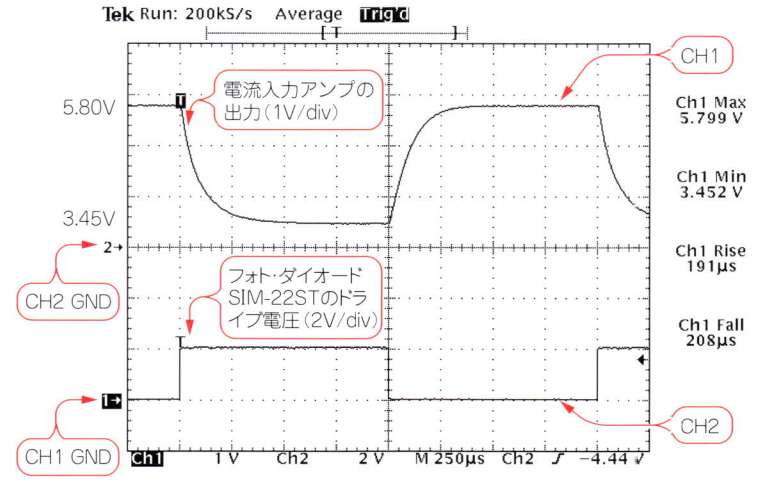

Tek Run: 200kS/s Average Trig'd
5.80V
電流入力アンプの出力（1V/div）
CH1
Ch1 Max 5.799 V
3.45V
Ch1 Min 3.452 V
CH2 GND
フォト・ダイオード SIM-22STのドライブ電圧（2V/div）
Ch1 Rise 191μs
Ch1 Fall 208μs
CH1 GND
CH2
Ch1 1 V Ch2 2 V M 250μs Ch2 ƒ -4.44 V

の距離は10 cmにセットしました．赤外LEDの電流が6 mAのとき出力電圧が5.799 Vなので，フォト・トランジスタの出力電流は約5.8 μAということになります．

9-1 試作ターゲットのあらまし 133

2種類の電流入力アンプ column

● ゲイン特性を比較する

電流入力アンプを実現する回路は**図A**の2種類があります．**図A(a)** は電流を抵抗に流し，電圧に変換してから電圧入力アンプで増幅する方法です．比較的検出電流が大きい場合や信号周波数が高い場合に使用されます．

図A(b) はOPアンプの裸ゲインが非常に大きいことを利用した電流入力アンプです．検出電流に対し，OPアンプの入力バイアス電流が無視できるほど小さい必要があるので，FET入力のOPアンプが使用されます．通常のOPアンプの，裸直流ゲインは非常に大きく約100 dB（100000倍）です．出力電圧が+1 Vとすると，OPアンプの±入力端子の電位差は1 V/100000倍＝10 μVになります．このときの直流入力インピーダンスは10 μV/1 μA ＝ 10 Ωになり，低入力インピーダンスが実現できます．

一般的には検出信号が数十 μA以下のときに**図A(b)** の回路が使用されます．高精度な変換ゲインが必要な場合には，入力バイアス電流とその温度ドリフトが少ないOPアンプが必要になります．

● 出力雑音電圧密度を比較する

OPアンプの入力換算雑音電圧密度を10 nV/$\sqrt{\text{Hz}}$，入力雑音電流密度を10 fA/$\sqrt{\text{Hz}}$とすると，**図B(a)** の出力雑音電圧密度は10.87 μV/$\sqrt{\text{Hz}}$になります．

図B(b) の電流入力アンプの出力雑音を計算する場合は，増幅回路を非反転増幅器として考えるとわかりやすくなります．電流源のインピーダンスは無限大なので，ゲイン決定抵抗が R_S と R_1 になり，ゲイン2倍の非反転増幅器と等価の雑音特性になります．

これより**図B(b)** の出力雑音電圧密度を計算すると183 nV/$\sqrt{\text{Hz}}$になります．この値は**図B(a)** の約1/60です．

出力雑音の実効値は周波数帯域幅によります．例えば100 kHzの雑音周波数帯域幅とすると，出力雑音電圧は183 nV/$\sqrt{\text{Hz}}$ × $\sqrt{100\text{ kHz}}$ ≒ 58 μV$_{\text{RMS}}$と算出できます．

〈遠坂 俊昭〉

図A 電流入力アンプを実現する2種類の回路

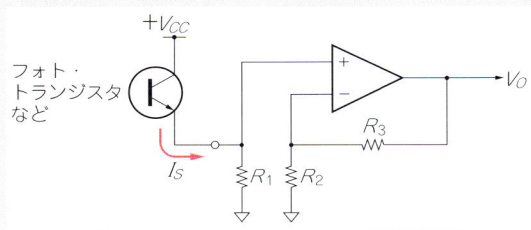

$V_O = I_S R_1 \dfrac{R_2 + R_3}{R_2}$, $Z_{in} \fallingdotseq R_1$
比較的高い周波数まで使える．S/Nは不利．
入力インピーダンスの周波数依存性が少ない．
(a) 抵抗で電流-電圧変換（非反転型）

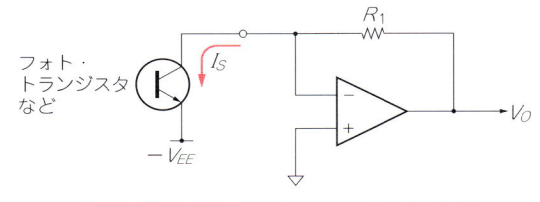

$V_O = I_S R_1$
$Z_{in} \fallingdotseq R_1/A_O$ A_O：OPアンプの裸ゲイン
S/N良く電流-電圧変換ができる．
高い周波数では入力インピーダンスが上昇する．
入力容量でゲイン-周波数特性にピークができる．
(b) OPアンプで電流-電圧変換（反転型）

図B 反転型のほうが出力雑音電圧密度が小さい

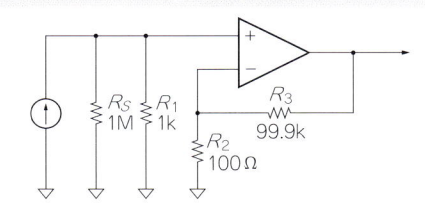

OPアンプの入力換算雑音電圧密度　　　　　　10nV/$\sqrt{\text{Hz}}$
R_SとR_1の並列抵抗値による熱雑音電圧密度 999Ω→4.07nV/$\sqrt{\text{Hz}}$
R_2とR_3の並列抵抗値による熱雑音電圧密度 99.9Ω→1.29nV/$\sqrt{\text{Hz}}$
R_S//R_1に入力雑音電流が流れて発生する雑音電圧密度　約10pV/$\sqrt{\text{Hz}}$
R_2//R_3に入力雑音電流が流れて発生する雑音密度　約1pV/$\sqrt{\text{Hz}}$
上記5種の雑音を合計すると，自乗の和の平方根から約10.87nV/$\sqrt{\text{Hz}}$
増幅器で1000倍されるので出力雑音電圧密度は**10.87μV/$\sqrt{\text{Hz}}$**

(a) 抵抗で電流-電圧変換（非反転型）

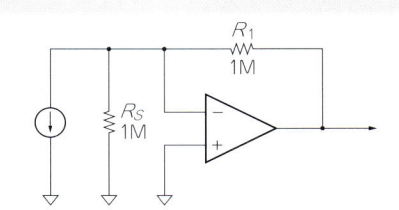

OPアンプの入力換算雑音電圧密度　　　　　　10nV/$\sqrt{\text{Hz}}$
R_SとR_1の並列抵抗値による
熱雑音電圧密度　　　　　　　　　　500kΩ→約91nV/$\sqrt{\text{Hz}}$
R_S//R_1に入力雑音電流が流れて発生する雑音電圧密度　約5nV/$\sqrt{\text{Hz}}$
上記3種の雑音を合計すると　　　　　　約91.68nV/$\sqrt{\text{Hz}}$
増幅器で2倍されるので出力雑音電圧密度は**183nV/$\sqrt{\text{Hz}}$**

(b) OPアンプで電流-電圧変換（反転型）

9-2 試作基板に使う部品と工作テクニック

絶縁を確保する専用端子や雑音を遮蔽するケースを使う

図9 インピーダンスが高いところはテフロン絶縁のクローバ端子を使用する

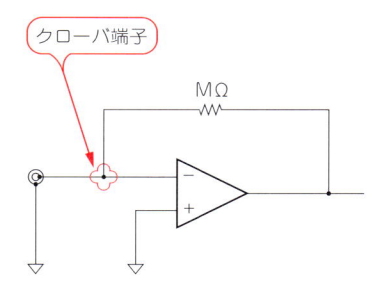

写真4 基板との絶縁性を高める端子

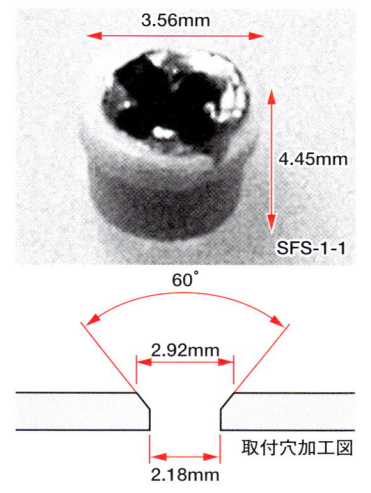

- 3.56mm
- 4.45mm
- SFS-1-1
- 60°
- 2.92mm
- 2.18mm
- 取付穴加工図

(a) 1箇所で4本の部品を中継できるクローバ端子

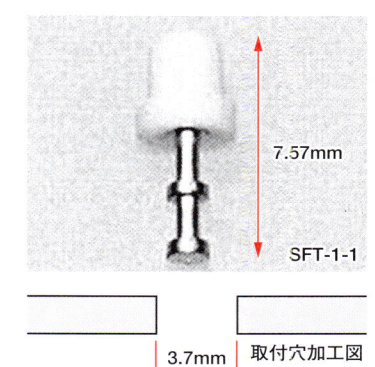

- 7.57mm
- SFT-1-1
- 3.7mm
- 取付穴加工図

(b) 中継端子として使えるテフロン端子

● 基板との絶縁を確保する端子

微小信号を扱う回路例として製作した電流入力アンプは，微小電流を扱うので漏れ電流が発生しないように工夫して基板を製作します．

漏れ電流の予防には，**図9**のIC_1の−入力部分(高感度な部分)の絶縁が大切です．この絶縁部分に，今回は**写真4(a)**に示すクローバ端子を使用しました．商品名はテフロン中継端子SFS-1-1(サンハヤト)です．テフロンはデュポン社の商品名です．製造会社により商品名が異なりますが，フッ素樹脂としてPTFE，PFA，FEPなどが絶縁特性に優れています．

実装は基板に$\phi 3.7$ mmの穴をあけ，手で圧入します．取り付け穴をあける際は，ボール盤などを使い，ドリルの先がぶれないようにします．

クローバ端子は絶縁部がテフロンなので，プリント基板のガラス・エポキシよりも良好な絶縁特性が得られ，環境の変化に

写真5 微小信号が通る入力コネクタから基板の入力部までは最短で配線する(高速電圧入力プリ・アンプの例)

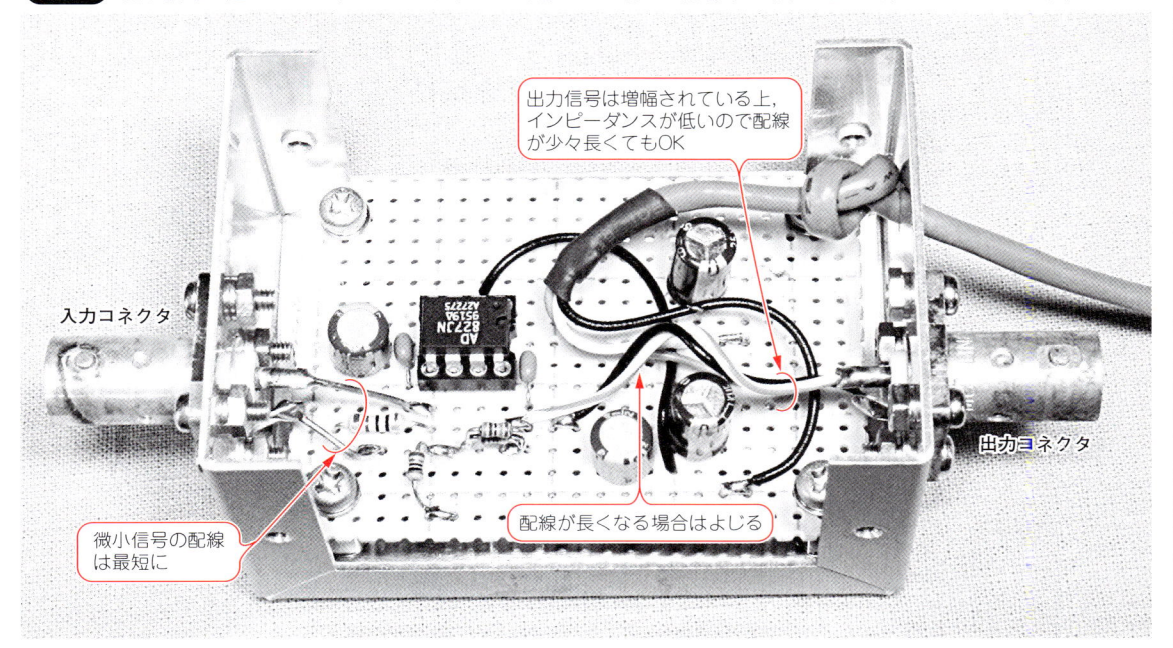

- 出力信号は増幅されている上，インピーダンスが低いので配線が少々長くてもOK
- 入力コネクタ
- 出力コネクタ
- 微小信号の配線は最短に
- 配線が長くなる場合はよじる

9-2 試作基板に使う部品と工作テクニック 135

対する耐性に優れています．クローバ端子の他に，写真4(b)に示すテフロン端子も市販されていますので，実装状態に合わせて選択します．

今回の試作ではIC_1を交換してデータを取る必要があったので，ICソケットを使用し，クローバ端子は線材の固定の役目しかしていません．

● 試作基板上の部品レイアウトと配線

入力コネクタから基板の入力部までの配線は，写真5のように最短になるように基板の配置を決定します．出力は信号レベルも大きくインピーダンスも低いので，少し長くなる程度であればほとんど影響がありません．

入力信号の配線部分は外部磁束がよぎらないようにできるだけ面積を小さくします．どうしても長くなる場合は配線をよじり，磁束がよぎるのを防ぎます．

ユニバーサル基板に部品を実装する場合は，写真6に示すようにあらかじめ図形プロセッサなどを使い，配線が最短でジャンパ線が最小になるように部品配置を考えます．この作業を怠ると性能も見栄えも劣るだけでなく，最悪の場合は部品が入りきらないといった事態が発生します．ユニバーサル基板の配線は，誤配線がないように回路図にマーカなどで印をつけながら行います．

図1の電流入力アンプの場合，IC_1の－入力部分に対し，電位差の大きい±電源や出力信号といった配線が近づくと漏れ電流が発生しやすいので，ほぼ同電位のグラウンド電位のパターンで囲みます．ただし，－入力とグラウンドとの間の浮遊容量が大きくなると高域の周波数特性にピークができるので，浮容量が増大しないような配慮も必要です．

今回はユニバーサル基板なので，裏面のみをグラウンドで囲

写真6 配線が最短かつジャンパ線が最少になるようにあらかじめ部品配置を決める

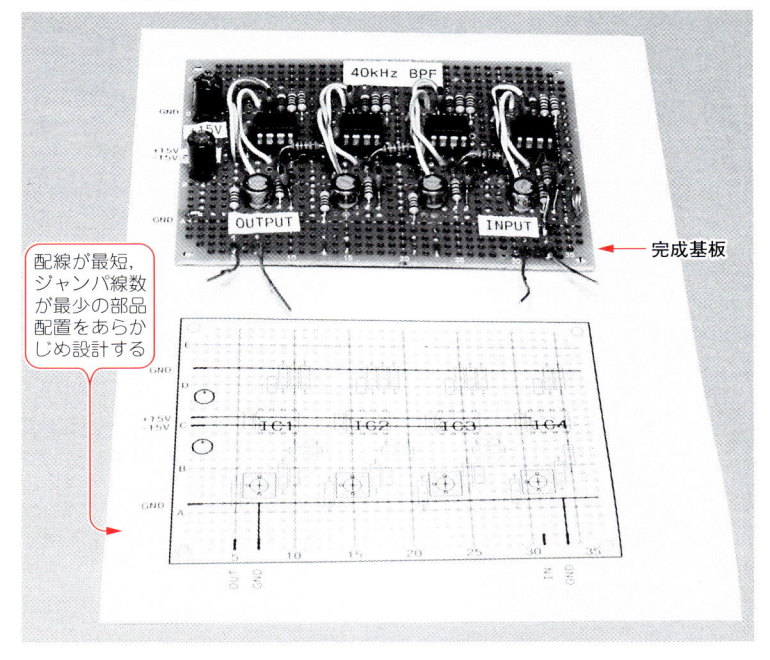

配線が最短，ジャンパ線数が最少の部品配置をあらかじめ設計する

完成基板

写真7 比較的安価でデザイン性にすぐれるユニバーサル・アルミ・サッシ・ケース

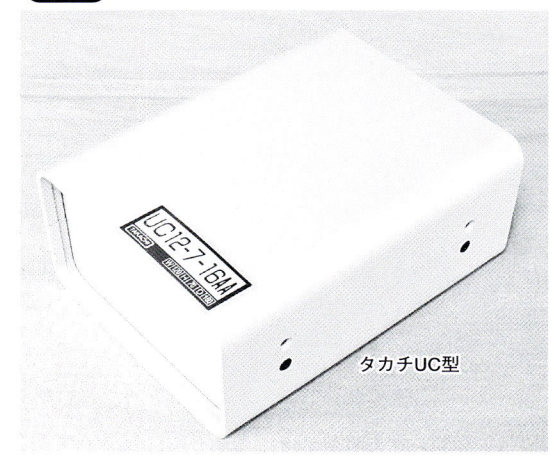

(a) 表裏のパネルははめ込み式　タカチUC型

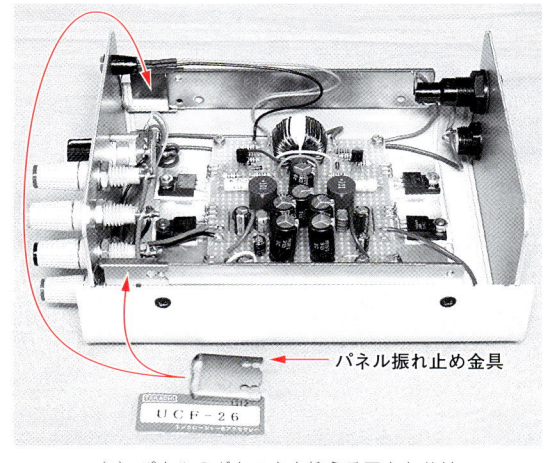

(b) パネルのガタつきを抑えるアクセサリ　パネル振れ止め金具

むにとどめました．

● ケースの種類と加工

組み立て終了後にはクローバ端子を含めIC_1の−入力部分に付着した異物は完全に洗浄し，電流入力アンプのケース内に外気が侵入しないようにします．今回の試作ではタカチのMB1を使いました．さまざまなケースが市販されているので目的や予算に合わせて選びます．

▶ユニバーサル・アルミ・サッシ・ケース（タカチUC型）写真7

比較的安価でデザイン性にすぐれています．ケースがアルミで2～3mmと厚いのでヒート・シンクの代わりに使用でき，低雑音増幅器用の外部低雑音電源などのケースに最適です．

弱点は表裏のパネルがはめ込み式でガタつくことですが，写真7(b)のようにアクセサリのパネル振れ止め金具UCF-26でガタつきを抑えられます．電気的な接触は期待できないので，高周波的にはラグ端子などでパネルとケースをしっかりと接続する必要があります．

▶アルミ・ダイキャスト・ボックス（タカチTD型）写真8

写真8 耐衝撃性/気密性/シールド性に優れるアルミ・ダイキャスト・ボックス

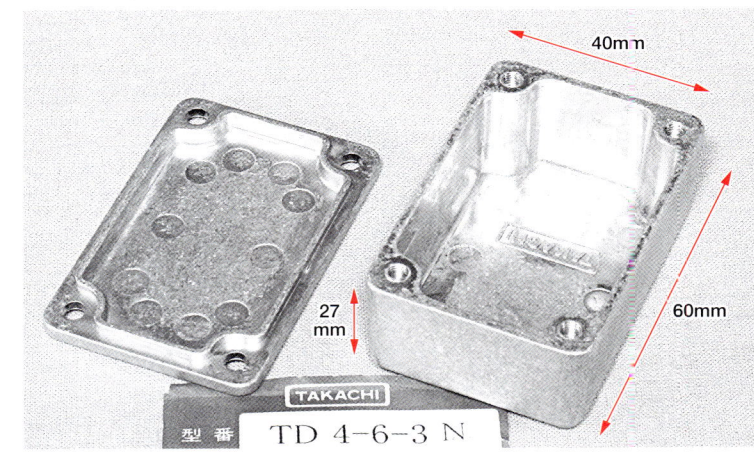

無骨な外観ですが耐衝撃性，気密性そしてシールド性に優れています．低雑音ヘッド・アンプなど，小形に製作して信号源のすぐ近くに配置するプリ・アンプに最適です．

▶アルミ・ケース（タカチMB型）写真9

特にMB-11は形状が手頃で，サンハヤトのユニバーサル基板ICB-504や秋月電子通商のAE-2，AE-2Gが，写真9(b)のようにちょうど入ります．最も低価格ですが，耐衝撃性や気密性には劣るので環境の悪いところに使用するには適しません．

● ケースに穴を開けるボール盤の取り扱い

ケースやプリント基板の穴開けはボール盤が便利で正確です．筆者も数年前に写真10の小形ボール盤を9,000円で手に入れましたが，もっと早く買えばよかったと後悔しました．

基板の取り付け穴は，写真10のようにケースに基板をセロテープで固定して，基板の取り付け穴をガイドにしてアルミ・ケースに穴を開けます．けがきの必要もなく正確に穴が開きます．

正面パネルの穴開けの手順は次のとおりです．

写真9 最も低価格なアルミ・ケース

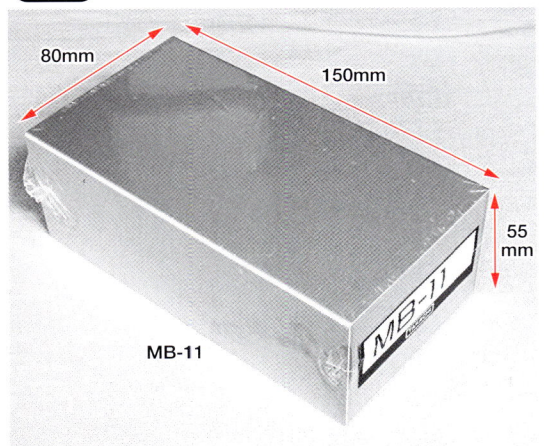

(a) 形状が手軽なMB-11

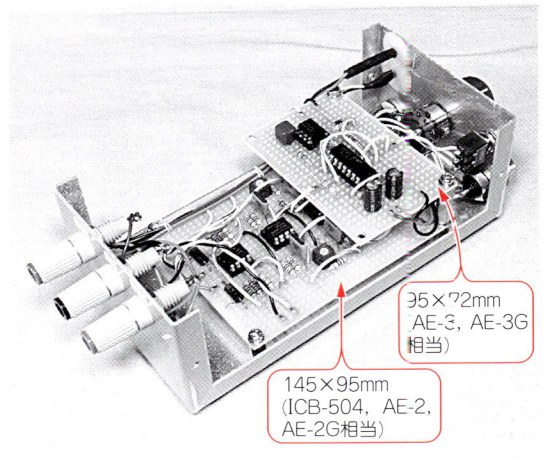

(b) 一般的なサイズのユニバーサル基板がちょうど入るサイズ

9-2 試作基板に使う部品と工作テクニック

① 実際につまみなどを配置
② バランスの良い箇所を決定
③ 方眼紙に穴開け位置を書き込む
④ 方眼紙を切り取りパネル面にテープで貼り付ける
⑤ 方眼紙の上からポンチで印をつける
⑥ ボール盤で穴を開ける

● シールド線の選択

▶ 2芯シールド線

差動増幅器を信号源に接続する場合，図10 に示すように⊕と⊖の信号線に磁束がよぎると雑音を拾います．写真11 に示すように，2芯シールド線を使っています．シールドの部分に接触している裸のドレイン線が組み込まれているものもあり，面倒なシールドの処理をしなくても，ドレイン線をグラウンドに接続すれば済むようになっています．

2芯シールド線のコネクタには 写真12 に示すキャノン・コネクタや 写真13 に示すメタル・コネクタが使用されます．また特殊になりますが 写真14 のような2芯同軸ケーブルに使用する専用の2芯BNCコネクタも市販されています．

▶ 低雑音ケーブル

同軸ケーブルやシールド線が機械的に曲げられたりねじられたりすると，図11 のようにシールド被覆の導体と絶縁体が分離し，局部的にコンデンサが形成されます．そこに摩擦により生じた電荷がチャージされ雑音となって信号に混入します．この現象をトリボ効果と呼び，加速度センサや圧電セラミックスなどのAE（Acoustic Emission）センサなど容量性のセンサを使用する場合，無視できなくなり

写真10 筆者が購入した小形ボール盤

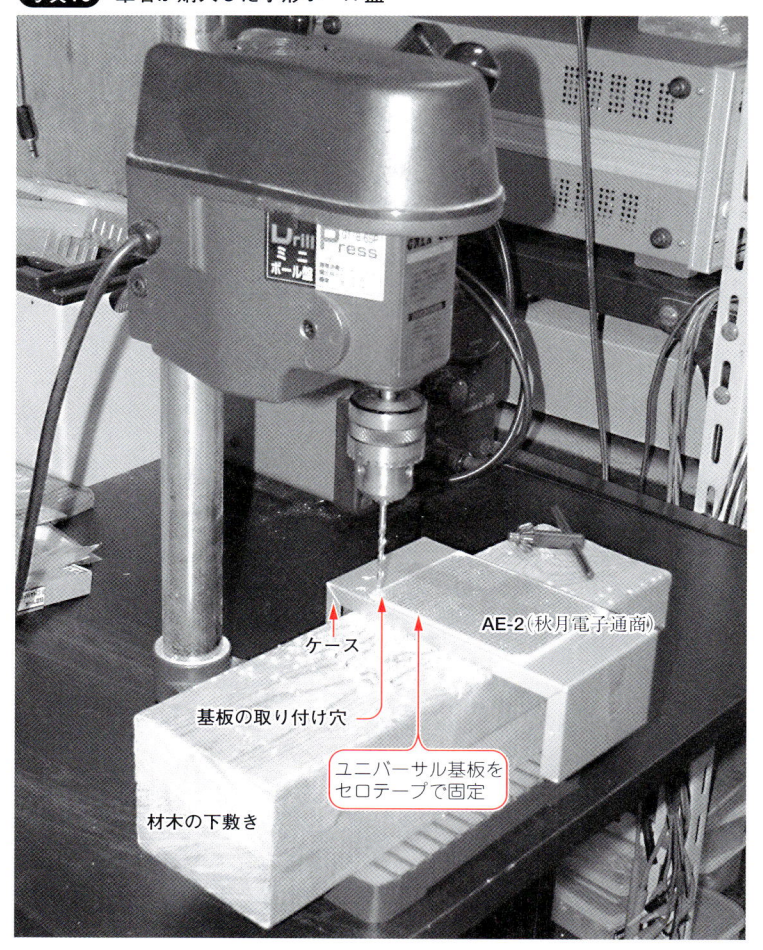

ケース
基板の取り付け穴
ユニバーサル基板をセロテープで固定
AE-2（秋月電子通商）
材木の下敷き

ます．このため，図12 のような低雑音ケーブルが使用されます．このケーブルは誘電体の上にカーボンのような半導電体が被覆されていて，トリボ効果を抑えることができます．コネクタを接続する場合は，誘電体の上の半導電体をよく落としてから処理しないと，中心導体とシールドの間が非絶縁体となってしまうので注意が必要です．

▶ 低容量シールド線

信号源インピーダンスが高い場合，図13 に示すように，シールド線の容量が大きいと高い周波数が減衰してしまい，フラットな周波数特性が得られません．このため中心導体を包む絶縁体に発泡処理をした材料を使用し，誘電率を下げて，低容量にしたのが 図14 に示す低容量シールド線です．

主なシールド線の容量は次のとおりです．

- 低容量シールド線
  ……………… 30〜50 pF/m
- 同軸ケーブル3D2V（RG58A/U）
  3C-2V ……67 pF/m ± 3 pF/m
  3D-2V ………… 100 ± 4 pF/m
- 一般シールド線
  …………… 100〜200 pF/m

● コネクタの選択

▶ BNCと同軸ケーブル

入力コネクタに使用したBNCの絶縁材も，テフロンであることが必要です．BNCのなかに

写真11 2芯シールド線

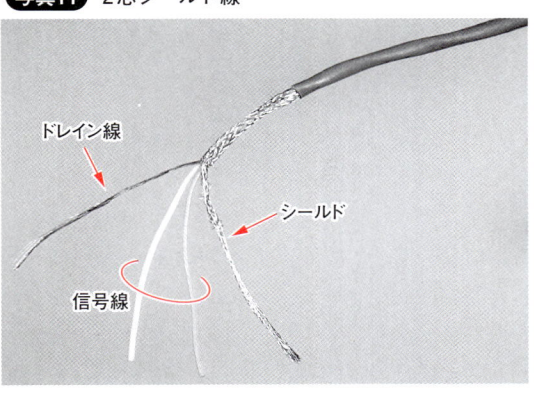

ドレイン線
シールド
信号線

写真12 キャノン・コネクタ

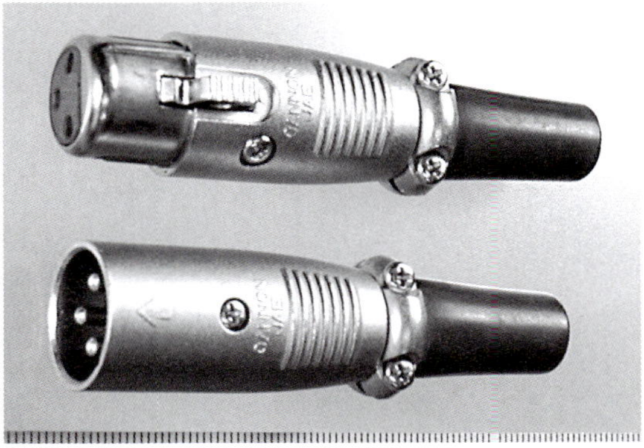

図10 単芯BNCを2個使用した場合

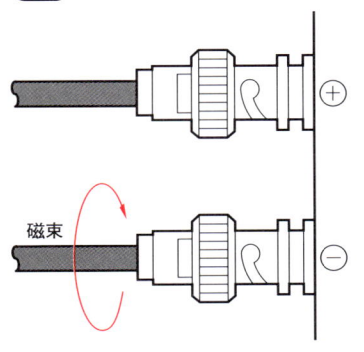

磁束

写真13 メタル・コネクタ

写真14 2芯BNCコネクタ [HUBER + SUHNER社, 林栄精器㈱扱い]

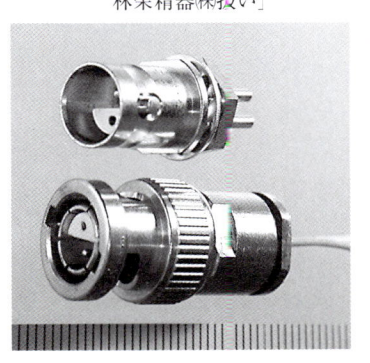

図11 同軸ケーブルのトリボ効果

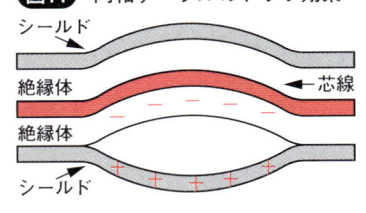

シールド
絶縁体
芯線
絶縁体
シールド

図12 トリボ効果対策をした低雑音ケーブル [㈱潤工社]

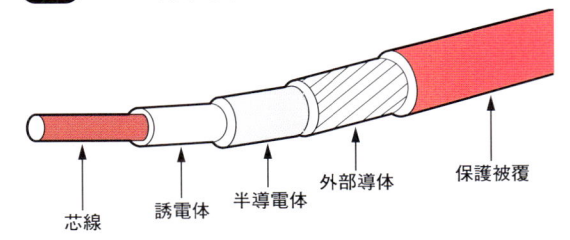

芯線
誘電体
半導電体
外部導体
保護被覆

図13 シールド線の容量で周波数特性が悪化する

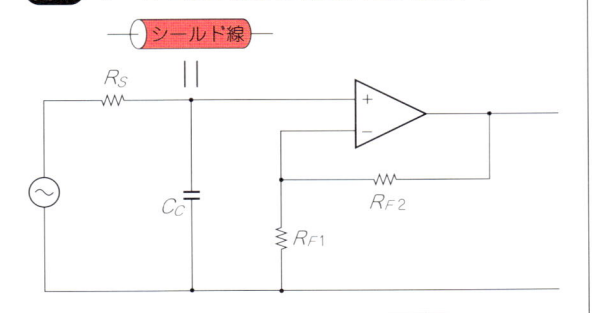

シールド線
R_S
C_C
R_{F1}
R_{F2}

シールド線による容量をC_C, R_Sを10kΩとしたとき, 3dB減衰する周波数は次のとおり.
一般的なシールド (200pF) を5m使用した場合は

$$f_C(-3\text{dB}) = \frac{1}{2\pi C_C R_S} \fallingdotseq 15.9\text{kHz}$$

低容量シールド (40pF) を5m使用すると

$$f_C(-3\text{dB}) = \frac{1}{2\pi C_C R_S} \fallingdotseq 79.6\text{kHz}$$

図14 発泡絶縁体を使った低容量シールド線

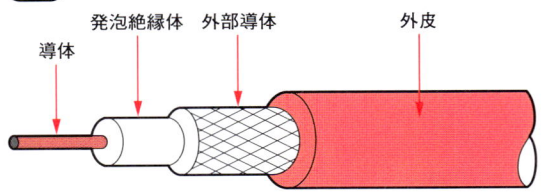

導体
発泡絶縁体
外部導体
外皮

9-2 試作基板に使う部品と工作テクニック

写真15 BNCコネクタ

写真16 圧接BNCコネクタ［スタック電子㈱］

中心体をはんだ付け

シールドを圧接する

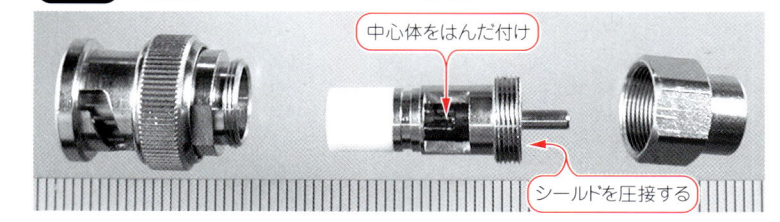

写真17 SMLコネクタ［スタック電子㈱］

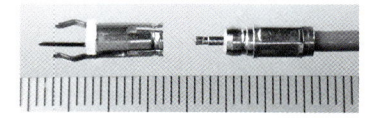

は他の絶縁材を使用したものもあるので、選択するときにはデータシートで確かめます。

計測器の入出力ケーブルには周波数にかかわらず同軸ケーブルがよく使われます。同軸ケーブルは特性インピーダンスが50Ωや75Ωで規定されており、

高周波信号を伝送する場合、信号源とケーブル、負荷のインピーダンスを整合させ、定在波が発生しないようにしています。

波長に比べてケーブルの長さが十分に短い低周波信号ではインピーダンス整合をする必要がないので、特に同軸ケーブルを

プリント基板の絶縁性

微小電流の測定では、プリント基板の絶縁性が重要です。

プリント基板の絶縁性は、材料の絶縁抵抗と表面抵抗、体積抵抗率によってそれぞれ規定されています。

① 絶縁抵抗

基板の絶縁性を求めるもので、JIS C6481に基づき、**図C**のような試験片を作り、常態および煮沸処理後の絶縁抵抗を測定しています。

② 表面抵抗

基板の表面電極間の絶縁抵抗のことです。JIS

図C 絶縁抵抗測定に使われる試験片の形状

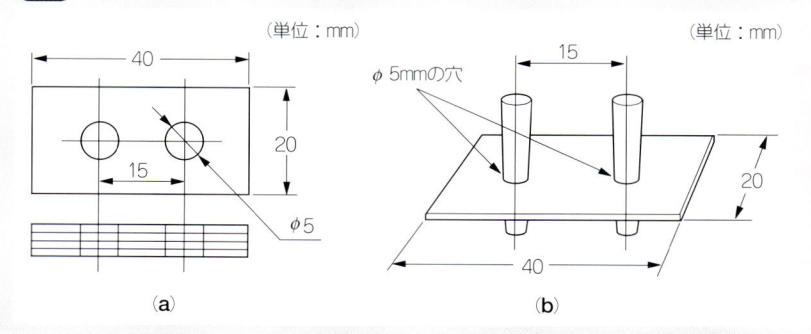

(単位：mm)

(a)

(b)

基板の絶縁性を求めるものである。銅箔回路を設計するためには基板の絶縁抵抗値が必要である。JIS規格C6481に基づき、図(a)、図(b)のような試験片を作成し、常態（C-96/20/65）および煮沸処理（D-2/100）後の絶縁抵抗（Ω）を測定する。これを応用し、回路間の抵抗値の測定などを行う。

図D 表面抵抗/体積抵抗率の測定に使われる試験片の形状

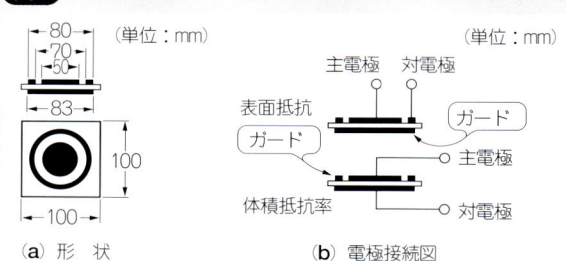

(a) 形状   (b) 電極接続図

片面板の場合、上部電極は銅箔をエッチングして作成し、下部電極は導電性シルバーペイントを印刷して作成する。

基板の表面電極間の絶縁抵抗を表面抵抗、基板の体積（厚さ）方向を1cm³の立方体と考え、相対する両面間の電気抵抗を体積抵抗率という。JIS規格C6481に基づき、下図のような試験片を作成し、常態（C-96/20/65）および吸湿処理（C-96/40/90）後の表面抵抗[Ω]、体積抵抗率[Ω・cm]を測定する。

$$体積抵抗率 = \frac{体積抵抗 \times 電極面積}{板厚} [\Omega \cdot cm]$$

使用する必要はありません．しかし計測器類のコネクタには 写真15 に示す取り扱いが簡単なBNCが多く使用されています．

BNCは同軸ケーブルが接続されることを前提とした形状となっていて，一般のシールド・ケーブルを接続するのは難しくなっています．このため低周波でもBNCと相性のよい同軸ケーブルが広く使用されています．

BNCを同軸ケーブルに接続するのは難しいのですが，最近では 写真16 のように，シールド部分は圧接するだけで中心導体のみをはんだ付けするタイプのBNCがあり，非常に便利になっています．

▶ SMLコネクタ

写真17 のSMLコネクタを使用すると手軽で効果的に同軸ケーブルとプリント基板を接続できます．使用できる同軸ケーブルは1.5D-2V（W）と1.5C-2V（W）で，専用の圧着工具が必要です．

ユニバーサル基板で実験するときにも非常に便利ですが，残念なことに垂直タイプは2.54 mmの取り付けピッチにはなっていません．

◆参考文献◆
(1) Jerald G. Graeme ; PHOTODIODE AMPLIFIERS OP AMP SOLUTIONS, 1996年, McGraw-Hill.
(2) 遠坂俊昭；計測のためのアナログ回路設計, 1997年, CQ出版社.
(3) ROHM, SIM-22S, RPM-22PBデータシート.
(4) 松下電工㈱, プリント配線材料カタログ

column

C6481に基づき，図D のような試験片を作り，常態および吸湿処理後の表面抵抗を測定しています．

③ 体積抵抗率

基板の体積（厚さ）方向を$1 cm^3$の立方体と考え，相対する両面間の電気抵抗を体積抵抗率［$\Omega \cdot cm$］といいます．

図E に主な基板材の絶縁抵抗と表面抵抗を示します．参考にしてください．　　〈遠坂　俊昭〉

図E 主な基板材の絶縁抵抗と表面抵抗

(a) 絶縁抵抗(Ω)　　(b) 表面抵抗(Ω)

9-2　試作基板に使う部品と工作テクニック

索 引

【数字・アルファベットなど】

2元系状態図 ································25
2芯シールド線 ·····························138
AWG# ·······································36
BNC ··138
DCジャック端子 ···························104
DIP ···80
Dサブ9ピン・コネクタ ···················105
Eagle ··47
FR-4 ·································117, 121
ICエクストラクタ ··························78
ICテスト・クリップ ·······················38
PCBE ··························47, 52, 122
RMAタイプのフラックス ··················27
SMLコネクタ ······························141
SOP ··82
sq ··36
T型ストリッパー ···························18

【あ・ア行】

アクリル ·····································83
アクリル・カッタ ····················30, 84
アクリル棒 ·································95
圧着工具 ·····································19
アメリカン・ワイヤ・ゲージ ············36
アルミ・ケース ···························137
アルミ・ダイキャスト・ボックス ·····137
いも付けはんだ ····························75
エッチング ·························48, 59
塩化メチレン ·······························97
オーバ・ヒート ····························75

【か・カ行】

ガーバ・データ ··························122
拡散 ··61
カップリング・コンデンサ ·············124
紙エポキシ基板 ····························29
紙フェノール ·······························28
ガラス・エポキシ ························28
キャノン・コネクタ ·····················138
共晶合金 ····································25
共晶はんだ ·································25

銀入りはんだ ·······························26
クローバ端子 ·····························135
ケース ··83
現像 ··59
合金化 ·······································61
高周波はんだごて ························127
コールド・ソルダリング ·················75
こて置き台 ·································12
こて先 ································11, 65
こて先クリーナ ····························12

【さ・サ行】

シール基板 ·································31
シールド線 ·······························138
蛇の目基板 ·································30
十字ねじ回し ·······························21
自由樹脂 ····································98
ジュラコン型 ·······························37
ショート ·······················13, 15, 76
ショート・スタブ ·······················124
錫めっき線 ·································34
スチール・スケール ·······················84
ストリップボード ·························43
スペーサ ····································37
スルー・ホール ···························14
精密ドライバ ·······························21
精密ドライバ形ドリル ············91, 94
絶縁型 ·······································37
絶縁被覆付きの線材 ······················34
セミフレキシブル・ケーブル ·········129
セミリジッド・ケーブル ···············129
千枚通し ····································94
ソルダ・カップ ····························67
ソルダレス・ブレッドボード ··41, 119

【た・タ行】

ターミナル ·································42
竹串 ··14
竹プローブ ·································16
だんご付けはんだ ·························76
チェック端子 ·······························38
チップ部品 ·································70

チョーク・コイル	124
低温はんだ	81
低雑音ケーブル	138
デカップリング・コンデンサ	123
テフロン端子	136
電圧ドロップ	35
銅入りはんだ	26
銅食われ	26
同軸ケーブル	138
銅はく浮き	76
特殊はんだ	81
ドライバ	21
ドリル	91
トンネルはんだ	75

【な・ナ行】

鉛フリーはんだ	26
ニードル	82
ニッパ	17
ぬれ	61
ねじ回し	21

【は・ハ行】

バキューム・ピック	20
バナナ・プラグ	42
パネル振れ止め金具	137
はんだ	25, 61
はんだ過少	76
はんだごて	9
はんだ吸い取り器	13, 79
はんだ吸い取り線	13
はんだのつの	76
はんだ飛散	77
はんだブリッジ	15, 76
はんだボール	77
はんだめっき	66
ハンド・カッタ	126
ヒート・クリップ	37
ヒートシンク	119
ピックアップ・ツール	20
ピッチ変換基板	29
ビット	90
ビニル線	64
被覆のこげ	77
表面実装	29, 31, 70, 72, 73
表面実装用チェック端子	40
ピンセット	16, 20, 71
ピン・バイス	91, 94
フィレット	75
プラス・ドライバ	21
フラックス	15, 27
フラックス残渣	27
ブリッジ	74
プリント基板	46, 58, 140
フロー	72
ヘルピング・ハンド	23
変換基板	46
放熱器	119
ボックス・レンチ	22
ホット・ピンセット	70
ホット・プレート	128

【ま・マ行】

マイナス・ドライバ	21
ミニ・ドリル	104
ミニ・バイス	23
ミニ・ルータ	90, 94
銘板	92
メタル型	37
メタル・コネクタ	138
漏れ電流	130

【や・ヤ行】

やに入りはんだ	27
ユニバーサル・アルミ・サッシ・ケース	137
ユニバーサル基板	28, 30
溶剤	95, 97
予備はんだ	63, 66

【ら・ラ行】

ラジオ・ペンチ	19
ラッピング用端子	39
ラッピング・ワイヤ	40
ランド	68
リード線	68
リード・タイプ部品	72
リードのひげ	76
リーマ	91
リスト・バンド	127
リフロ	72
両面用チェック端子	40
ルーペ	24
レジスト・ペン	51
露光	59
六角レンチ	22

【わ・ワ行】

ワイヤ・ラッパ	18

■編著者略歴

島田 義人(しまだ よしひと)
1965年　東京都生まれ
1988年　東京電機大学・電子工学科卒
1991年　同 大学院工学研究科修士課程修了
1994年　同 大学院工学研究科博士課程修了(工学博士)
2007年現在　計測・制御機器メーカ勤務

本書は「トランジスタ技術」誌に掲載された記事を元に，加筆，再編集した章を含みます(以下，五十音順).

浅井 紳哉
トランジスタ技術2000年5月号
・電源高調波対策回路の設計

遠坂 俊昭
トランジスタ技術1995年5月号
・微小信号回路はケーブルにも注意しよう
・微小信号回路はコネクタやアッテネータも重要だ
・微小信号回路の実装のポイント

木下 清美
トランジスタ技術2005年8月号　One point column
・黒子部品とその活用術3 ～ラミネート・フィルムを使った簡易銘板作成法
・黒子部品とその活用術7 ～エキスパンダの製作～

後閑 哲也
トランジスタ技術2002年11月号
・プリント基板CAD "PCBE" の使い方とプリント基板の作り方

志田 晟
トランジスタ技術2006年11月号
・大電流を流す場所に使うコネクタとケーブル

島田 義人
トランジスタ技術2007年2月号
・はじめての電子回路工作　第9回 電池1本で動く白色LED点滅回路
トランジスタ技術2006年1月号
・3軸加速度センサMMA7260Q

樋口 輝幸
トランジスタ技術2005年8月号，9月号，11月号，12月号，2006年1～9月号
・連載　できる! 表面実装時代の電子工作術

山口 晶大
トランジスタ技術2005年7月号
・ユニバーサル基板「ストリップボード」
トランジスタ技術2005年12月号
・ホット・プレートを使ったプリント基板作成に挑戦

●本書記載の社名，製品名について ── 本書に記載されている社名および製品名は，一般に開発メーカーの登録商標です．なお，本文中では™，®，©の各表示を明記していません．
●本書掲載記事の利用についてのご注意 ── 本書掲載記事は著作権法により保護され，また工業所有権が確立されている場合があります．したがって，記事として掲載された技術情報をもとに製品化をするには，著作権者および工業所有権者の許可が必要です．また，掲載された技術情報を利用することにより発生した損害などに関して，CQ出版社および著作権者ならびに工業所有権者は責任を負いかねますのでご了承ください．
●本書に関するご質問について ── 文章，数式などの記述上の不明点についてのご質問は，必ず往復はがきか返信用封筒を同封した封書でお願いいたします．勝手ながら，電話での質問にはお答えできません．ご質問は著者に回送し直接回答していただきますので，多少時間がかかります．また，本書の記載範囲を越えるご質問には応じられませんので，ご了承ください．

Ⓡ〈日本複写権センター委託出版物〉
本書の全部または一部を無断で複写複製(コピー)することは，著作権法上での例外を除き，禁じられています．本書からの複製を希望される場合は，日本複写権センター(TEL：03-3401-2382)にご連絡ください．

電子回路の工作テクニック

編　集	トランジスタ技術SPECIAL編集部	2007年10月1日発行
発行人	山本 潔	©CQ出版株式会社 2007
発行所	CQ出版株式会社	(無断転載を禁じます)
	〒170-8461　東京都豊島区巣鴨1-14-2	定価は裏表紙に表示してあります
電　話	編集部 03(5395)2148	乱丁，落丁はお取り替えします
	販売部 03(5395)2141	編集担当者　川村 祥子/寺前 裕司
振　替	00100-7-10665	DTP・印刷・製本　三晃印刷株式会社
		Printed in Japan